Künstliche Intelligenz in Seminar- und Abschlussarbeiten

Fabian Lang

Künstliche Intelligenz in Seminar- und Abschlussarbeiten

Ein Praxisleitfaden für Studierende mit Handlungsempfehlungen, Prompt-Beispielen und kritischer Einordnung

Fabian Lang
Fakultät Wirtschaft & Informatik
Hochschule Hannover
Hannover, Deutschland

ISBN 978-3-662-71541-3   ISBN 978-3-662-71542-0 (eBook)
https://doi.org/10.1007/978-3-662-71542-0

Die Deutsche Nationalbibliothek verzeichnet diese Publikation in der Deutschen Nationalbibliografie; detaillierte bibliografische Daten sind im Internet über https://portal.dnb.de abrufbar.

© Der/die Herausgeber bzw. der/die Autor(en), exklusiv lizenziert an Springer-Verlag GmbH, DE, ein Teil von Springer Nature 2025

Das Werk einschließlich aller seiner Teile ist urheberrechtlich geschützt. Jede Verwertung, die nicht ausdrücklich vom Urheberrechtsgesetz zugelassen ist, bedarf der vorherigen Zustimmung des Verlags. Das gilt insbesondere für Vervielfältigungen, Bearbeitungen, Übersetzungen, Mikroverfilmungen und die Einspeicherung und Verarbeitung in elektronischen Systemen.
Die Wiedergabe von allgemein beschreibenden Bezeichnungen, Marken, Unternehmensnamen etc. in diesem Werk bedeutet nicht, dass diese frei durch jede Person benutzt werden dürfen. Die Berechtigung zur Benutzung unterliegt, auch ohne gesonderten Hinweis hierzu, den Regeln des Markenrechts. Die Rechte des/der jeweiligen Zeicheninhaber*in sind zu beachten.
Der Verlag, die Autor*innen und die Herausgeber*innen gehen davon aus, dass die Angaben und Informationen in diesem Werk zum Zeitpunkt der Veröffentlichung vollständig und korrekt sind. Weder der Verlag noch die Autor*innen oder die Herausgeber*innen übernehmen, ausdrücklich oder implizit, Gewähr für den Inhalt des Werkes, etwaige Fehler oder Äußerungen. Der Verlag bleibt im Hinblick auf geografische Zuordnungen und Gebietsbezeichnungen in veröffentlichten Karten und Institutionsadressen neutral.

Planung/Lektorat: Leonardo Milla
Springer Vieweg ist ein Imprint der eingetragenen Gesellschaft Springer-Verlag GmbH, DE und ist ein Teil von Springer Nature.
Die Anschrift der Gesellschaft ist: Heidelberger Platz 3, 14197 Berlin, Germany

Wenn Sie dieses Produkt entsorgen, geben Sie das Papier bitte zum Recycling.

Vorwort

Bis Mitte des 19. Jahrhunderts wurde vorwiegend Waltran für den Betrieb von Lampen genutzt. Als in den 1860ern mit dem Petroleum eine erdölbasierte Alternative für das Kernprodukt des Walfangs aufkam, verschwand das Berufsbild des Walfängers in Europa binnen weniger Jahre fast vollständig. Diese Geschichte zeigt, dass technologischer Fortschritt kurzfristig Unsicherheit und tiefgreifenden Wandel auslösen kann, selbst wenn langfristig Vorteile entstehen. Auch durch Künstliche Intelligenz (KI) werden ähnlich disruptive Veränderungen erwartet. Im Unterschied zum Walfang, der nur eine einzelne Berufsgruppe traf, wird KI nahezu alle Berufe der Wissensarbeit betreffen. Während wenige klassische Berufsbilder ganz verschwinden, werden sich die Aufgabenprofile grundlegend verändern. KI wird zum festen Bestandteil der Wissensarbeit und damit als Schlüsselkompetenz die berufliche Praxis nachhaltig prägen.

Dieser Wandel macht auch vor den Hochschulen nicht halt, die ebenso vor tiefgreifenden Veränderungen stehen. Die wissenschaftliche Ausbildung – geprägt von jahrhundertelanger Tradition – muss sich jetzt auf eine neue, digitale Realität einstellen. Gerade die ersten Jahre nach dem Start von ChatGPT waren von Unsicherheit geprägt, sowohl bei Lehrenden als auch bei Studierenden. Viele sorgten sich um Täuschungsversuche und den Verlust akademischer Werte. Auch ich selbst war anfangs, vor allem wegen der begrenzten Fähigkeiten der frühen KI-Systeme, skeptisch. Doch mit zunehmender Erfahrung und der rasanten technologischen Weiterentwicklung hat sich die Überzeugung bei mir wie der absoluten Mehrheit der Kolleg:innen durchgesetzt, dass KI gekommen ist, um zu bleiben, und diese Technologie uns dauerhaft in der wissenschaftlichen Arbeit sowie Ausbildung begleiten wird.

Auch für Studierende ist dieser Wandel oft schwer einzuordnen. Einerseits möchten sie verantwortungsvoll handeln und keine versehentliche Täuschung riskieren, andererseits fehlt vielerorts eine klare, einheitliche Anleitung für den Umgang mit KI. Das führt zu Unsicherheit, aber auch zu großen Unterschieden in der Nutzung: Manche setzen KI sehr zielbewusst ein, andere meiden sie aus Sorge vor Fehlern oder Sanktionen. Dieses Verhalten vergrößert die Schere in den Kompetenzen noch weiter: Gerade die ohnehin schon guten Studierenden werden durch KI noch besser, während andere – etwa aus Zeitmangel oder Zweifel – kaum von den Möglichkeiten profitieren.

Dieser Matthäus-Effekt[1] war einer der Hauptgründe, dieses Buch zu schreiben. Ziel ist es, möglichst viele Studierende auf einen gemeinsamen und sicheren Stand im Umgang mit KI zu bringen. Erste positive Erfahrungen aus meinen Kursen zu Forschungsmethoden haben mir gezeigt, wie groß der Bedarf und das Interesse sind.

Die zweite Motivation war es, das Thema wissenschaftlich fundiert aufzubereiten und ein Lehrbuch zu schaffen, das über die bisher vorherrschende graue Literatur hinausgeht. Zwar gibt es unter anderem zahlreiche Leitlinien, Blog-Einträge und Social-Media-Posts, doch wissenschaftliche Diskussionsbeiträge in klassischen Publikationsmedien sind bisher selten. Das Buch soll dabei eine Brücke zwischen wissenschaftlicher Fundierung und praktischem Nutzen schlagen.

Mein liebevoller Dank gilt vor allem meiner Familie: Meiner Frau Friederike und meinen Kindern Frida und Anton, die viele Abende für dieses Buch auf mich verzichten mussten. Vielen Dank auch an Leonardo Milla für das Lektorat und die konstruktive Begleitung sowie an Celina Wendler für die tatkräftige Unterstützung als studentische Hilfskraft und die hilfreichen Rückmeldungen zum Manuskript. Zuletzt ein Dankeschön an meine Studierenden, die im Sommersemester 2025 viel Geduld für meine Exkurse zum Thema KI aufgebracht haben.

KI ist nicht nur Thema dieses Buches, sondern wurde auch bei seiner Erstellung umfassend genutzt – von der ersten Idee über die Recherche und Ausarbeitung bis zur abschließenden Überprüfung. Eingesetzt wurden dabei insbesondere Modelle von OpenAI (GPT 4o, GPT-4.1, GPT-4.5, o3, o4-mini-high), Anthropic (Sonnet 3.7, 4.0) und Google (Gemini Flash 2.5, Pro 2.5). Die Verantwortung für die Inhalte, die Kontrolle und die wissenschaftliche Einordnung lag jedoch stets bei mir.

Ich wünsche allen Leser:innen eine inspirierende Lektüre und viel Neugier, Mut sowie Freude beim Ausprobieren der vorgestellten Möglichkeiten.

Hannover, Deutschland Fabian Lang
Juli 2025

---

[1] Matthäus 25, 29 (LUT): „Denn wer da hat, dem wird gegeben werden, und er wird die Fülle haben; wer aber nicht hat, dem wird auch, was er hat, genommen werden."

Interessenkonflikt

Der/die Autor*in hat keine für den Inhalt dieses Manuskripts relevanten Interessenkonflikte.

Inhaltsverzeichnis

1	**Einleitung: Intelligente Maschinen verändern die Welt**	**1**
	1.1 Wandel des Studiums durch KI	1
	1.2 Zum Verständnis dieses Buchs	4
	1.3 Aufbau des Buches	4
	Literatur	5
2	**Technischer Hintergrund: Große Sprachmodelle (LLM)**	**7**
	2.1 Was ist KI?	7
	2.2 Die grundlegende Idee hinter generativen Modellen	10
	2.3 Funktionsweise von großen Sprachmodellen (LLMs)	12
	2.3.1 Die Transformer-Architektur	13
	2.3.2 Tokenizer: Von der Eingabe zu Tokens	14
	2.3.3 Embedding: Von Tokens zu mathematischen Vektoren	15
	2.3.4 Transformierung: Den Kontext erkennen	18
	2.3.5 Dekodierung: Zurück zur Ausgabe	19
	2.4 Illusion des Denkens und technische Grenzen	22
	Literatur	24
3	**Prompt Engineering: Gute Frage, gutes Ergebnis**	**27**
	3.1 Konzept und Abgrenzung von Prompt Engineering	27
	3.2 Anatomie eines Prompts	29
	3.2.1 Aufbau	29
	3.2.2 Instruktion	30
	3.2.3 Kontext	30
	3.2.4 Vorgaben	32
	3.3 Techniken des Prompting	33
	3.3.1 Shot-Prompting	33
	3.3.2 Logik und Argumentation	35
	3.3.3 Halluzinationen vermindern	41
	3.3.4 Verständnis und Reflexion	44
	3.4 Personalisierung und Parametrisierung	48
	3.4.1 Benutzerdefinierte Anweisungen und Persona	48
	3.4.2 Einstellung der Modellparameter	49

3.5	Tools in KI-Chats	51
3.6	Prompting for Prompts	53
3.7	Do's and Don'ts	55
Literatur		56

4 Dokumentation: Wissenschaftliche Integrität bewahren ... 59

- 4.1 Grundsätze des KI-Einsatzes ... 59
  - 4.1.1 Wissenschaftliche Integrität ... 60
  - 4.1.2 Grundsatz 1: Transparenz und Kennzeichnung ... 61
  - 4.1.3 Grundsatz 2: Verantwortung und sachkundige Steuerung ... 61
  - 4.1.4 Grundsatz 3: Ethische, faire und legale Nutzung ... 62
  - 4.1.5 Zusammenfassung Grundsätze ... 64
- 4.2 Aktuelle Regelungen bei Verlagen in der Forschung ... 66
  - 4.2.1 Überblick ... 66
  - 4.2.2 KI-Autorenschaft ... 66
  - 4.2.3 Texterstellung ... 68
  - 4.2.4 Bilderstellung ... 68
  - 4.2.5 Verzerrungen (Biases) ... 69
  - 4.2.6 Offenlegung & Transparenz ... 69
  - 4.2.7 Verantwortung ... 70
- 4.3 Dokumentationsformen ... 70
  - 4.3.1 Unterschiedliche Dokumentationsformen mit verschiedenen Zielen ... 71
  - 4.3.2 Holistische Dokumentation ... 71
  - 4.3.3 Werkzeugorientierte Dokumentation ... 73
  - 4.3.4 Arbeitsphasenorientierte Dokumentation ... 74
  - 4.3.5 Dokumentation via AI Cards ... 75
  - 4.3.6 Reflexionsorientierte Dokumentation ... 77
- 4.4 Do's and Don'ts ... 78
- Literatur ... 79

5 Planung: KI bei der Konzeption ... 81

- 5.1 Das Thema als Ausgangspunkt ... 81
- 5.2 Themenfindung und -eingrenzung ... 82
  - 5.2.1 Forschungsthema ... 83
  - 5.2.2 Themenideen entwickeln ... 84
  - 5.2.3 Thema eingrenzen und prüfen ... 89
- 5.3 Forschungsfrage und Methodenwahl ... 94
- 5.4 Fallstricke bei der Konzeption mit KI ... 97
- 5.5 Betreuer:in finden ... 98
- 5.6 Gliederung erstellen ... 100
- 5.7 Arbeitsplan definieren ... 104
- 5.8 Exposé schreiben ... 107
- 5.9 Do's and Don'ts ... 110
- Literatur ... 111

6 Literatur: KI bei der Recherche 113
- 6.1 Die Rolle der Literatur 113
- 6.2 Quellen finden 115
- 6.3 Quellen bewerten 120
- 6.4 Quellen verstehen 123
- 6.5 Herausforderungen und Grenzen 127
- 6.6 Do's and Don'ts 129
- Literatur 130

7 Schreiben: KI bei der Texterstellung 133
- 7.1 Integration von KI in den akademischen Schreibprozess 133
- 7.2 Strukturierung 134
- 7.3 Textproduktion 138
- 7.4 Argumentation 142
- 7.5 Do's and Don'ts 145
- Literatur 146

8 Daten: KI bei der Analyse 147
- 8.1 KI-gestützte Datenanalyse 147
- 8.2 Methoden finden und verstehen 149
- 8.3 Daten auswerten, verstehen und interpretieren 152
- 8.4 Daten visualisieren 158
- 8.5 Do's and Don'ts 164
- Literatur 164

9 Feinschliff: KI bei der Schlussredaktion 167
- 9.1 Softwareunterstützung auf der Zielgeraden 167
- 9.2 Sprachliche Korrektur & Stil 169
- 9.3 Literatur & wissenschaftliche Standards 172
- 9.4 Inhaltliche Kohärenz & Schlusslektorat 175
- 9.5 Do's and Don'ts 179
- Literatur 180

10 Schluss: Abschließender Ausblick und Fazit 181
- 10.1 Standortbestimmung von KI 181
- 10.2 Fazit für den Einsatz von KI 184
- 10.3 Schlusswort 186
- Literatur 187

Stichwortverzeichnis 189

Abkürzungsverzeichnis

AGI	Artificial General Intelligence
AI	Artificial Intelligence
ALLEA	All European Academies
APA	American Psychological Association
BMI	Body-Mass-Index
BPMN	Business Process Model and Notation
CoN	Chain-of-Note
CoT	Chain-of-Thought
CoT-SC	Chain-of-Thought Self-Consistency
CoVe	Chain-of-Verification
DFG	Deutsche Forschungsgemeinschaft
DOI	Digital Object Identifier
EU	Europäische Union
ERA	European Research Area Platform
EZB	Europäische Zentralbank
GPT	Generative Pre-trained Transformer
HEPI	Higher Education Policy Institute
HTML	Hypertext Markup Language
ICL	In-Context Learning
IHK	Industrie- und Handelskammer
JSON	JavaScript Object Notation
KI	Künstliche Intelligenz
LLM	Large Language Model
LRM	Large Reasoning Model
NLP	Natural Language Processing
PDF	Portable Document Format
RAG	Retrieval-Augmented Generation
RaR	Rephrase and Respond
SVG	Scalable Vector Graphics
ToT	Tree-of-Thoughts
VIF	Variance Inflation Factor
XML	Extensible Markup Language

Abbildungsverzeichnis

Abb. 1.1	Überblick über den Aufbau des Buches (eigene Darstellung)	5
Abb. 2.1	Dimensionen von Künstlicher Intelligenz, basierend auf Russell und Norvig (*2023*)	8
Abb. 2.2	Einordnung von LLMs innerhalb der KI-Felder, nach Jeong (*2024*)	10
Abb. 2.3	Transformer-Architektur.	13
Abb. 2.4.	Tokenisierung	15
Abb. 2.5	Einbettung von Tokens	16
Abb. 2.6	Räumliche Nähe von Wörtern	17
Abb. 2.7	Beispiel für Attentionwerte.	19
Abb. 2.8	Beispielhafte Wahrscheinlichkeitsverteilung	20
Abb. 2.9	Top-k- und Top-p-Sampling	21
Abb. 2.10	Temperatur-Parameter bei der Dekodierung.	22
Abb. 3.1	Fine Tuning, Prompt Tuning und Prompt Engineering, nach Shi und Lipani (*2024*).	28
Abb. 3.2	Elemente eines Prompts	30
Abb. 3.3	Prompting-Strategien für Logik und Argumentation im schematischen Vergleich, nach Yao et al. (*2023*)	35
Abb. 3.4	Schematische Antwort für eine ToT-Beispielfrage	40
Abb. 3.5	Vorgehen von Retrieval-Augmented Generation (RAG) und manuelle Alternative.	43
Abb. 3.6	Prinzip des Step-Back-Prompting	46
Abb. 3.7	Statischer vs. Agentenbasierter Ablauf, adaptiert von Singh et al. (*2024*).	52
Abb. 4.1	Grundprinzipien des Europäischen Verhaltenskodex für wissenschaftliche Integrität. (ALLEA, *2017*).	60
Abb. 4.2	Überblick über die drei Grundsätze der KI-Nutzung	64
Abb. 4.3	Beispiel einer AI Card. (Lizenz: CC BY 4.0; Jan Philip Wahle)	78
Abb. 5.1	Forschung mit KI konzipieren und planen	82
Abb. 5.2	Nahezu unendliche Kombinationsmöglichkeiten bei der Themenwahl	83
Abb. 5.3	Zeitplan als KI-generierter Gantt-Chart	107

Abb. 6.1	Literatur mit KI finden, bewerten und verstehen	114
Abb. 6.2	Drei Arten der Literatursuche	115
Abb. 7.1	Mit KI wissenschaftliche Texte schreiben	134
Abb. 8.1	Datenauswertung mit KI	149
Abb. 8.2	Mermaid-Code und resultierende Abbildung. (Daten aus Lim et al., *2019*)	158
Abb. 8.3	Besondere Diagrammtypen aus JavaScript-Bibliotheken	161
Abb. 8.4	Heatmap als Ergebnis von Prompt 8.6	163
Abb. 9.1	KI für die finale Überarbeitung	168

Tabellenverzeichnis

Tab. 3.1	Beispiele für Probleme fehlenden Kontexts	31
Tab. 3.2	Ebenen des sachlichen Kontexts	32
Tab. 3.3	Ebenen des sprachlichen Kontexts	32
Tab. 3.4	Mögliche Vorgaben innerhalb eines Prompts	33
Tab. 3.5	Überblick über verschiedene Prompting-Techniken	34
Tab. 3.6	Beispiele für Zero-Shot-, One-Shot- und Few-Shot-Prompting	34
Tab. 3.7	Beispiele für Few-Shot- und Zero-Shot-CoT, nach Kojima et al. (*2022*)	36
Tab. 3.8	Beispielhafte Antworten mit unterschiedlicher Temperatur	50
Tab. 4.1	Grundsätze für KI-Einsatz und Grundprinzipien wissenschaftlicher Integrität	65
Tab. 4.2	Überblick über KI-Regelungen der fünf großen Wissenschaftsverlage	67
Tab. 4.3	Überblick Dokumentationsformen	72
Tab. 4.4	Beispiel für eine holistische Dokumentation	73
Tab. 4.5	Beispiel für eine werkzeugorientierte Dokumentation	74
Tab. 4.6	Beispiel für eine arbeitsphasenorientierte Dokumentation	76
Tab. 5.1	Eingrenzungsmöglichkeiten, in Anlehnung an Franck (*2017*)	90
Tab. 5.2	FINER-Kriterien für ein Forschungsthema, nach Cummings et al. (*2013*)	92
Tab. 5.3.	Drei Ebenen des klassischen Vorgehensmodells	101
Tab. 7.1	Weitere Ansätze für die Schreibhilfe durch KI	142
Tab. 8.1	JavaScript-Bibliotheken für Diagrammerstellung	161

Promptverzeichnis

Prompt 3.1: Beispiel für Kontext-Instruktion-Vorgaben. 29
Prompt 3.2: CoT mit Self-Consistency (CoT-SC) 37
Prompt 3.3: Tree-of-Thoughts (ToT) 39
Prompt 3.4: Beispiel für RAG-inspiriertes Prompt Engineering 42
Prompt 3.5. Chain-of-Note (CoN) 43
Prompt 3.6: Chain-of-Verification (CoVe) 44
Prompt 3.7: Rephrase and Respond (RaR). 45
Prompt 3.8: Step-Back-Prompting 46
Prompt 3.9: Self-Ask-Prompting 47
Prompt 3.10: Beispiel für Self-Ask-Prompting 48
Prompt 3.11: Sprachliche Anweisungen. 49
Prompt 3.12: Prompt-Befehle, um agentenbasierte Abläufe zu stärken 53
Prompt 3.13: Beispiel für Prompting for Prompts 54

Prompt 5.1: Themen-Brainstorming ohne und mit Idee 85
Prompt 5.2: KI als Tutorin bei der Interessen- und Themenfindung 86
Prompt 5.3: Themeninspiration durch Trends aus der a) Praxis, b)
          Forschung und c) Lehre 88
Prompt 5.4: Thema weiter eingrenzen 90
Prompt 5.5: Gewähltes Thema überprüfen 93
Prompt 5.6: Forschungsfragen zu einem Thema entwickeln 94
Prompt 5.7: Methodik basierend auf Forschungsfrage entwickeln. 96
Prompt 5.8: Fachliche und methodische Übereinstimmung einer
          Betreuungsperson prüfen 99
Prompt 5.9: Gliederung im Dialog erstellen. 102
Prompt 5.10: Projektplan entwerfen. 105
Prompt 5.11: Exposé überarbeiten 108

Prompt 6.1: Automatisierte Erstellung von Suchbegriffen. 116
Prompt 6.2: Suchbegriffe basierend auf bereits identifizierter Literatur. 117
Prompt 6.3: Vorabprüfung einer Literaturliste aus der Vorwärts- oder
          Rückwärtssuche. 119
Prompt 6.4: Vorab-Bewertung der wissenschaftlichen Eignung der Quellen. . . 121
Prompt 6.5: Bewertung der Stärken und Schwächen einer Publikation 123

Prompt 6.6: Aufbereitung des Forschungskontexts 124
Prompt 6.7: Klärung und Einordnung von Begrifflichkeiten 125
Prompt 6.8: Erstes Exzerpieren mit KI............................. 126

Prompt 7.1: Grobgliederung und erste Schätzung zum Umfang
 der Kapitel... 135
Prompt 7.2: Strukturidee für ein Kapitel............................ 137
Prompt 7.3: Schreibtrainer 139
Prompt 7.4: Überwindung von Schreibblockaden 140
Prompt 7.5: Schreibassistent für die inhaltliche Auseinandersetzung 143
Prompt 7.6: Advocatus Diaboli.................................... 144

Prompt 8.1: Methodenberater:in zur Datenauswertung 150
Prompt 8.2: Methodenanleitung.................................... 152
Prompt 8.3: Statistikbefehle erstellen............................... 154
Prompt 8.4: Interpretationshilfe 156
Prompt 8.5: Diagrammerstellung mit Online-Editor 159
Prompt 8.6: Diagrammerstellung mit JavaScript-Bibliothek 162

Prompt 9.1: Korrektorat 169
Prompt 9.2: Stilprüfung 171
Prompt 9.3: Literaturkritik 173
Prompt 9.4: Korrektur des Literaturverzeichnisses...................... 174
Prompt 9.5: Inhaltliche Kohärenz................................... 176
Prompt 9.6: KI-Lektor 177

Einleitung: Intelligente Maschinen verändern die Welt

1

Zusammenfassung

Künstliche Intelligenz (KI) verändert das Studium grundlegend und etabliert sich zunehmend als fester Bestandteil wissenschaftlicher Arbeitsprozesse. Das einleitende Kapitel beschreibt diesen Wandel und verdeutlicht, welche Chancen, Herausforderungen und Unsicherheiten sich für Studierende und Lehrende daraus ergeben. Es zeigt auf, wie weit verbreitet der Einsatz generativer KI bereits ist, welche Potenziale für das Lernen und wissenschaftliche Arbeiten bestehen und welche Kompetenzen künftig besonders gefragt sind. Gleichzeitig wird deutlich, dass vielerorts klare Leitlinien, institutionelle Unterstützung und didaktische Konzepte fehlen. Diese Lücken führen zu Unsicherheiten im Umgang mit KI und werfen Fragen nach wissenschaftlicher Integrität, Verantwortung und Transparenz auf. Das Kapitel betont daher die Notwendigkeit eines strukturellen und kulturellen Rahmens für den reflektierten KI-Einsatz in der Hochschulbildung. Das Buch positioniert sich vor diesem Hintergrund als praxisnaher Leitfaden, der Studierende wie Lehrende im kompetenten Umgang mit KI-Anwendungen wie ChatGPT unterstützt und ihnen Orientierung bei der verantwortungsvollen Nutzung in wissenschaftlichen Arbeiten bietet.

„Technik ist weder gut noch böse; noch ist sie neutral."
– Erstes Kranzberg'sches Gesetz (Kranzberg, 1995, S. 5)

1.1 Wandel des Studiums durch KI

Künstliche Intelligenz (KI), insbesondere in Form von Chatbots wie ChatGPT, Claude oder Copilot, hat sich innerhalb kürzester Zeit zu einem prägenden Werkzeug im Studienalltag entwickelt. Eine aktuelle Erhebung des britischen Higher Education Policy Institute (HEPI) belegt den rasanten Anstieg: Während im Jahr

2023 nur rund zwei Drittel der Studierenden generative KI nutzten, waren es Ende 2024 bereits 92 %. Die Einsatzbereiche sind dabei vielfältig, denn Studierende verwenden KI nicht nur, um Texte zu formulieren, sondern auch um unter anderem komplexe Inhalte verständlich aufzubereiten, wissenschaftliche Artikel zusammenzufassen, Ideen für Forschungsfragen zu entwickeln oder ihre Argumentation zu schärfen (Freeman, 2025).

Metastudien belegen, dass der Einsatz von KI im Bildungsbereich, vorwiegend in der Hochschulbildung, die Lernleistung signifikant steigern kann und zugleich einen positiven Einfluss auf die Einstellung zum Lernen hat (Dong et al., 2025; Tlili et al., 2025; Wang & Fan, 2025). Die Studien zeigen, dass KI-Unterstützung besonders wirksam ist, wenn sie in problembasierte oder reflektierende Lernkonzepte integriert wird. Die stärkste Wirkung erzielt der KI-Einsatz, wenn er in der Rolle eines intelligenten Tutors erfolgt – also dann, wenn die Technologie Lernende gezielt anleitet, Rückmeldung gibt und sie im individuellen Lernprozess begleitet (Wang & Fan, 2025).

Diese Entwicklungen zeigen, dass der souveräne Umgang mit KI längst zu einer Schlüsselkompetenz im Studium geworden ist. Ferner gehört der reflektierte Einsatz von KI-Werkzeugen zu den wichtigsten Zukunftsfähigkeiten für die spätere Berufspraxis. In einer aktuellen Befragung unter Arbeitgeber:innen wurden Kompetenzen im Bereich KI und Big Data als die am stärksten wachsenden Qualifikationen eingestuft. 88 % der Befragten rechnen mit einer deutlich zunehmenden Bedeutung dieser Fähigkeiten innerhalb der nächsten fünf Jahre (World Economic Forum, 2025). Studierende müssen sich daher nicht nur fachlich spezialisieren, sondern ebenso lernen, KI-Technologien souverän und kritisch zu nutzen. KI-Kompetenz ist nicht bloß technisches Zusatzwissen, sondern entwickelt sich zunehmend zu einem integralen Bestandteil akademischer Bildung.

Doch genau hier offenbart sich eine deutliche Lücke. Trotz der hohen Nutzungszahlen fühlen sich laut der HEPI-Studie nur etwa ein Viertel der Studierenden durch ihre Hochschule in der Anwendung von KI ermutigt oder begleitet (Freeman, 2025). Befragungen unter Hochschulpersonal zeigen dazu passend ein ambivalentes Bild im Umgang mit KI: Etwa ein Fünftel der Befragten gibt an, KI mit großer oder sehr großer Vorsicht zu begegnen, während ein Viertel eine enthusiastische oder sehr enthusiastische Haltung einnimmt (Robert & McCormack, 2025). Trotz dieser Spannweite in der Einschätzung bewerten die meisten Dozierenden KI insgesamt eher als Chance denn als Risiko (Rong & Chun, 2025). Zugleich sieht eine deutliche Mehrheit der Lehrenden auch ernstzunehmende Gefahren, insbesondere im Hinblick auf mögliche Fehlinformationen, Datenschutzprobleme und Missbrauchspotenziale (Robert & McCormack, 2025). Während mehr als die Hälfte der Lehrenden KI bereits vor allem zur Vorbereitung in der eigenen Lehre einsetzt, nutzen die meisten Lehrenden diese dabei nur in geringem bis moderatem Umfang (Rong & Chun, 2025). Neben der individuellen Skepsis verläuft auch der institutionelle Wandel an den Hochschulen schleppend. An vielen Stellen fehlt es noch an der Bereitstellung von adäquaten KI-Werkzeugen, an verbindlichen Leitlinien und Weiterbildungsangeboten für Lehrende (Robert & McCormack, 2025).

Diese Mischung aus individuellen Vorbehalten und fehlender institutioneller Verankerung führt zu spürbarer Unsicherheit – sowohl aufseiten der Lehrenden als auch der Studierenden. Während einige Lehrpersonen KI-Anwendungen gezielt einsetzen und ihre Potenziale erkennen, bleibt vielen unklar, welche Formen der Nutzung zulässig, sinnvoll oder gar erwünscht sind. Vor allem fehlende organisationale Regelungen und fehlender soziokultureller Kontext, wie der Einfluss durch Kolleg:innen, sind Akzeptanzbarrieren für Lehrende (Ofosu-Ampong, 2024). Studierende wiederum bewegen sich häufig in einem Graubereich: Sie nutzen KI-Tools, wissen aber nicht, ob dies den Erwartungen ihrer Hochschule entspricht oder mit den Regeln guter wissenschaftlicher Praxis vereinbar ist. Diese Unsicherheit kann zu einem moralischen Unbehagen führen, d. h. einem Gefühl, etwas nicht ganz Richtiges zu tun, obwohl kein expliziter Regelverstoß vorliegt. Dieses Phänomen wird auch als „KI-Schuldgefühl" bezeichnet (Chan, 2024). Ohne klare Orientierung, didaktische Rahmung und institutionelle Unterstützung entsteht so ein Spannungsfeld, das produktive Entwicklungen eher hemmt, als fördert.

Die Aufgabe für die Zukunft liegt für die Hochschulen also darin, den strukturellen und kulturellen Rahmen für einen verantwortungsvollen und kompetenzorientierten Umgang mit KI zu schaffen. Es gilt, verbindliche Richtlinien zu entwickeln, die sowohl wissenschaftlicher Integrität gerecht werden als auch die Potenziale von KI-Technologien anerkennen und nutzbar machen (Ren & Wu, 2025; Wu et al., 2024).

Zugleich müssen didaktische Konzepte erarbeitet werden, die KI nicht nur als Werkzeug, sondern als Gegenstand akademischer Reflexion begreifen. Die Lehrenden benötigen dafür Fortbildungsangebote und praktische Hilfsmittel, um KI souverän in ihre Lehrpraxis integrieren zu können. Nicht zuletzt sollten Studierende gezielt dazu befähigt werden, KI kompetent, kreativ und kritisch zu nutzen.

KI-Chats eröffnen neue Möglichkeiten für das wissenschaftliche Arbeiten, doch ihre sinnvolle Nutzung erfordert mehr als nur technische Kompetenz: Entscheidend ist auch die Fähigkeit, den Einsatz solcher Technologien kritisch zu reflektieren, ihre Ergebnisse einzuordnen und sie im Einklang mit wissenschaftlichen Standards zu verwenden. Mit anderen Worten: Der Einsatz von KI verlangt ein hohes Maß an Verantwortung. Das heißt, die Technologie darf nicht zur Ersatzinstanz wissenschaftlichen Denkens werden, sondern muss so eingesetzt werden, dass der Mensch die Kontrolle behält, die Qualität sichert und für die Ergebnisse einsteht.

Genau an diesen Stellen setzt das vorliegende Buch an: Es richtet sich primär an Studierende, aber auch an Lehrende, und verfolgt das Ziel, eine praxisorientierte Anleitung für den reflektierten Einsatz von KI in wissenschaftlichen Arbeiten bereitzustellen. Zugleich soll es für die damit verbundenen Herausforderungen sensibilisieren und eine kritische Perspektive eröffnen, die hilft, wissenschaftliche Integrität auch im Umgang mit neuen Technologien zu sichern.

1.2 Zum Verständnis dieses Buchs

Der Begriff Künstliche Intelligenz (KI) wird im alltäglichen Sprachgebrauch häufig unscharf und sehr breit verwendet. Auch dieses Buch verzichtet – zugunsten der Verständlichkeit – bewusst auf eine streng wissenschaftliche Abgrenzung. Wenn hier von KI die Rede ist, bezieht sich dies im engeren Sinne auf generative KI-Systeme, die auf sogenannten großen Sprachmodellen (Large Language Models, LLMs) basieren. Diese Modelle sind in der Lage, menschenähnliche Texte zu erzeugen, auf komplexe Anfragen zu reagieren und dialogorientiert zu kommunizieren.

Im Mittelpunkt stehen dabei keine spezialisierten KI-Anwendungen, die einzelne Prozesse wie automatisierte Literaturrecherche oder statistische Auswertungen vollständig übernehmen. Stattdessen geht es um allgemein zugängliche KI-Chatsysteme wie ChatGPT, Claude, Microsoft Copilot oder offene Plattformen auf Basis von Architekturen wie Llama, DeepSeek oder Qwen. Kennzeichnend für diese Systeme ist ihre Bedienbarkeit über natürliche Sprache – ein Umstand, der sie auch für nicht-technische Nutzer:innen nutzbar macht und ein breites Anwendungsspektrum im akademischen Alltag ermöglicht.

Ein zentrales Anliegen dieses Buchs ist es, den praktischen Umgang mit diesen KI-Systemen in wissenschaftlichen Arbeitsprozessen zu vermitteln. Dazu werden zahlreiche Beispiel-Prompts vorgestellt, die sich speziell auf Seminar- und Abschlussarbeiten beziehen. Diese Prompts können in der Regel direkt übernommen oder mit geringfügigen Anpassungen auf eigene Themenstellungen übertragen werden. Zugleich vermitteln die Beispiele ein grundlegendes Verständnis dafür, wie wirksame Prompts strukturiert sein sollten, welche Überlegungen ihrer Formulierung zugrunde liegen und wie sich dieses Wissen auf eigene Anliegen übertragen lässt. Dadurch fördern sie nicht nur die direkte Anwendung, sondern auch die Entwicklung eigener, situationsgerechter Prompts – eine Schlüsselkompetenz im souveränen Umgang mit generativer KI.

1.3 Aufbau des Buches

Das Buch gliedert sich in zehn Kapitel, deren Aufbau in Abb. 1.1 visualisiert ist.

Nach dieser Einleitung widmet sich Kap. 2 zunächst den technischen Grundlagen großer Sprachmodelle (Large Language Models, LLM). Dieses Kapitel vermittelt ein grundlegendes Verständnis darüber, wie solche Modelle funktionieren, welche Prinzipien ihnen zugrunde liegen und welche Implikationen sich daraus ergeben. Auf dieser technischen Basis aufbauend behandelt Kap. 3 das sogenannte Prompt Engineering, d. h. Techniken, um präzise und zielführende Eingaben zu formulieren, um von einem KI-Chatbot qualitativ hochwertige und sinnvolle Ergebnisse zu erhalten. Kap. 4 befasst sich vertiefend mit der Frage wissenschaftlicher Integrität im Spiegel generativer KI. Es entwickelt Grundsätze für einen verantwortungsvollen Umgang und erläutert, wie der Einsatz von KI nachvollziehbar und korrekt dokumentiert werden kann.

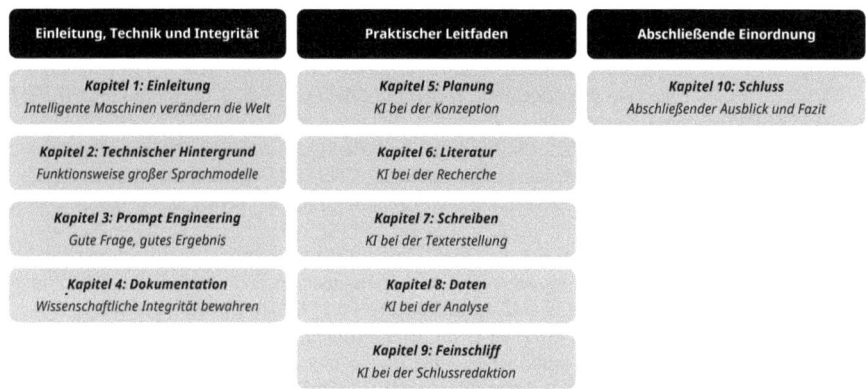

Abb. 1.1 Überblick über den Aufbau des Buches (eigene Darstellung)

In den darauffolgenden Kapiteln steht die konkrete Anwendung im Vordergrund. Beginnend mit Kap. 5 wird ein praxisorientierter Leitfaden erarbeitet, der die einzelnen Phasen wissenschaftlicher Arbeit systematisch begleitet. Im Mittelpunkt stehen dabei stets konkrete Nutzungsmöglichkeiten von KI, jeweils illustriert durch Beispiel-Prompts und ergänzt durch eine kritische Einordnung. Kap. 5 thematisiert dabei die Planungsphase: Es zeigt, wie KI bei der Themenfindung, Eingrenzung und beim Verfassen eines Exposés unterstützen kann. Kap. 6 widmet sich der Literaturarbeit und stellt Möglichkeiten vor, mit KI geeignete Quellen zu finden, zu bewerten und inhaltlich zu erschließen. Das anschließende Kap. 7 behandelt die Texterstellung. Es beleuchtet, wie KI zur Verbesserung von Struktur, Sprache und Argumentation eingesetzt werden kann, ohne den wissenschaftlichen Anspruch zu untergraben. Kap. 8 konzentriert sich auf die Datenerhebung und -auswertung, insbesondere bei der Unterstützung des Methodenverständnisses sowie bei Analyse, Interpretation und Visualisierung. Kap. 9 stellt schließlich den Feinschliff in den Mittelpunkt und zeigt, wie KI zur sprachlichen und formalen Überarbeitung vor der Abgabe sinnvoll eingesetzt werden kann.

Den Abschluss bildet Kap. 10. Es verortet KI im technologischen Wandel, reflektiert zukünftige Entwicklungen und fasst zentrale Erkenntnisse des Buches in einem Resümee zusammen.

Literatur

Chan, C. K. Y. (2024). *Exploring the factors of "AI guilt" among students—are you guilty of using AI in your homework?*. https://arxiv.org/abs/2407.10777v1

Dong, L., Tang, X., & Wang, X. (2025). Examining the effect of artificial intelligence in relation to students' academic achievement: A meta-analysis. *Computers and Education: Artificial Intelligence, 8*, 100400. https://doi.org/10.1016/j.caeai.2025.100400

Freeman, J. (2025). *Student generative AI survey 2025*. HEPI Policy Note 61.

Kranzberg, M. (1995). Technology and history: "Kranzberg's Laws". *Bulletin of Science, Technology & Society, 15*(1), 5–13. https://doi.org/10.1177/027046769501500104

Ofosu-Ampong, K. (2024). Beyond the hype: Exploring faculty perceptions and acceptability of AI in teaching practices. *Discover Education, 3*(1). https://doi.org/10.1007/s44217-024-00128-4

Ren, X., & Wu, M. L. (2025). Examining teaching competencies and challenges while integrating artificial intelligence in higher education. *TechTrends, 69*(3), 519–538. https://doi.org/10.1007/s11528-025-01055-3

Robert, J., & McCormack, M. (2025, 26. Juni). *2025 AI landscape study: Into the digital AI divide.* EDUCAUSE. https://library.educause.edu/resources/2025/2/2025-educause-ai-landscape-study

Rong, H., & Chun, C. (2025). *Digital Education Council global AI faculty survey 2025.* Digital Education Council.

Tlili, A., Saqer, K., Salha, S., & Huang, R. (2025). Investigating the effect of artificial intelligence in education (AIEd) on learning achievement: A meta-analysis and research synthesis. *Information Development, 41(3),* 825–842. https://doi.org/10.1177/02666669241304407

Wang, J., & Fan, W. (2025). The effect of ChatGPT on students' learning performance, learning perception, and higher-order thinking: Insights from a meta-analysis. *Humanities and Social Sciences Communications, 12*(1). https://doi.org/10.1057/s41599-025-04787-y

World Economic Forum. (2025, 26. Juni). *Future of Jobs Report 2025.* https://www.weforum.org/publications/the-future-of-jobs-report-2025/

Wu, C., Zhang, H., & Carroll, J. M. (2024). *AI Governance in Higher Education: Case Studies of Guidance at Big Ten Universities..* https://doi.org/10.48550/arXiv.2409.02017

Technischer Hintergrund: Große Sprachmodelle (LLM) 2

> **Zusammenfassung**
>
> Das Kapitel bietet einen grundlegenden Überblick über die Funktionsweise großer Sprachmodelle (Large Language Models=LLMs) und verortet sie systematisch innerhalb des breiteren Feldes der Künstlichen Intelligenz. Es erläutert zentrale Begriffe wie Tokenisierung, Embedding, Attention und Sampling und erklärt, wie Modelle wie ChatGPT sprachliche Ausgaben auf Basis statistischer Wahrscheinlichkeiten erzeugen. Die zugrunde liegende Transformer-Architektur wird schrittweise beschrieben und in ihrer Relevanz für Textverarbeitung eingeordnet. Darüber hinaus werden zentrale technische Begrenzungen wie Kontextlänge, Halluzinationen, Bias und mangelndes Weltverständnis thematisiert. Es wird verdeutlicht, dass es sich bei LLMs trotz hoher Ausdrucksfähigkeit weiterhin um schwache KI handelt, da ihnen bewusstes Verstehen fehlt. Ziel des Kapitels ist es, Studierenden ein technisches Grundverständnis für die Funktionsweise dieser Systeme zu vermitteln – als Grundlage für eine reflektierte und verantwortungsvolle Nutzung im wissenschaftlichen Arbeiten, auch ohne technisches Vorwissen. Dazu gehört die Fähigkeit, zentrale Konzepte nachzuvollziehen, die Leistungsfähigkeit einzuordnen und systembedingte Grenzen kritisch zu erkennen.

„Alle Modelle sind falsch."
  – George E. P. Box (1976, S. 792)

2.1 Was ist KI?

Im allgemeinen Sprachgebrauch wird der Begriff Künstliche Intelligenz (KI) häufig unscharf verwendet und dient als Sammelbezeichnung für unterschiedlichste Technologien – von einfachen Automatisierungen bis hin zu lernenden Systemen.

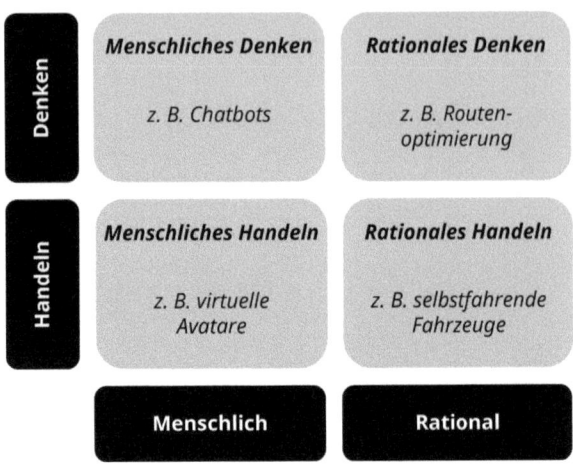

Abb. 2.1 Dimensionen von Künstlicher Intelligenz, basierend auf Russell und Norvig (2023)

Im Kern geht es bei KI jedoch um Maschinen, die Fähigkeiten zeigen, die üblicherweise als Ausdruck von Intelligenz verstanden werden: Problemlösen, Lernen, Planen, Schlussfolgern etc. Doch was macht eine Maschine in diesem Sinne intelligent? Und wie lässt sich Intelligenz überhaupt definieren?

Eine einflussreiche Systematik zur Einordnung Künstlicher Intelligenz stammt von Russell und Norvig (2023). Sie klassifizieren KI entlang zweier zentraler Dimensionen: des Bezugsrahmens der Intelligenz und der Art der Intelligenz. Das Modell ist in Abb. 2.1 dargestellt.

Die erste Dimension, der Bezugsrahmen, fragt danach, woran sich Intelligenz orientiert. Einerseits kann eine Maschine darauf ausgelegt sein, menschlich zu agieren. Sie imitiert dann etwa Sprache oder Problemlösungsstrategien, wie sie auch beim Menschen zu beobachten sind. Andererseits kann eine Maschine so konzipiert sein, dass sie formal-logisch rational handelt. Diese Unterscheidung ist bedeutsam, denn menschliches Verhalten gilt zwar als intelligent, ist jedoch stark von psychologischen Faktoren, sozialem Kontext und kognitiven Heuristiken geprägt und damit nicht durchgängig rational im streng mathematisch-logischen Sinne.

Die zweite Dimension betrifft die Art der Intelligenz, also die Frage, was intelligent erreicht werden soll. Hier wird zwischen Systemen, die auf Denken ausgerichtet sind, und solchen, die Handeln in den Mittelpunkt stellen, unterschieden. Intelligentes Denken umfasst Fähigkeiten wie Schlussfolgern, Planen und Lernen, d. h. es geht um die kognitive Verarbeitung von Informationen. Intelligentes Handeln hingegen betrifft von außen beobachtbares Verhalten. Das System trifft nicht nur interne Entscheidungen, sondern setzt diese auch in einer definierten Umgebung um.

Wie dieser theoretische Rahmen deutlich macht, reicht der Begriff Künstliche Intelligenz weit über die Funktionsweise und Reichweite von Large Language Models (LLMs) wie ChatGPT, Claude oder Copilot hinaus. Zwar stellen große Sprachmodelle zweifellos eine Form von KI dar, doch im Umkehrschluss gilt nicht, dass alle intelligenten Systeme auf Sprachmodellen basieren. KI ist ein breites Forschungs- und Anwendungsfeld, das zahlreiche Paradigmen, Methoden und Zielsetzungen umfasst.

Eine zentrale Rolle innerhalb dieses Feldes nimmt das maschinelle Lernen (Machine Learning) ein. Hierbei handelt es sich um Verfahren, bei denen Systeme nicht explizit programmiert werden, sondern aus vorliegenden Daten oder Beobachtungen eigenständig Strukturen, Muster und Lösungen ableiten. Das Ziel ist es, ein Modell zu entwickeln, das aus Beispielen lernt und anschließend verallgemeinerbare Entscheidungen oder Vorhersagen treffen kann.

Eine besonders leistungsfähige und heute vielfach eingesetzte Unterform des maschinellen Lernens ist das Deep Learning. Deep-Learning-Systeme basieren auf künstlichen neuronalen Netzen, die aus vielen hintereinandergeschalteten Schichten bestehen. Im Unterschied zu klassischen Lernverfahren, bei denen menschliche Expertinnen und Experten relevante Merkmale (Features) definieren, lernen Deep-Learning-Modelle diese Merkmale selbst, sofern ausreichend große Datenmengen zur Verfügung stehen. Die Modelle priorisieren dabei eigenständig jene Merkmale, die für die jeweilige Aufgabe besonders relevant sind.

LLMs fallen genau in diese Kategorie: Sie sind Deep-Learning-Modelle, die mithilfe neuronaler Netze auf riesigen Textkorpora trainiert wurden. Ihr „Verstehen" von Sprache basiert nicht auf semantischen Regeln oder lexikalischem Wissen, sondern auf der statistischen Erkennung und gewichteten Verarbeitung sprachlicher Muster über viele Schichten hinweg. Insofern sind LLMs nicht nur eine konkrete Ausprägung von KI, sondern zugleich ein spezifisches Beispiel für maschinelles Lernen und innerhalb dessen für das Teilgebiet des Deep Learning. Gleichzeitig zählen große Sprachmodelle auch zum Teilgebiet der generativen KI – also jener Klasse intelligenter Systeme, die darauf ausgerichtet sind, eigenständig neue Inhalte zu erzeugen. Dazu gehört unter anderem die Erstellung von Texten, Bildern, Audiodateien oder Videos. Generative KI fußt nicht primär auf inhaltlicher Analyse oder Klassifikation, sondern nutzt gelernte Muster, um entsprechende Ausgaben zu erzeugen.

Künstliche Intelligenz als Forschungs- und Anwendungsfeld umfasst daher weit mehr als nur LLMs. Zum Beispiel gehören auch symbolische KI, Expertensysteme, robotische Anwendungen oder simulationsbasierte Entscheidungsverfahren dazu, die teils auf völlig anderen Prinzipien beruhen. Abb. 2.2 (vgl. z. B. Jeong, 2024 oder Pressman et al., 2024) veranschaulicht diese Einordnung und zeigt, wie sich große Sprachmodelle systematisch innerhalb des Gesamtfelds der KI verorten lassen.

Eine gängige Einordnung von KI-Systemen basiert auf der Unterscheidung zwischen schwacher und starker Künstlicher Intelligenz nach Searle (1980).

Schwache KI bezeichnet Systeme, die kognitive Prozesse lediglich simulieren, ohne dabei über ein echtes Verständnis oder Bewusstsein zu verfügen. Diese Systeme sind primär als Werkzeuge konzipiert: Sie lösen definierte Aufgaben innerhalb eines vorgegebenen Rahmens, häufig unter Verwendung festgelegter Regeln oder trainierter Modelle. Sprachverarbeitungssysteme, Chatbots oder Empfehlungssysteme zählen typischerweise zu dieser Kategorie. Auch große Sprachmodelle fallen trotz ihrer beeindruckenden Ausdrucksfähigkeit in diese Klasse, denn sie erzeu-

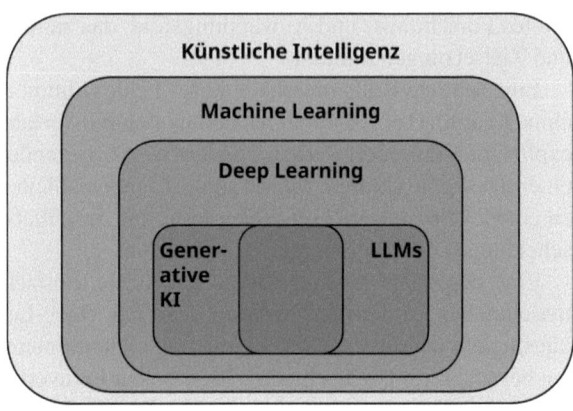

Abb. 2.2 Einordnung von LLMs innerhalb der KI-Felder, nach Jeong (2024)

gen Sprache auf Basis statistischer Muster, nicht auf Grundlage eines echten Verständnisses oder beabsichtigten Denkens.

Starke KI – oder auch Artificial General Intelligence (AGI) genannt – hingegen würde über ein tatsächliches Bewusstsein verfügen, d. h. sie könnte nicht nur Sprache generieren oder Probleme lösen, sondern auch verstehen, reflektieren und absichtsvoll handeln. Eine starke KI wäre zu eigenständigem Lernen in offenen, dynamischen Kontexten fähig und könnte sich an neue, unstrukturierte Situationen, ähnlich einem Menschen, flexibel anpassen. Dabei ginge es nicht um die Imitation intelligenten Verhaltens, sondern um die Existenz innerer mentaler Zustände wie Überzeugungen, Absichten oder Gefühle. Eine solche KI wäre sehr anpassbar und könnte eigenständig eine Vielzahl an Problemklassen ohne Unterstützung eines Menschen lösen. Als hypothetische Erweiterung dieser Idee wird häufig eine dritte Entwicklungsstufe diskutiert: die sogenannte Super-KI (Good, 1965). Dabei handelt es sich um eine Form Künstlicher Intelligenz, die die kognitiven Fähigkeiten des Menschen nicht nur erreicht, sondern in nahezu allen Dimensionen deutlich übertrifft.

Trotz der erheblichen Fortschritte im Bereich großer Sprachmodelle ist festzuhalten: Eine starke KI existiert bislang nicht. Systeme wie ChatGPT markieren zwar eine neue Stufe funktionaler Leistungsfähigkeit innerhalb der schwachen KI, doch sie simulieren lediglich Denkprozesse, ohne diese bewusst auszuführen. Wie Sprachmodelle genau arbeiten und welche Mechanismen dahinterstehen, wird im weiteren Verlauf dieses Kapitels erläutert.

2.2 Die grundlegende Idee hinter generativen Modellen

Das Grundprinzip von Sprachmodellen wie ChatGPT lässt sich stark vereinfacht mit der Autovervollständigungsfunktion moderner Smartphones vergleichen. Beginnt man etwa eine Nachricht mit den Worten „Alles Gute", schlagen viele Geräte in Echtzeit passende Fortsetzungen wie „zum" oder „für" vor. Wählt man „zum",

2.2 Die grundlegende Idee hinter generativen Modellen

folgen typischerweise Vorschläge wie „Geburtstag" oder „neuen", worauf bei letzterem dann z. B. „Jahr" oder „Job" folgt. Diese Vorhersagen basieren auf statistischen Häufigkeiten und versuchen, so zu bestimmen, welche Wörter typischerweise aufeinanderfolgen.

Genau dieses Prinzip bildet den Kern moderner Sprachmodelle: Auch sie berechnen fortlaufend, welches Wort (oder konkreter: welche Wortuntereinheit) mit hoher Wahrscheinlichkeit das Nächste in einem gegebenen Satzkontext ist. Während einfache Autovervollständigungssysteme meist auf fest hinterlegte Wahrscheinlichkeiten oder kleinere Wortsequenzen zurückgreifen, analysieren große Sprachmodelle ganze Absätze, Abschnitte oder sogar den gesamten bisherigen Text, um kontextsensitiv und flexibel passende Fortsetzungen zu generieren. Der Text entsteht dabei schrittweise, Wort für Wort. So entsteht der Eindruck „intelligenter" Antworten, obwohl das Modell nur Wahrscheinlichkeiten vorhersagt und sprachliche Muster fortsetzt.

Die Bedeutung des Kontexts lässt sich gut an einem einfachen Beispiel verdeutlichen: Beginnt ein Satz mit „Menschen in Deutschland essen ...", berechnet das Sprachmodell für jedes mögliche nächste Wort eine Wahrscheinlichkeit – basierend auf dem, was in ähnlichen Situationen in den Trainingsdaten häufig folgte. Steht der Satz für sich allein, sind unter anderem folgende Fortsetzungen denkbar (Wahrscheinlichkeiten fiktiv):

- traditionell (25 % Wahrscheinlichkeit)
  z. B. „... traditionell oft Gerichte wie Sauerkraut, Bratwurst und Kartoffeln."
- vielfältig (15 % Wahrscheinlichkeit)
  z. B. „... vielfältig, da viele Cuisines aus aller Welt beliebt sind."
- gerne (10 % Wahrscheinlichkeit)
  z. B. „... gerne frisches Brot, Fleisch und regionale Spezialitäten."
- oft (5 % Wahrscheinlichkeit)
  z. B. „... zu Hause, aber auch in Bäckereien oder Restaurants."

Das wahrscheinlich nächste Wort in unserem Beispiel ist „traditionell". Wird dieses ausgewählt, berechnet daran anknüpfend das Modell erneut die wahrscheinlichste Fortsetzung – in diesem Fall etwa „oft". Dieser Prozess wiederholt sich schrittweise: Für jedes neue Wort wird auf Grundlage des bisherigen Kontexts eine Wahrscheinlichkeitsverteilung berechnet. So entsteht der Text Wort für Wort, ohne dass das Modell bereits zu Beginn weiß, wie der Satz oder Absatz enden wird. Erst wenn eine sinnvolle sprachliche Einheit erreicht ist, etwa ein Punkt, ein Absatzende oder ein logischer Abschluss, endet dieser Vorgang.

Die Antworten drehen sich hier primär darum, welche Speisen Deutsche typischerweise konsumieren. Wenn wir nun einen zusätzlichen Kontext einführen und uns vorstellen, der Text beginnt mit dem Satz „Menschen in Spanien essen selten vor 20 Uhr zu Abend. Menschen in Deutschland essen ...", dann könnte das nächste Wort bzw. das Satzende so aussehen:

- früh (40 % Wahrscheinlichkeit)
  z. B. „… früh, meist zwischen 18 und 19 Uhr."
- spät (10 % Wahrscheinlichkeit)
  z. B. „… spät, aber meist vor 21 Uhr."
- gemeinsam (5 % Wahrscheinlichkeit)
  z. B. „… gemeinsam am Familientisch."
- draußen (3 % Wahrscheinlichkeit)
  z. B. „… draußen gern im Biergarten."

Durch den veränderten Kontext verschieben sich die generierten Fortsetzungen deutlich: Statt sich darauf zu konzentrieren, was gegessen wird, liegt der Fokus jetzt auf dem Wann und Wie des Essverhaltens. Dieses Beispiel zeigt, wie sensibel Sprachmodelle auf den ihnen gegebenen Kontext reagieren. Sie treffen ihre Entscheidung nicht nur auf Grundlage einzelner Wörter, sondern beziehen inhaltliche Zusammenhänge ein, um eine plausible und kohärente Fortsetzung zu generieren.

2.3 Funktionsweise von großen Sprachmodellen (LLMs)

Dieses Kapitel bietet einen grundlegenden Überblick darüber, wie große Sprachmodelle funktionieren, wie ihre Architektur aufgebaut ist und auf welche Weise sie sprachliche Ausgaben erzeugen. Es erklärt zentrale Begriffe wie Tokenisierung, Embedding, Attention und Sampling, und beleuchtet zugleich die Grenzen und Herausforderungen, die sich aus der Technologie ergeben. Ziel ist es, ein fundiertes Verständnis für die Funktionsweise dieser Modelle zu vermitteln – als Grundlage für eine reflektierte und verantwortungsvolle Nutzung im akademischen Kontext.

Für alle, die tiefer in die technologischen und mathematischen Grundlagen einsteigen möchten, sind folgende Werke empfehlenswert:

Wolfram (2023): *Das Geheimnis hinter ChatGPT: Wie die KI arbeitet und warum sie funktioniert.*
- Vertieft anschaulich und praxisnah, wie ChatGPT und ähnliche Modelle technologisch und mathematisch aufgebaut sind, und macht komplexe Abläufe durch konkrete Beispiele verständlich
- Empfohlen für alle, die nach der kompakten Einführung in diesem Buch weiterführende, leicht zugängliche Hintergrundinformationen suchen

Stricker (2024): *Sprachmodelle verstehen: Chatbots und generative künstliche Intelligenz im Zusammenhang.*
- Bietet eine praxisnahe Vertiefung der technischen und mathematischen Grundlagen generativer Sprachmodelle und erläutert zentrale Algorithmen sowie Architekturprinzipien verständlich
- Geeignet für deutschsprachige Einsteiger:innen, die gezielt weiter in die Technologie und Mathematik einsteigen möchten

Kamath et al. (2024): *Large Language Models: A Deep Dive – Bridging Theory and Practice.*
- Stellt die theoretischen und mathematischen Grundlagen moderner LLMs systematisch und ausführlich dar
- Besonders geeignet für fortgeschrittene Studierende und Forschende, die ein vertieftes Verständnis der mathematischen und technologischen Grundlagen von LLMs anstreben

2.3.1 Die Transformer-Architektur

Der Kern moderner Sprachmodelle wie ChatGPT ist die sogenannte Transformer-Architektur. Sie stellt eine spezialisierte Form des Deep Learning dar, die ursprünglich für Aufgaben im Bereich des Natural Language Processing (NLP) entwickelt wurde, inzwischen jedoch auch in anderen Feldern wie der Computer-Vision, der Sprachverarbeitung oder in spezialisierten wissenschaftlichen Gebieten breite Anwendung findet (Lin et al., 2022). Die Transformer-Architektur basiert auf einem modularen Aufbau und gliedert sich im Wesentlichen in vier aufeinander aufbauende Ebenen, die gemeinsam die Verarbeitung und Generierung von Text ermöglichen (siehe Abb. 2.3).

Beim Tokenizer wird der eingegebene Text zunächst in kleinere Einheiten zerlegt – sogenannte Tokens. Diese ähneln in ihrer Länge oft Silben, entsprechen ihnen jedoch nicht oder nur zufällig. Durch diese Zerlegung kann das Sprachmodell flexibel mit unterschiedlichen Wortformen umgehen. Es muss also nicht jede mögliche Wortvariante separat kennen, sondern erkennt durch die Kombination einzelner Tokens Varianten desselben Wortstamms.

Im nächsten Schritt folgt das Embedding, also die numerische Repräsentation der Tokens. Jeder Token wird dabei in einen Vektor aus Zahlen übersetzt. Diese

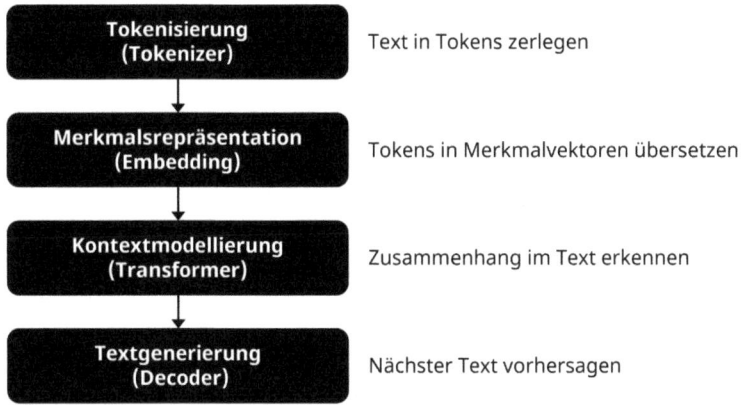

Abb. 2.3 Transformer-Architektur

Vektoren bilden die Grundlage aller weiteren Rechenoperationen im Modell: Sie machen Sprache für die Maschine mathematisch zugänglich und ermöglichen es, inhaltliche Beziehungen zwischen Wörtern in mehreren Dimensionen abzubilden.

Die eigentliche Verarbeitung geschieht in den Transformer-Schichten. Dabei handelt es sich um ein komplexes Geflecht neuronaler Netzwerke, das wiederholt angewendet wird. Diese Schichten analysieren den Kontext jedes Tokens und berechnen, welche anderen Tokens in der Eingabe besonders relevant sind. Durch die sogenannte Self-Attention kann das Modell Zusammenhänge über Wortgrenzen und Satzlängen hinweg erkennen und dynamisch gewichten. Informationen werden über viele Schichten hinweg weitergereicht und transformiert, um zunehmend abstrakte Merkmale des Textes herauszuarbeiten.

Am Ende dieses Prozesses steht bei generativen Transformern die Dekodierung: Aus den transformierten Vektoren wird eine Wahrscheinlichkeitsverteilung für das nächste Token berechnet. Das Modell wählt dann basierend darauf das nächste Token aus und generiert damit schrittweise den weiteren Text. Dieser Vorgang wiederholt sich so lange, bis ein vollständiger Satz, Absatz oder Textabschnitt entstanden ist.

Die bekannteste Form von Transformer-Modellen ist GPT. GPT steht für Generative Pre-trained Transformer – also ein generatives, vortrainiertes Transformermodell. Der Begriff verdeutlicht das zugrunde liegende Prinzip: Die Modelle werden zunächst in einem aufwendigen Vortrainingsprozess auf sehr großen Textmengen (z. B. Bücher, Wikipedia, Texten aus dem Internet) trainiert, ohne dass dabei eine konkrete Aufgabenstellung vorgegeben ist. Dieses Pretraining dient dem Ziel, ein breit einsetzbares Sprachverständnis zu entwickeln. Das Modell lernt dabei grundlegende Strukturen der Sprache, Grammatik, Redewendungen, häufige Argumentationsmuster sowie eine Vielzahl an Weltwissen, das in den Trainingsdaten enthalten ist. Es handelt sich um ein sogenanntes Self-Supervised Learning: Das Modell lernt, indem es systematisch versucht vorherzusagen, welches Token als nächstes kommt – basierend auf dem bisherigen Textverlauf (Radford et al., 2018).

Das Ergebnis dieses Vortrainings ist ein hochgradig flexibles Sprachmodell, das anschließend durch gezieltes Finetuning oder den Einsatz geschickter Prompts für eine Vielzahl spezifischer Aufgaben eingesetzt werden kann, wie wir es aus den modernen KI-Produkten kennen.

2.3.2 Tokenizer: Von der Eingabe zu Tokens

Sprachmodelle arbeiten in der Regel nicht mit vollständigen Wörtern, sondern mit kleineren Einheiten, sogenannten Tokens. Ein Token kann ein einzelner Buchstabe, eine Silbe oder ein häufig vorkommender Wortbestandteil sein. So wird das Wort „traditionell" beispielsweise in drei Tokens zerlegt: „trad", „ition" und „ell". Auf diese Weise könnte das Modell im vorherigen Beispiel flexibel auch Varianten wie „traditionelle", „traditionsreich" oder „traditionsbewusst" bilden, ohne jedes Wort einzeln gespeichert zu haben.

Eingabe
Künstliche Intelligenz verändert unsere Arbeitswelt.

Tokens
Künstliche Intelligenz verändert unsere Arbeitswelt.

Token-IDs
[42, 60491, 20603, 1357, 616, 6569, 89, 2807, 22270, 531, 45467, 71265, 86, 3903, 13]

Abb. 2.4. Tokenisierung

Der Prozess der Zerlegung wird Tokenisierung genannt und ist der erste Schritt bei der Verarbeitung jeder Eingabe. Wie viele Tokens ein Satz enthält, hängt von seiner sprachlichen Struktur ab – ein einzelner Satz kann leicht 10 bis 30 Tokens umfassen. Ein Beispiel für eine typische Zerlegung zeigt Abb. 2.4.

Der Vorteil dieses Ansatzes liegt in seiner Effizienz und Flexibilität. Anstatt auf ein unüberschaubares Vokabular einzelner Wörter angewiesen zu sein, arbeiten Sprachmodelle mit einer begrenzten, aber hochgradig kombinierbaren Anzahl an Tokens. Diese Tokens lassen sich somit eindeutig mit Zahlen kodieren: Jedes der rund 100.000 Tokens, die ein Modell wie ChatGPT kennt, ist einer festen Zahl zugeordnet, der sogenannten Token-ID. Mithilfe dieser Token-ID lassen sich im nächsten Schritt die Wortbestandteile mathematisch abbilden.

Tokens spielen eine Rolle über die rein technische Verarbeitung hinaus, denn sie sind auch die Maßeinheit für das Kontextfenster. LLMs können nur eine begrenzte Anzahl an Tokens gleichzeitig berücksichtigen. Diese maximale Kontextlänge legt fest, wie viele Tokens, also wie viel eingegebene Information, das Modell auf einmal verarbeiten kann. Wird diese Grenze überschritten, „vergisst" das Modell Teile des früheren Textes, da ältere Tokens aus dem Kontext herausfallen. Das kann insbesondere bei langen Unterhaltungen, komplexen Dokumenten oder umfangreichen Recherchen problematisch werden, falls wichtige Informationen verloren gehen.

Darüber hinaus sind Tokens auch in ökonomischer Hinsicht von Bedeutung: Sie sind die Grundlage für die Kostenberechnung bei der Nutzung kommerzieller Sprachmodelle. Üblicherweise wird dabei zwischen Eingabe- und Ausgabe-Tokens unterschieden. Beide fließen in die Preisgestaltung ein, wobei die Ausgabe – also das, was das Modell zurückliefert – häufig teurer ist als die Eingabe.

2.3.3 Embedding: Von Tokens zu mathematischen Vektoren

Ein KI-Modell verarbeitet und versteht Sprache nicht im menschlichen Sinne, d. h., es verfügt weder über Bewusstsein noch über ein semantisches Verständnis der Inhalte. Vielmehr agiert es ausschließlich auf numerischer Basis: Wörter, Sätze und ganze Texte existieren für das Modell lediglich als Abfolgen von Zahlen. Damit ein

Vokabular [TokenID]	Token-IDs als Matrix	Embedding-Matrix mit vier Dimensionen
Hallo [1]	[1 0 0]	[0.911 -0.459 0.519 1.651]
Welt [2]	[0 1 0]	[-0.295 0.185 -0.124 -0.498]
! [3]	[0 0 1]	[-0.616 0.341 -0.439 -1.154]

Abb. 2.5 Einbettung von Tokens

Sprachmodell Texte verarbeiten kann, müssen sprachliche Informationen daher in eine maschinenlesbare Form überführt werden.

Dieser notwendige Zwischenschritt erfolgt im sogenannten Embedding (Einbettung). Dabei werden die Tokens oder genauer gesagt ihre numerischen IDs in Vektoren übersetzt. Diese Vektoren bestehen aus mehreren Zahlen und codieren bestimmte sprachliche Merkmale. Das Modell erkennt also nicht das Wort selbst, sondern arbeitet mit dessen numerischer Repräsentation, die es ermöglicht, Sprache algorithmisch zu verarbeiten.

Im fiktiven Embedding-Beispiel in Abb. 2.5 gehen wir davon aus, dass das Vokabular eines Sprachmodells lediglich drei Tokens umfasst. Jedes dieser Tokens wird durch eine eindeutige Zahl dargestellt (1, 2 und 3). Diese numerische Darstellung wird häufig in Form sogenannter One-Hot-Vektoren organisiert: Dabei handelt es sich um Listen, in denen für jedes Token genau eine Position den Wert 1 annimmt, während alle anderen Positionen 0 sind. Aus dieser Darstellung lässt sich eine Matrix erzeugen, in der jede Zeile einem bestimmten Token entspricht.

Im nächsten Schritt wird diese Einzelabbildung in eine kontinuierliche Form überführt. Mithilfe maschineller Lernverfahren wird jedem Token ein Vektor in einem mehrdimensionalen Raum zugeordnet – im Beispiel etwa innerhalb von vier Dimensionen, d. h., jedes Token ist dadurch nicht mehr nur eine abstrakte Zahl, sondern erhält eine spezifische Koordinate, die sich aus vier Zahlen zusammensetzt. Diese Embeddings erfassen verschiedene Eigenschaften und Beziehungen zwischen Tokens. Durch das Training auf umfangreichen Textdaten lernt das Modell dabei, inhaltlich verwandte Tokens in räumlicher Nähe zueinander zu platzieren.

Auch wenn man theoretisch versuchen könnte, einzelnen Dimensionen bestimmte Bedeutungen zuzuweisen – etwa jeweils eine Dimension für Zeitlichkeit oder Emotionalität –, bleibt die Interpretation dieser Dimensionen meist schwierig. Die zugrunde liegende mathematische Struktur ist hochgradig abstrakt und lässt sich selten auf anschauliche Kategorien reduzieren. Dennoch bildet diese Repräsentation die Grundlage dafür, dass Sprachmodelle mit Bedeutung und Kontext operieren können.

Im Beispiel besteht die Matrix aus drei möglichen Tokens, die jeweils durch vier Dimensionen beschrieben werden. Daraus ergibt sich eine fiktive Einbettungsmatrix mit insgesamt 12 numerischen Werten – sogenannte Embedding-Parameter. Diese einfache Darstellung veranschaulicht das Grundprinzip, ist jedoch weit von der Komplexität realer Sprachmodelle entfernt. Bei einem modernen großen Sprachmodell wie Llama 4 ist der Maßstab erheblich größer: Das Modell verfügt über ein

2.3 Funktionsweise von großen Sprachmodellen (LLMs)

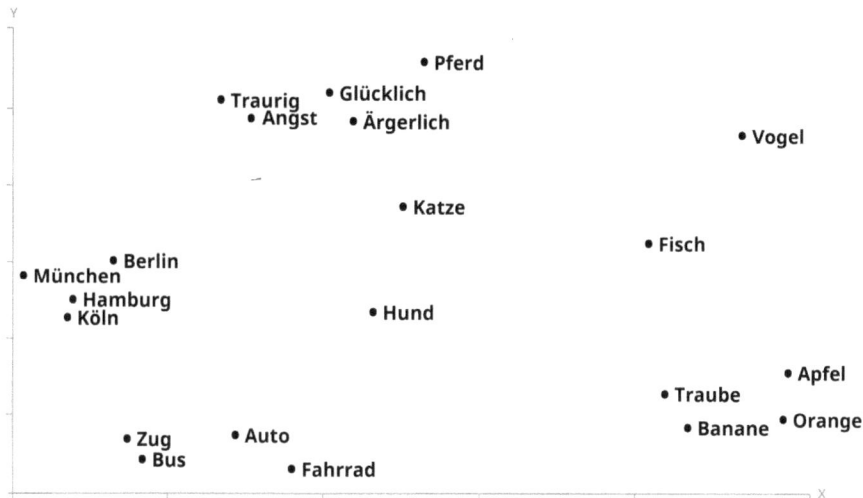

Abb. 2.6 Räumliche Nähe von Wörtern

Vokabular von 202.048 unterschiedlichen Tokens. Jedem dieser Tokens wird ein Vektor im Raum mit 5120 Dimensionen zugewiesen. Allein die Embedding-Matrix umfasst somit über eine Milliarde Parameter (202.048 × 5120 ≈ 1,03 Mrd.). Und das ist nur der Anfang: Neben dieser Eingangsrepräsentation enthält das Modell viele weitere Schichten mit eigenen Gewichtungen, sodass das Modell insgesamt über rund 400 Mrd. Parameter (Llama 4 Maverick) verfügt (Hugging Face, 2025). All diese Parameter müssen jeweils basierend auf Trainingsdaten angelernt und optimiert werden.

Die Idee, dass semantisch verwandte Begriffe im Vektorraum nahe beieinanderliegen, wird besonders anschaulich, wenn man ein stark vereinfachtes Beispiel betrachtet: eine zweidimensionale Einbettung von Wörtern anstelle von Tokens. In Abb. 2.6 wurden exemplarisch Begriffe aus fünf Kategorien – Städte, Verkehrsmittel, Gefühle, Tiere und Früchte – in eine zweidimensionale Matrix eingebettet und anschließend als Streudiagramm visualisiert. Das Ergebnis zeigt deutlich: Thematisch zusammengehörige Wörter ordnen sich in der Einbettung räumlich an und bilden jeweils erkennbare Cluster. Auffällig ist jedoch die Verteilung innerhalb der Kategorie der Tiere: Während Haustiere wie Hund und Katze sehr nah beieinanderstehen, stehen Speisetiere wie Fisch oder Vogel fast genauso nah bei den essbaren Früchten. Dies lässt sich darauf zurückführen, dass diese Tiere in den Trainingsdaten häufig im Kontext von Nahrungsmitteln vorkommen. Die semantische Nähe basiert also nicht auf sprachlicher Klassifikation, sondern auf statistischen Zusammenhängen in Texten. Dieses Beispiel macht zweierlei deutlich: Erstens zeigt es, wie leistungsfähig solche Einbettungen im Erfassen thematischer Ähnlichkeiten sind. Zweitens wird ersichtlich, wie rasch mit steigender Dimension die Interpretierbarkeit schwindet.

2.3.4 Transformierung: Den Kontext erkennen

Die Einbettung ermöglicht es dem Sprachmodell, gewisse semantische und syntaktische Eigenschaften zu erfassen und Ähnlichkeiten zwischen Wörtern zu erkennen. Allerdings ist dies kontextunabhängig. Diese Einschränkung zeigt sich deutlich bei Wörtern mit Mehrdeutigkeit: Ein Wort wie „Bank" erhält stets denselben Vektor in einer statischen Einbettung – unabhängig davon, ob es sich um eine Sitzgelegenheit im Park oder um ein Kreditinstitut handelt. Aus dem Kontext lässt sich jedoch schließen, ob ein Möbelstück („Bank mit Armlehne") oder ein Finanzinstitut („Bank mit Geldautomaten") gemeint ist.

Um den Kontext eines Wortes zu erfassen, nutzen moderne KI-Sprachmodelle eine zentrale Innovation: den Attention-Mechanismus. Diese Methode für Transformer-Modelle wurde erstmals im wegweisenden und vielfach zitierten Aufsatz „Attention is All You Need" von Vaswani et al. (2017) vorgestellt. Attention, auf Deutsch Aufmerksamkeit, gilt als die Geheimzutat hinter der Leistungsfähigkeit heutiger Transformer-Modelle.

Im Kern bedeutet Attention, dass bei der Verarbeitung eines Textes nicht nur jedes einzelne Token isoliert betrachtet wird, sondern im Verhältnis zu allen anderen Tokens im jeweiligen Kontext. Das Modell analysiert dabei, welche anderen Tokens für die Interpretation eines bestimmten Tokens besonders relevant sind, und gewichtet diese entsprechend. So entsteht eine dynamische, kontextabhängige Repräsentation der Bedeutung.

Ein einfaches Beispiel macht diese Funktionsweise anschaulich: In dem Satz „Der Hund isst den Mann, weil er hungrig ist" bezieht sich das Pronomen „er" auf den Hund. Im Satz „Der Hund beißt den Mann, weil er gut schmeckt" deutet der Kontext darauf hin, dass „er" sich auf den Mann bezieht. Ohne einen Mechanismus wie Attention wären solche Bedeutungsnuancen schwer aufzulösen. Durch diese gezielte Kontextanalyse kann das Modell also zwischen Mehrdeutigkeiten differenzieren und grammatische Regeln zum Satzbau befolgen.

Abb. 2.7 veranschaulicht exemplarisch, wie der Attention-Mechanismus in einem Sprachmodell funktioniert. Der Beispielsatz lautet: „Das Entwickler-Team korrigiert das Programm, weil es fehlerhaft ist." Die grafische Darstellung zeigt für ausgewählte Tokens („es", „Programm" und „Team") jeweils die Verteilung der Aufmerksamkeit auf andere Tokens im Satz (die höchsten Attentionwerte sind farblich hervorgehoben).

Ein zentrales Merkmal ist, dass jedes dieser Tokens zunächst eine hohe Aufmerksamkeit auf sich selbst richtet – ein typisches Verhalten von Sprachmodellen, das der Stabilität und Selbstverortung im Satz dient. Besonders interessant ist jedoch die Aufmerksamkeit von „es": Hier lässt sich erkennen, dass sich das Modell auf das „Programm" und dessen Artikel „das" fokussiert. Diese Gewichtung legt nahe, dass „es" sich in diesem Fall korrekt auf das „Programm" bezieht. Gleichzeitig ist „fehlerhaft" ebenfalls mit erhöhter Aufmerksamkeit versehen, da es die inhaltliche Aussage über das Pronomen trifft.

Auch bei „Programm" lassen sich charakteristische Muster erkennen: Als Objekt des Hauptsatzes wird seine Beziehung zum Prädikat („korrigiert") sowie

2.3 Funktionsweise von großen Sprachmodellen (LLMs)

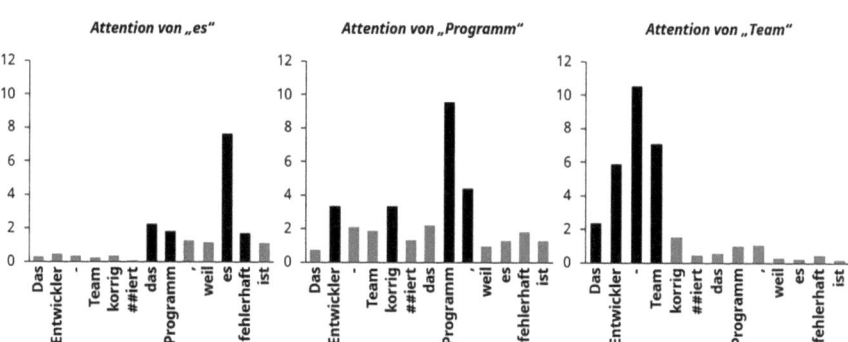

Abb. 2.7 Beispiel für Attentionwerte

zum Subjekt („Team") durch erhöhte Aufmerksamkeit sichtbar gemacht. Dies reflektiert die syntaktische Struktur des Satzes und zeigt, wie das Modell die Rollenverteilung erkennt.

Beim „Team" wiederum zeigt sich, dass das zusammengesetzte Subjekt „Entwickler-Team" durch die Aufmerksamkeit zusammengehalten wird. Das Modell erkennt also, dass es sich um eine zusammengehörige Einheit handelt, obwohl das Wort aus mehreren Bestandteilen besteht.

Dieses Beispiel macht deutlich, wie leistungsfähig der Attention-Mechanismus im Erfassen syntaktischer und semantischer Zusammenhänge ist. Er erlaubt dem Modell, kontextabhängige Bezüge zu identifizieren, Bedeutungen korrekt aufzulösen und damit eine konsistente Interpretation komplexer Sätze zu entwickeln.

2.3.5 Dekodierung: Zurück zur Ausgabe

Als Ergebnis der Verarbeitung in den Transformer-Schichten entsteht für jeden möglichen nächsten Token ein sogenannter Score – ein numerischer Wert, der ausdrückt, wie stark das Modell diesem Token in dem gegebenen Kontext vertraut. Diese Scores sind noch keine Wahrscheinlichkeiten im engeren Sinn, sondern Rohwerte, die im nächsten Schritt in eine Wahrscheinlichkeitsverteilung umgerechnet werden. Dies geschieht bei der Dekodierung des Modells mithilfe einer Softmax-Funktion, die alle Scores auf Werte zwischen 0 und 1 abbildet und sicherstellt, dass ihre Summe genau 1 beträgt. So entsteht eine Wahrscheinlichkeitsverteilung, aus der das Modell das wahrscheinlichste nächste Token auswählt oder unter bestimmten Einstellungen auch bewusst weniger wahrscheinliche Varianten zulässt, um Variation und Kreativität zu fördern.

Abb. 2.8 zeigt beispielhaft eine solche Wahrscheinlichkeitsverteilung, wobei zur besseren Verständlichkeit Wörter statt Tokens verwendet werden. Im Beispiel wird angenommen, dass bereits ein Wort („Das") generiert wurde.

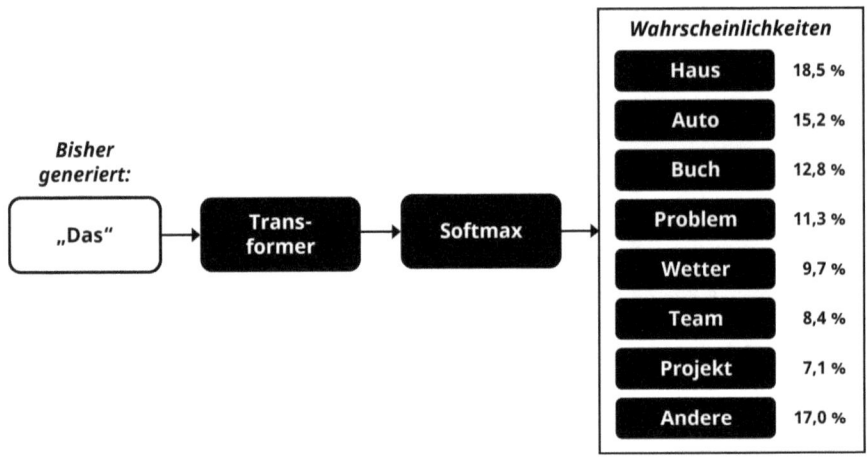

Abb. 2.8 Beispielhafte Wahrscheinlichkeitsverteilung

Eine nahe liegende, aber in der Praxis wenig befriedigende Strategie wäre es, stets das wahrscheinlichste nächste Token auszuwählen. Dieses Vorgehen – bekannt als Greedy Decoding – führt jedoch dazu, dass die generierten Texte vorhersehbar, monoton und oft stilistisch wenig abwechslungsreich sind. Die Ausdruckskraft und Kreativität des Modells werden dadurch stark eingeschränkt.

Um dem entgegenzuwirken, greifen moderne Sprachmodelle auf sogenannte Sampling-Verfahren zurück. Dabei wird nicht regelbasiert das wahrscheinlichste Token gewählt, sondern zufallsbasiert aus einer Auswahl plausibler Alternativen, dem Sample, entschieden. Das Modell erzeugt also Variationen, indem es aus einer Stichprobe möglicher Fortsetzungen auswählt. Zwei der am häufigsten verwendeten Sampling-Strategien sind Top-k-Sampling und Top-p-Sampling (letzteres ist auch bekannt als Nucleus-Sampling).

Beim Top-k-Sampling wird die Auswahl auf die k wahrscheinlichsten Tokens beschränkt. Hat man zum Beispiel k = 3 festgelegt, wählt das Modell ausschließlich aus den drei Tokens mit den höchsten Wahrscheinlichkeiten und trifft innerhalb dieser Auswahl eine zufallsbasierte Entscheidung anhand der jeweiligen Wahrscheinlichkeiten. Dies reduziert das Risiko, dass seltene oder irrelevante Tokens gewählt werden, erhält aber dennoch eine gewisse Variation.

Ein Nachteil des Top-k-Verfahrens zeigt sich jedoch, wenn die Wahrscheinlichkeitsverteilung flach ist: Dann könnte ein sinnvolles Token an vierter oder fünfter Stelle stehen und dennoch ausgeschlossen werden. Hier setzt das Top-p-Sampling an. Anstatt eine feste Anzahl von Kandidaten zu verwenden, summiert das Modell die Wahrscheinlichkeiten der Tokens so lange auf, bis ein vorher festgelegter Schwellenwert p (beispielsweise 50 %) überschritten wird. In die Auswahl gelangen somit nicht zwangsläufig immer dieselbe Anzahl Tokens, sondern jene, die zusammen eine gewisse kumulierte Wahrscheinlichkeit

2.3 Funktionsweise von großen Sprachmodellen (LLMs)

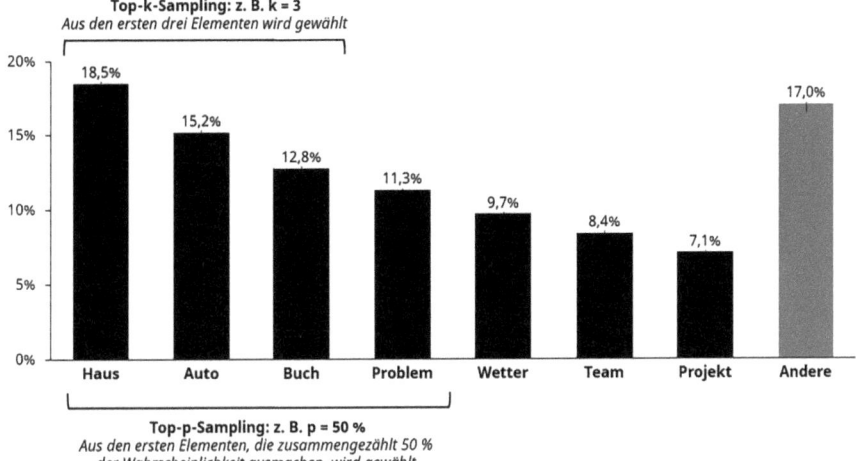

Abb. 2.9 Top-k- und Top-p-Sampling

abdecken. Auch hier erfolgt die finale Auswahl zufallsbasiert. Abb. 2.9 illustriert die beiden Verfahren anhand des vorherigen Beispiels.

Bei der Dekodierung lässt sich das Verhalten eines Sprachmodells gezielt beeinflussen. Neben den Sampling-Verfahren wie Top-k und Top-p spielt hier ein weiterer zentraler Parameter eine Rolle: die sogenannte Temperatur.

Die Temperatur wirkt direkt auf die Wahrscheinlichkeitsverteilung der potenziellen nächsten Tokens. Genauer gesagt steuert sie, wie stark sich das Modell an den berechneten Wahrscheinlichkeiten orientiert. Eine niedrige Temperatur führt zu einer schiefen Verteilung: Die wahrscheinlichsten Tokens werden überproportional bevorzugt, während weniger wahrscheinliche Kandidaten abgewertet werden. Das Modell wird dadurch fokussierter und deterministischer. Dies mündet in einer höheren inhaltlichen Präzision und geringeren Fehleranfälligkeit, allerdings auf Kosten stilistischer Vielfalt.

Im Gegensatz dazu führt eine hohe Temperatur zu einer Abflachung der Verteilung: Unterschiede in den Wahrscheinlichkeiten werden geglättet, auch seltenere Tokens erhalten mehr Chancen. Das erhöht die sprachliche Varianz und kann zu überraschenden, kreativen oder unkonventionellen Antworten führen. Gleichzeitig steigt jedoch auch das Risiko von Unschärfe oder sachlichen Ungenauigkeiten. Bei einer Temperatur von 1 bleiben die Verhältnisse unverändert.

Abb. 2.10 zeigt beispielhaft den Einfluss verschiedener Temperatureinstellungen auf eine identische Ausgangsverteilung: Bei T = 0,25 konzentriert sich die Auswahl deutlich auf das wahrscheinlichste Token. Bei T = 1,5 hingegen verteilen sich die Wahrscheinlichkeiten nahezu gleichmäßig auf mehrere Alternativen. Diese Steuerung erlaubt es, das Modellverhalten je nach Anwendungsszenario gezielt zu modulieren, etwa zwischen sachlicher Klarheit und kreativer Offenheit.

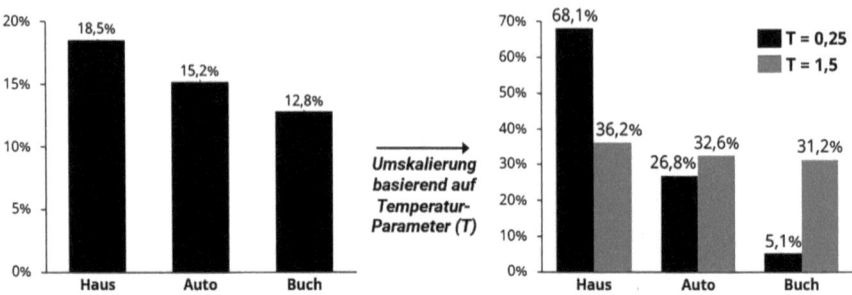

Abb. 2.10 Temperatur-Parameter bei der Dekodierung

2.4 Illusion des Denkens und technische Grenzen

Aus der erläuterten Funktionsweise und Architektur der Sprachmodelle ergeben sich eine Reihe immanenter Schwächen und systembedingter Grenzen, die bei ihrer Nutzung kritisch reflektiert werden sollten.

Wie erläutert, beruhen LLMs nicht auf **Verständnis**, sondern auf der Berechnung statistischer Wahrscheinlichkeiten innerhalb sprachlicher Muster, die sie während des Trainings gelernt haben. Auch wenn ihre Antworten häufig kohärent, zielgerichtet und scheinbar „intelligent" erscheinen, verfügen diese Modelle weder über Bewusstsein noch über ein mentales Weltmodell. Sie simulieren Sprache durch mathematische Mustererkennung, die von Menschen mit „Denken" verwechselt wird. Eine kognitive Auseinandersetzung im eigentlichen Sinne findet nicht statt (Venkatasubramanian, 2025).

Ein weiteres Problem besteht in der Möglichkeit sogenannter **Halluzinationen**. Diese treten auf, wenn das Modell inhaltlich falsche, aber sprachlich plausible Informationen generiert – etwa weil es auf Lücken im Training trifft, den Kontext überdehnt oder bei der Dekodierung ein unpassendes Token auswählt (Huang et al., 2025). Solche halluzinierten Aussagen sind besonders problematisch in wissenschaftlichen Kontexten, da sie ohne klare Quellenangabe oder Plausibilisierung als verlässliche Information erscheinen können.

Hinzu kommt die Wissensgrenze der Modelle (**Knowledge Cutoff**): LLMs basieren ausschließlich auf dem Stand der Daten, die ihnen zum Zeitpunkt des Trainings zur Verfügung standen. Aktuelle Ereignisse oder Entwicklungen nach diesem Zeitpunkt sind ihnen prinzipiell unbekannt (Li et al., 2025). Zwar können neuere Systeme durch den Zugriff auf externe Quellen wie das Internet oder Suchmaschinen nachträglich Informationen einholen, doch bleibt diese Fähigkeit vom Modellaufbau und den jeweiligen Anwendungsbedingungen abhängig.

Auch die Frage nach kreativer **Originalität** verdient eine kritische Einordnung. Sprachmodelle erzeugen scheinbar neue Inhalte, indem sie bereits bekannte Sprachmuster neu kombinieren. Diese statistische Rekombination täuscht Kreativität vor,

2.4 Illusion des Denkens und technische Grenzen

ist jedoch kein schöpferischer Akt im eigentlichen Sinn. Das Modell „erfindet" nicht, sondern erzeugt Variationen des bereits Bekannten. Das ist zwar oft beeindruckend, aber nicht originell, also genuin neu (Franceschelli & Musolesi, 2025).

Ein weiteres verbreitetes Missverständnis betrifft den Einsatz von Sprachmodellen für **mathematische Berechnungen oder logische Aufgaben**. Da LLMs auf sprachlichen Tokens und nicht auf numerischen Rechenoperationen beruhen, entstehen dabei häufig Fehler (Qian et al., 2023). Ein anschauliches Beispiel ist das sogenannte „Erdbeerproblem": Wird das Modell gefragt, wie oft der Buchstabe „r" in „Erdbeere" vorkommt, versagt es häufig. Dies liegt daran, dass das Modell das Wort nicht als Buchstabenfolge verarbeitet, sondern als Token-ID oder Vektor – die Buchstaben selbst sind nicht Bestandteil seiner internen Repräsentation. Entsprechend fehlen die Voraussetzungen für genaue Zählungen oder komplexe Rechenoperationen, ohne Zuhilfenahme weiterer Hilfsmittel wie z. B. ein Programmiercode (Fu et al., 2024).

Schließlich ist auch die **Kontextverarbeitung** durch LLMs begrenzt. Die Größe der Attention-Matrix ist technisch limitiert. Bei sehr langen Texten oder ausgedehnten Dialogen kann es daher zu Kontextverlust kommen: Frühere Informationen fallen aus dem Speicherbereich heraus und werden nicht mehr adäquat berücksichtigt (Fei et al., 2024). Zusätzlich leidet die Präzision bei wachsender Textlänge unter dem Einfluss irrelevanter Inhalte, die als Rauschen die Aufmerksamkeit verzerren. Je größer der Kontext, desto schwieriger wird es für das Modell, relevante Bezüge korrekt herzustellen (Liu et al., 2024).

Dadurch, dass Sprachmodelle auf der Grundlage großer Mengen an Textdaten trainiert werden, übernehmen sie nicht nur sprachliche Muster und semantische Strukturen, sondern auch die darin enthaltenen gesellschaftlichen **Verzerrungen (Biases)** und Stereotypen. Diese sind in den Trainingsdaten nicht explizit gekennzeichnet, sondern oft tief in der Sprache verankert, etwa durch unausgewogene Repräsentationen, stereotypische Rollenbilder oder diskriminierende Formulierungen. Wenn bestimmte Narrative oder Stereotype in den Trainingsdaten überrepräsentiert sind, spiegelt sich dies direkt in den Antworten des Modells wider. So kann etwa bei Berufsbezeichnungen ein Genderbias entstehen („der Ingenieur", „die Pflegekraft"), oder es werden unbewusst kulturelle, ethnische oder soziale Vorurteile reproduziert (Kotek et al., 2023). Man spricht dabei von algorithmischer Voreingenommenheit (Kordzadeh & Ghasemaghaei, 2022).

Diese Limitationen sind kein Zufall, sondern ein direkter Ausdruck der zugrunde liegenden Technologie. Sie ergeben sich aus der Art und Weise, wie Sprachmodelle trainiert und aufgebaut sind – statistisch, datenbasiert und ohne echtes Verständnis. Ein verantwortungsvoller und reflektierter Umgang mit LLMs erfordert daher, ihre beeindruckenden Möglichkeiten gezielt zu nutzen, ohne dabei ihre systembedingten Begrenzungen aus dem Blick zu verlieren. Nur wer diese Differenzierung vornimmt, kann die Technologie sinnvoll, kritisch und kompetent in wissenschaftlichen Kontexten einsetzen.

Literatur

Box, G. E. P. (1976). Science and statistics. *Journal of the American Statistical Association, 71*(356), 791–799.

Fei, W., Niu, X., Zhou, P., Hou, L., Bai, B., Deng, L., & Han, W. (2024). Extending context window of Large Language Models via semantic compression. In L.-W. Ku, A. Martins, & V. Srikumar (Hrsg.), *Findings of the Association for Computational Linguistics ACL 2024* (S. 5169–5181). Association for Computational Linguistics). https://doi.org/10.18653/v1/2024.findings-acl.306

Franceschelli, G., & Musolesi, M. (2025). On the creativity of Large Language Models. *AI & SOCIETY, 40*(5), 3785–3795. https://doi.org/10.1007/s00146-024-02127-3

Fu, T., Ferrando, R., Conde, J., Arriaga, C., & Reviriego, P. (2024). *Why do large language models (LLMs) struggle to count letters?*. https://arxiv.org/abs/2412.18626v1

Good, I. J. (1965). Speculations concerning the first ultraintelligent machine. *Advances in Computers, 6*, 31–88. https://doi.org/10.1016/S0065-2458(08)60418-0

Huang, L., Yu, W., Ma, W., Zhong, W., Feng, Z., Wang, H., Chen, Q., Peng, W., Feng, X., Qin, B., & Liu, T. (2025). A survey on hallucination in Large Language Models: Principles, taxonomy, challenges, and open questions. *ACM Transactions on Information Systems, 43*(2), 1–55. https://doi.org/10.1145/3703155

Hugging Face. (2025, 6. Juni). *Llama4*. https://huggingface.co/docs/transformers/en/model_doc/llama4

Jeong, C. (2024). Fine-tuning and utilization methods of domain-specific LLMs. *Journal of Intelligence and Information Systems, 30*(1), 93–120.

Kamath, U., Keenan, K., Somers, G., & Sorenson, S. (2024). *Large Language Models: A deep dive: Bridging theory and practice* (1st ed. 2024). Springer Nature; Imprint Springer. https://doi.org/10.1007/978-3-031-65647-7

Kordzadeh, N., & Ghasemaghaei, M. (2022). Algorithmic bias: Review, synthesis, and future research directions. *European Journal of Information Systems, 31*(3), 388–409. https://doi.org/10.1080/0960085X.2021.1927212

Kotek, H., Dockum, R., & Sun, D. (2023). Gender bias and stereotypes in Large Language Models. In M. Bernstein, S. Savage, & A. Bozzon (Hrsg.), *Proceedings of The ACM collective intelligence conference* (S. 12–24). ACM.). https://doi.org/10.1145/3582269.3615599

Li, M., Zhao, Y., Zhang, W., Li, S., Xie, W., Ng, S.-K., Chua, T.-S., & Deng, Y. (2025). Knowledge boundary of large language models: A survey. In *63rd Annual Meeting of the Association for Computational Linguistics (ACL 2025)*.

Lin, T., Wang, Y., Liu, X., & Qiu, X. (2022). A survey of transformers. *AI Open, 3*, 111–132. https://doi.org/10.1016/j.aiopen.2022.10.001

Liu, N. F., Lin, K., Hewitt, J., Paranjape, A., Bevilacqua, M., Petroni, F., & Liang, P. (2024). Lost in the middle: How language models use long contexts. *Transactions of the Association for Computational Linguistics, 12*, 157–173. https://doi.org/10.1162/tacl_a_00638

Pressman, S. M., Borna, S., Gomez-Cabello, C. A., Haider, S. A., Haider, C. R., & Forte, A. J. (2024). Clinical and surgical applications of Large Language Models: A systematic review. *Journal of Clinical Medicine, 13*(11). https://doi.org/10.3390/jcm13113041

Qian, J., Wang, H., Li, Z., Li, S., & Yan, X. (2023). Limitations of language models in arithmetic and symbolic induction. In A. Rogers, J. Boyd-Graber & N. Okazaki (Hrsg.), *Proceedings of the 61st annual meeting of the Association for Computational Linguistics (Volume 1: Long Papers)* (S. 9285–9298). Association for Computational Linguistics. https://doi.org/10.18653/v1/2023.acl-long.516

Radford, A., Narasimhan, K., Salimans, T., & Sutskever, I. (2018, 6. Juni). Improving language understanding by generative pre-training. *OpenAI*. https://cdn.openai.com/research-covers/language-unsupervised/language_understanding_paper.pdf

Russell, S. J., & Norvig, P. (2023). *Künstliche Intelligenz: Ein moderner Ansatz* (4., akt. Aufl.). *it – Informatik*. Pearson.

Searle, J. R. (1980). Minds, brains, and programs. *Behavioral and Brain Sciences, 3*(3), 417–457.

Literatur

Stricker, H.-P. (2024). *Sprachmodelle verstehen: Chatbots und generative künstliche Intelligenz im Zusammenhang. Sachbuch.* Springer. https://doi.org/10.1007/978-3-662-68280-7

Vaswani, A., Shazeer, N., Parmar, N., Uszkoreit, J., Jones, L., Gomez, A. N., Kaiser, L., & Polosukhin, I. (2017). *Attention is all you need.* https://arxiv.org/abs/1706.03762v5

Venkatasubramanian, V. (2025). Do Large Language Models "understand" their knowledge? *AICHE Journal, 71*(3), Artikel e18661. https://doi.org/10.1002/aic.18661

Wolfram, S. (2023). Das Geheimnis hinter ChatGPT: Wie die KI arbeitet und warum sie funktioniert (K. Lichtenberg, Übers., 1. Aufl.). mitp Verlags GmbH & Co. KG.

Prompt Engineering: Gute Frage, gutes Ergebnis 3

Zusammenfassung

Dieses Kapitel bietet einen praxisorientierten Überblick über Prompt Engineering zur gezielten Steuerung großer Sprachmodelle im wissenschaftlichen Umfeld. Es wird gezeigt, wie die strukturierte Gestaltung von Prompts – durch präzise Instruktionen, spezifische Kontexte und klare Vorgaben – die Qualität, Relevanz und Nachvollziehbarkeit KI-generierter Antworten verbessert. Es werden Methoden beschrieben, die das Modell befähigen, Aufgaben anhand von Beispielen zu verstehen, komplexe Probleme schrittweise zu analysieren, verschiedene Lösungswege zu vergleichen und den eigenen Denkprozess transparent zu machen. Zusätzlich wird erläutert, wie externe Informationen, Überprüfungsschritte sowie die gezielte Parametrisierung von Antwortstil und Länge die Ergebnisse weiter optimieren können. Das Kapitel beleuchtet zudem die Rolle integrierter Tools wie Internetsuche, Codegenerierung und agentenbasierter Workflows zur Erweiterung der KI-Funktionen. Ein besonderer Schwerpunkt liegt auf „Prompting for Prompts": Hierbei wird die KI selbst zur Entwicklung und Optimierung von Prompts eingesetzt. Insgesamt vermittelt das Kapitel die methodischen Grundlagen für einen effektiven Einsatz von Prompt Engineering im wissenschaftlichen Arbeiten.

„Eine kluge Frage ist die Hälfte der Weisheit."
– Francis Bacon (zitiert nach Kessler & Bailey, 2007)

3.1 Konzept und Abgrenzung von Prompt Engineering

Die Qualität der Interaktion zwischen Mensch und Maschine ist entscheidend dafür, inwieweit Künstliche Intelligenz (KI) ihren Nutzen in wissenschaftlichen Arbeiten entfalten kann. Besonders bei der Nutzung großer Sprachmodelle ist die Art und

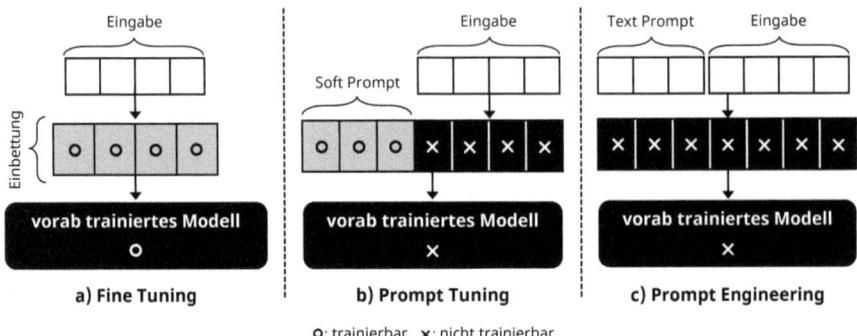

Abb. 3.1 Fine Tuning, Prompt Tuning und Prompt Engineering, nach Shi und Lipani (2024)

Weise, wie eine Anfrage – der sogenannte Prompt – formuliert wird, entscheidend für die Qualität und Genauigkeit der generierten Antworten. Prompt Engineering beschreibt dabei die gezielte Gestaltung dieser Eingaben, um bestmögliche Ergebnisse zu erzielen.

Ein Prompt ist eine Eingabeaufforderung, die aus Text oder anderen Daten besteht und einem KI-System, wie einem Large Language Model (LLMs), Anweisungen oder Kontext liefert, um eine spezifische Aufgabe auszuführen. Ziel ist es, durch präzise Formulierungen das gewünschte Ergebnis zu erzielen. Es stellt gleichzeitig die Benutzerschnittstelle für das LLM dar.

Prompt Engineering sowie die Methoden des Transferlernens, Fine Tuning und Prompt Tuning, ermöglichen es, ein allgemein trainiertes Sprachmodell gezielt für spezifische Aufgaben einzusetzen (siehe Abb. 3.1) (Patil & Gudivada, 2024; Sahoo et al., 2025).

Große Sprachmodelle werden auf umfangreichen Datensätzen vortrainiert, um vielfältige sprachliche Muster und Zusammenhänge zu erfassen. Um jedoch spezialisierte Aufgaben effizient zu erfüllen, kann ein bereits vortrainiertes Basismodell durch Fine Tuning (siehe Abb. 3.1a) angepasst werden. Beim Fine Tuning werden die Modellparameter gezielt durch die Anpassung an einen spezialisierten Datensatz modifiziert. Dadurch kann das Modell spezifische Domänenkenntnisse erwerben oder sich an besondere sprachliche Anforderungen anpassen. Dieser Prozess ermöglicht es, eine allgemein trainierte KI für individuelle Aufgaben präziser und effizienter einzusetzen (Patil & Gudivada, 2024).

Eine ressourcenschonendere Alternative zum Fine Tuning ist das Prompt Tuning (siehe Abb. 3.1b). Beim Prompt Tuning bleibt das Basismodell unverändert, während stattdessen jede Eingabe mit einem Soft Prompt erweitert wird. Im Gegensatz zu klassischen textbasierten Anweisungen besteht ein Soft Prompt nicht aus natürlicher Sprache, sondern aus einer veränderbaren numerischen Sequenz. Diese Zahlenwerte beeinflussen die internen Berechnungen der KI und steuern die Antwortgenerierung in eine bestimmte Richtung. Durch dieses Verfahren kann das Modell an spezifische Aufgaben angepasst werden (Patil & Gudivada, 2024).

Die einfachste Methode, um die Qualität einer KI-generierten Antwort zu verbessern, insbesondere für Nutzende ohne Programmierkenntnisse, ist das Prompt Engineering (siehe Abb. 3.1c). Im Gegensatz zu Fine Tuning oder Prompt Tuning, die tiefere technische Eingriffe erfordern, basiert Prompt Engineering darauf, die Eingabeaufforderung (Prompt) gezielt zu optimieren, um bessere und relevantere Antworten zu erhalten. Beim Prompt Engineering wird nicht nur die eigentliche Frage oder Anweisung an das Sprachmodell übermittelt, sondern auch zusätzliche Kontextinformationen und Steuerungsanweisungen eingebunden. Diese Zusatzinformationen helfen dem Modell, die Absicht der Anfrage besser zu erfassen und eine inhaltlich und stilistisch passendere Antwort zu generieren (Patil & Gudivada, 2024).

3.2 Anatomie eines Prompts

Ein Prompt folgt einer bestimmten Struktur, die das Modell bei der Interpretation der Anfrage unterstützt. Dieses Unterkapitel erläutert die wesentlichen Bestandteile eines Prompts und seiner Funktionen.

3.2.1 Aufbau

Ein Prompt ist die Eingabeaufforderung, mit der ein LLM eine spezifische Aufgabe ausführen soll. Die Qualität des Prompts entscheidet maßgeblich über die Präzision und Relevanz der KI-generierten Antwort.

Die grundlegende Anforderung an einen Prompt ist eine klare Instruktion an die KI, die die Aufgabenstellung und das Thema definiert. Zusätzlich können zwei optionale Elemente hinzugefügt werden, um das Ergebnis gezielt an die individuellen Wünsche der Nutzerin oder des Nutzers anzupassen: zum einen Kontext, also gezielte Zusatzinformationen zur Aufgabenstellung, und zum anderen Vorgaben, also Anforderungen an Format, Umfang oder Struktur der gewünschten Antwort (Giray, 2023; Zuckarelli, 2025). Diese beiden optionalen Elemente tragen dazu bei, die Qualität der KI-Antworten erheblich zu verbessern. Eine schematische Darstellung der Anatomie eines Prompts findet sich in Abb. 3.2, ein Beispiel für die drei Elemente findet sich in Prompt 3.1.

Prompt 3.1: Beispiel für Kontext-Instruktion-Vorgaben
Kontext
  Du bist ein didaktisch erprobter Professor. Die Zielgruppe bilden Bachelor-Studierende der Sozialwissenschaften, die mit den Grundlagen des wissenschaftlichen Arbeitens bereits vertraut sind.
Instruktion
  Erkläre, wie man eine Literaturübersicht für eine wissenschaftliche Arbeit erstellt und was dabei besonders beachtet werden muss.

Abb. 3.2 Elemente eines Prompts

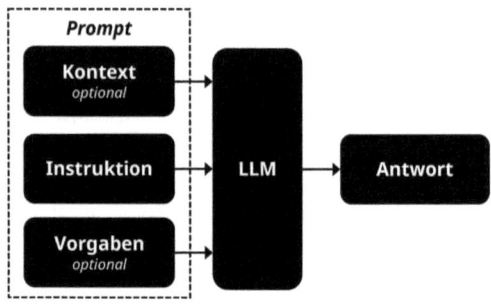

Vorgaben

- Antworte in unter 300 Wörtern.
- Antworte in einer Tabelle in der Struktur: Arbeitsschritt | zu beachten.
- Erstelle aus der Tabelle eine CSV-Datei zum Download.

3.2.2 Instruktion

Der Kern eines Prompts ist die Instruktion, die sich aus zwei Elementen zusammensetzt: dem Aufgabentyp und der individuellen Eingabe (Nguyen et al., 2023). Der Aufgabentyp beschreibt die allgemeine Art der Anforderung, die an das KI-System gestellt wird. Dabei kann es sich beispielsweise um eine Zusammenfassung, Erklärung, Definition, Anleitung, Textgestaltung, Übersetzung, Kategorisierung oder Ideengenerierung handeln (Heiser, 2024). Der Aufgabentyp gibt der KI die allgemeine Aufgabenstellung vor. Die individuelle Eingabe hingegen legt das konkrete Thema oder das Objekt der Instruktion fest. So lässt sich beispielsweise aus der Aufforderung „Erkläre, wie man eine Literaturübersicht für eine wissenschaftliche Arbeit erstellt" der Aufgabentyp als Anleitung ableiten, während die individuelle Eingabe die Erstellung einer Literaturübersicht konkretisiert.

3.2.3 Kontext

Aus technischer Sicht ist der gesamte Prompt Kontext für das Modell und wird in der Informatik entsprechend bezeichnet. Im Prompt Engineering meint Kontext jedoch Zusatz- oder Hintergrundinformationen, die die Instruktion ergänzen. Dieser Anwendungskontext ermöglicht es der KI, die Aufgabe zielgerichteter zu bearbeiten, da etwa der Attention-Mechanismus besser greifen kann. Fehlt der Kontext, greift die KI auf implizite Annahmen zurück, um die Lücke zu füllen. Diese Annahmen des Modells entsprechen jedoch nicht immer den tatsächlichen Wünschen der Nutzerin oder des Nutzers und können zu weniger relevanten oder ungenauen

3.2 Anatomie eines Prompts

Ergebnissen führen. Daher ist es oft sinnvoll, der KI gezielt weiteren Kontext anzubieten, um die Antwortqualität zu verbessern (Giray, 2023; Steinmann & Piazza, 2024).

Ein Beispiel für den Nutzen zusätzlichen Kontexts ist der Prompt „Erkläre mir das Schulsystem". Ohne weitere Eingrenzungen wird die KI typischerweise eine allgemeine und ausführliche Beschreibung aller Schultypen, beginnend ab der Vor- oder Grundschule, liefern. Wird jedoch der Kontext „mit Fokus auf Studienmöglichkeiten" hinzugefügt, konzentriert sich die Antwort auf die Bildungsabschlüsse und deren Bedeutung für die akademische Laufbahn. Diese kontextuelle Ergänzung führt zu einer deutlich zielgerichteteren und relevanteren Ausarbeitung.

Weitere Beispiele für fehlenden Kontext und deren Auswirkungen sind in Tab. 3.1 dargestellt.

Beim Kontext eines Prompts lassen sich grundsätzlich zwei Arten unterscheiden: der inhaltliche und der sprachliche Kontext.

Der inhaltliche Kontext liefert der KI die notwendigen Informationen, um die Aufgabe korrekt zu interpretieren und ausgerichtet auf die Ziele der Nutzerin oder des Nutzers zu bearbeiten. Beim wissenschaftlichen Arbeiten ist eine hohe Präzision meist besonders wichtig. Ein ausführlicher und klar formulierter inhaltlicher Kontext kann Probleme vermeiden, indem er Details wie das übergeordnete Ziel der Aufgabe, erklärende Beispiele oder relevante Hintergrundinformationen bereitstellt. Eine Übersicht über den inhaltlichen Kontext ist in Tab. 3.2 gegeben.

Tab. 3.1 Beispiele für Probleme fehlenden Kontexts

Problem	Beispiel	Beschreibung
Vager Wissensbereich	„Definiere den Begriff Studienleistung"	Der Begriff ist nicht präzisiert, da unklar bleibt, ob es sich um formale Anforderungen (z. B. Prüfungen und Hausarbeiten), informelle Leistungen oder ein bestimmtes Fachgebiet handelt
Fehlende Zielgruppe	„Erkläre wissenschaftliches Arbeiten"	Es ist nicht definiert, ob die Erklärung für Studienanfänger:innen, fortgeschrittene Studierende oder Personen aus einer bestimmten Fachrichtung gedacht ist
Unpräziser Aufgabentyp	„Erstelle Beispiele für Forschungsfragen"	Die thematische Eingrenzung fehlt, da nicht spezifiziert ist, ob die Forschungsfragen für eine bestimmte Disziplin, ein bestimmtes Thema oder einen bestimmten Typ von Arbeit gedacht sind
Fehlende Perspektive	„Wie erstellt man eine Forschungsumfrage?"	Die Perspektive ist nicht angegeben, sodass unklar bleibt, ob die Anleitung für eine qualitative oder quantitative Umfrage gedacht ist oder welche Zielgruppe oder welches Thema behandelt werden soll
Kein kultureller oder geografischer Kontext	„Vergleiche das Studium in verschiedenen Ländern"	Es fehlt eine Angabe dazu, welche Länder verglichen werden sollen und welche spezifischen Aspekte des Studiums (z. B. Finanzierung, Studienstrukturen) relevant sind

Tab. 3.2 Ebenen des sachlichen Kontexts

Sachlicher Kontext	Beispiel
Ziel oder Zweck	„Die Analyse soll die Eignung von Online-Umfragen als Methode für sozialwissenschaftliche Studien bewerten."
Beispiele	„Ein Vorteil ist beispielsweise die Kosteneffizienz sein, da Online-Umfragen keine Druckkosten verursachen. Ein Nachteil wäre eine mögliche Verzerrung der Daten durch Selbstselektion, wenn nur technisch affine Personen teilnehmen."
Relevante Informationen	„Eine Online-Umfrage ist eine Methode der Datenerhebung, bei der Teilnehmenden über das Internet auf Fragen antworten."
Quellen	„Berücksichtige die Studie von Lefever et al. (2006), die ich hochgeladen habe."
Annahmen	„Es wird davon ausgegangen, dass alle Teilnehmenden über eine stabile Internetverbindung und grundlegende technische Kenntnisse verfügen."
Prioritäten	„Konzentriere dich auf die methodischen Aspekte, wie Reichweite, Kosten und Anonymität."
Grenzen	„Beschränke die Analyse auf akademische Umfragen und lasse kommerzielle Anwendungen wie Kundenbewertungen außen vor."
Inhaltliches Vorgehen	„Beginne mit der Definition von Online-Umfragen. Stelle im nächsten Schritt die wichtigsten Vorteile dar. Anschließend analysiere die Nachteile."

Tab. 3.3 Ebenen des sprachlichen Kontexts

Sprachlicher Kontext	Beispiel
Rolle	„Du sollst als wissenschaftlicher Assistent fungieren und eine neutrale, analytische Perspektive einnehmen, um eine objektive Argumentation zu gewährleisten."
Zielgruppe	„Die Zielgruppe ist die Professorin, die wissenschaftliche Arbeit bewertet."
Stil und Ton	„Der Text soll in einem formellen, präzisen und sachlichen Stil verfasst werden, mit einer klaren Argumentationsstruktur."

Neben dem inhaltlichen Kontext legt der sprachliche Kontext fest, wie die Antwort der KI formuliert wird. Das betrifft den Stil, die Tonalität und die Struktur der Ausarbeitung. Besonders im wissenschaftlichen Arbeiten ist es entscheidend, dass die Sprache den akademischen Anforderungen gerecht wird, etwa durch präzise Formulierungen, eine formale Struktur oder Vermeidung von Umgangssprache. Zugleich muss die Arbeit auf die akademische Zielgruppe abgestimmt sein, beispielsweise durch die Verwendung von genauer Fachterminologie. Eine Übersicht zum sprachlichen Kontext findet sich in Tab. 3.3.

3.2.4 Vorgaben

Vorgaben legen fest, wie die Antwort strukturiert, formatiert und präsentiert werden soll. Sie umfassen spezifische Anforderungen wie Antwortlänge, Formatierung und Struktur und bieten klare Rahmenbedingungen für die Bearbeitung der Aufgabe. Im

Tab. 3.4 Mögliche Vorgaben innerhalb eines Prompts

Vorgabe	Beispiel
Ausgabeformat	„Erstelle eine Tabelle mit den Ergebnissen und stelle eine CSV-Datei zum Download bereit."
Länge	„Schreibe mindestens 500, aber maximal 1000 Wörter."
Formatierung	„Nutze Fettdruck für wichtige Schlagworte und nummeriere die Absätze."
Technisches Vorgehen	„Nutze Python zur Berechnung."
Parameter	„Setze die Temperatur auf 0,7, um eine ausgewogene Mischung aus Kreativität und Genauigkeit zu gewährleisten, und begrenze die maximale Token-Anzahl auf 500."

Beispiel in Prompt 3.1 soll die Antwort in einer Tabelle erfolgen, maximal 300 Wörter umfassen und die Ergebnisse in einer CSV-Datei zum Download angeboten werden. Vorgaben sind technisch eng mit dem Kontext verbunden, weshalb sie in manchen Fällen auch als Teil des Kontexts betrachtet werden können (siehe z. B. Sahoo et al., 2025). Tab. 3.4 zeigt Beispiele für Vorgaben in einem Prompt.

3.3 Techniken des Prompting

Durch den gezielten Einsatz von Prompting-Strategien lassen sich die Antworten eines Modells steuern, optimieren und an die eigenen Anforderungen anpassen. Während unspezifische oder unstrukturierte Eingaben häufig zu vagen, unvollständigen oder unzuverlässigen Ergebnissen führen, ermöglicht eine durchdachte Prompt-Gestaltung eine detaillierte und kohärente Antwort.

Dieses Kapitel stellt verschiedene Prompting-Strategien vor und zeigt anhand von Beispielen, wie sich diese in der Praxis anwenden lassen. Eine Übersicht der wichtigsten Techniken wird in Tab. 3.5 dargestellt.

3.3.1 Shot-Prompting

Shot-Prompting beschreibt die Technik, dem Modell Beispiele bereitzustellen, damit es die zugrunde liegende Analogie versteht und daraus lernen sowie generalisieren kann. Diese Vorgehensweise fällt unter das Konzept des In-Context Learning (ICL). Dabei wird im Gegensatz zu traditionellen Machine-Learning-Verfahren, die ausschließlich auf vorab antrainierte Daten zurückgreifen, von großen Sprachmodellen erwartet, dass sie in Echtzeit aus der Interaktion lernen und ihre Antworten entsprechend dem Kontext anpassen (Dong et al., 2024) oder zumindest das Wissen aus den Trainingsdaten gezielt aktivieren und auf den jeweiligen Kontext besser anwenden (Reynolds & McDonell, 2021).

Je nach Kontext und Bedarf kann ein Prompt unterschiedliche Mengen an Beispielen enthalten: Zero-Shot-Prompting, bei dem keine Beispiele vorgegeben werden, One-Shot-Prompting, das ein einzelnes, repräsentatives Beispiel liefert, oder

Tab. 3.5 Überblick über verschiedene Prompting-Techniken

Kategorie	Techniken
Shot-Prompting (Abschn. 3.3.1)	• Zero-Shot-Prompting • One-Shot-Prompting • Few-Shot-Prompting
Logik und Argumentation (Abschn. 3.3.2)	• Chain-of-Thought (CoT) • Self-Consistency (CoT-SC) • Tree-of-Thoughts (ToT)
Halluzinationen vermindern (Abschn. 3.3.3)	• Retrieval-Augmented Generation (RAG) • Chain-of-Note (CoN) • Chain-of-Verification (CoVe)
Verständnis und Reflexion (Abschn. 3.3.4)	• Rephrase and Respond (RaR) • Step-Back-Prompting • Self-Ask-Prompting

Tab. 3.6 Beispiele für Zero-Shot-, One-Shot- und Few-Shot-Prompting

Shot-Prompting	Beschreibung	Beispiel
Zero Shot	Keine Beispiele	„Welche typischen Fallstricke gibt es im Diskussionskapitel einer Bachelorarbeit?"
One Shot	Genau ein Beispiel	„Typische Fallstricke im Diskussionskapitel einer Bachelorarbeit sind oft methodische oder argumentationsbezogene Schwächen. Nenne weitere typische Fallstricke im Diskussionskapitel einer Bachelorarbeit."
Few Shot	Mehrere Beispiele	„Hier sind einige typische Fallstricke im Diskussionskapitel einer Bachelorarbeit: Beispiel 1: Fehlende Verbindung zur Literatur Beispiel 2: Keine kritische Reflexion der Methodik Beispiel 3: Fehlende praktische Relevanz Welche weiteren Fallstricke sind typisch für das Diskussionskapitel einer Bachelorarbeit?"

Few-Shot-Prompting, das mehrere Beispiele bereitstellt. Zum Beispiel könnte ein Zero-Shot-Prompt die Frage stellen „Was ist ein gutes Thema für eine Seminararbeit im Bereich Nachhaltigkeit?" ohne jegliche zusätzlichen Hinweise. Ein One-Shot-Prompt würde hingegen ein Beispiel eines guten Themas angeben, auf dessen Basis das Modell ähnliche Themen generieren soll. Bei Few-Shot-Prompting könnte eine Sammlung mehrerer gelungener Themen bereitgestellt werden, um das Modell noch besser auf die gewünschte Antwort zu trainieren. Tab. 3.6 zeigt eine Übersicht für Zero-Shot-, One-Shot- sowie Few-Shot-Prompting.

Untersuchungen zeigen, dass Few-Shot-Prompting in den meisten Anwendungsfällen bessere Ergebnisse liefert (Brown et al., 2020), wobei diese Form mit größerem Aufwand verbunden ist.

Als Faustregel gilt: Zero-Shot-Prompting ist ausreichend, wenn die Aufgabe allgemein gehalten ist und das Modell sie wahrscheinlich ohne weiteren Kontext gut verstehen kann. Für komplexere oder mehrdeutige Aufgaben hingegen bieten One-Shot- oder Few-Shot-Prompting eine bessere Leistung, da sie dem Modell durch zusätzliche Beispiele helfen, die Aufgabe korrekt zu interpretieren.

3.3.2 Logik und Argumentation

Es gibt verschiedene Strategien, um die Logik und Argumentation von LLMs zu verbessern. Drei der zentralen Ansätze sind Chain-of-Thought (CoT), bei dem ein schrittweiser Denkprozess zur Herleitung einer Antwort gefördert wird, Self-Consistency, das durch Mehrfachgenerierung und Mehrheitsentscheidung die Stabilität von Antworten erhöht, und Tree-of-Thoughts (ToT), das anstelle linearer Argumentationen eine baumartige Struktur nutzt, um komplexe Probleme systematisch zu lösen.

Die Strategien werden in den folgenden Abschnitten näher erläutert und in Abb. 3.3 schematisch dargestellt.

3.3.2.1 Chain-of-Thought (CoT)

Chain-of-Thought (CoT) ist eine der bekanntesten und effektivsten Prompting-Techniken, die speziell darauf abzielt, mehrstufige Denkprozesse innerhalb eines Modells zu aktivieren. Anstatt lediglich eine direkte Antwort auf eine gestellte Frage zu liefern, bringt CoT das Modell dazu, seine Schlussfolgerungen schrittweise zu entwickeln und Zwischenergebnisse sowie Argumentationsschritte explizit darzustellen. Dies ist insbesondere für logische Herleitungen, Begründungen und Berechnungen von großem Nutzen (Wei et al., 2023).

CoT baut auf Few-Shot-Prompting auf, bei dem dem Modell ein oder mehrere Beispiele für einen strukturierten Denkprozess gegeben wird. Neuere Untersuchungen zeigen jedoch, dass eine Zero-Shot-Variante – bei der lediglich eine Instruktion zum schrittweisen Denken gegeben wird, ohne explizite Beispiele – vergleichbare Ergebnisse erzielen kann (Kojima et al., 2022). Tab. 3.7 zeigt die CoT-Varianten im Vergleich.

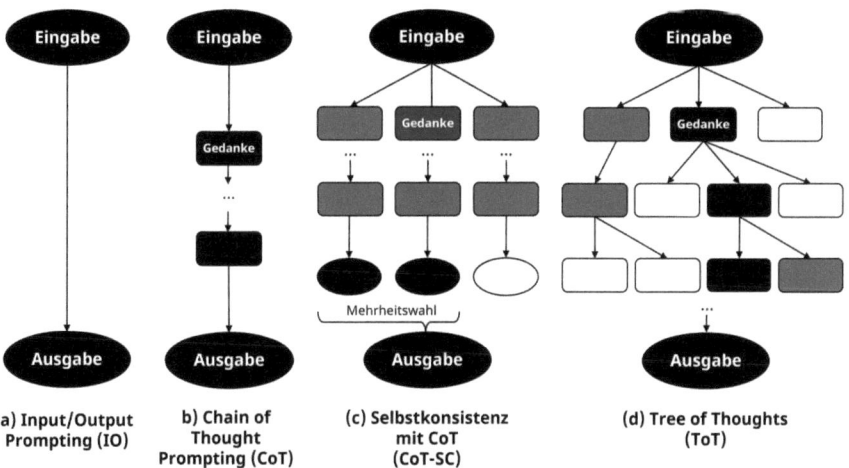

Abb. 3.3 Prompting-Strategien für Logik und Argumentation im schematischen Vergleich, nach Yao et al. (2023)

Tab. 3.7 Beispiele für Few-Shot- und Zero-Shot-CoT, nach Kojima et al. (2022)

Prompt-Variante	Prompt und Antwort
Standard One-Shot	Input: „Roger hat 5 Tennisbälle. Er kauft 2 weitere Dosen mit Tennisbällen. Jede Dose enthält 3 Tennisbälle. Wie viele Tennisbälle hat er jetzt? Die Antwort ist 11. Ein Jongleur kann mit 16 Bällen jonglieren. Die Hälfte der Bälle sind Golfbälle, und die Hälfte der Golfbälle ist blau. Wie viele blaue Golfbälle gibt es?" **Output (falsch):** *„Die Antwort lautet 8."*
Few-Shot-CoT	Input: „Roger hat 5 Tennisbälle. Er kauft 2 weitere Dosen mit Tennisbällen. Jede Dose enthält 3 Tennisbälle. Wie viele Tennisbälle hat er jetzt? Roger begann mit 5 Bällen. 2 Dosen mit je 3 Tennisbällen machen 6 Tennisbälle. 5 + 6 = 11. Ein Jongleur kann mit 16 Bällen jonglieren. Die Hälfte der Bälle sind Golfbälle, und die Hälfte der Golfbälle ist blau. Wie viele blaue Golfbälle gibt es?" **Output (richtig):** *„Insgesamt gibt es 16 Bälle. Die Hälfte der Bälle sind Golfbälle. Das bedeutet, dass es 8 Golfbälle gibt. Die Hälfte der Golfbälle ist blau. Das bedeutet, dass es 4 blaue Golfbälle gibt."*
Zero-Shot-CoT	Input: „Ein Jongleur kann mit 16 Bällen jonglieren. Die Hälfte der Bälle sind Golfbälle, und die Hälfte der Golfbälle ist blau. Wie viele blaue Golfbälle gibt es? Denke Schritt für Schritt." **Output (richtig):** *„Insgesamt gibt es 16 Bälle. Die Hälfte der Bälle sind Golfbälle. Das bedeutet, dass es 8 Golfbälle gibt. Die Hälfte der Golfbälle ist blau. Das bedeutet, dass es 4 blaue Golfbälle gibt."*

Die Nutzung von CoT-Prompting bietet mehrere bedeutende Vorteile:

1. Verbesserte Antwortqualität: Da das Modell angeleitet wird, seinen Denkprozess systematisch darzustellen, sind die generierten Antworten oft fundierter und nachvollziehbarer.
2. Erhöhte Transparenz und Erklärbarkeit: Ein großer Vorteil von CoT ist, dass es nicht nur eine Antwort liefert, sondern auch detailliert erklärt, wie diese zustande gekommen ist. Dadurch können Fehler oder logische Inkonsistenzen in der Argumentation besser erkannt werden.
3. Vertrauenswürdigkeit und Nachvollziehbarkeit: Die Transparenz des Denkprozesses stärkt das Vertrauen in die KI-generierten Antworten. Nutzer können die Schlussfolgerungen kritisch überprüfen und gegebenenfalls hinterfragen.
4. Mehr Kontext und tiefere Einblicke: Durch die explizite Darstellung der einzelnen Denkschritte entstehen oft zusätzliche Erklärungen und Hintergrundinformationen, die über die eigentliche Antwort hinausgehen.

Aus der Idee des CoT sind spezialisierte sogenannte Reasoning-Modelle hervorgegangen, etwa das Modell o4 von OpenAI oder R1 von DeepSeek. Solche Systeme, auch als Large Reasoning Models (LRMs) bezeichnet, integrieren CoT-Prinzipien automatisch in ihre Antwortgenerierung: Sie führen intern eine Art gedanklichen Vorlauf oder inneren Monolog aus, bevor eine finale Antwort formuliert wird.

Die Tiefe und Qualität dieser gedanklichen Zwischenschritte variieren jedoch deutlich zwischen den Modellen. Während einige Systeme sehr strukturierte, nachvollziehbare Argumentationen liefern, bleiben andere in ihren Ausführungen oberflächlich. In solchen Fällen kann gezieltes CoT-Prompting zusätzlich zur Anwendung kommen: Es fordert das Modell explizit auf, den Lösungsweg Schritt für Schritt offenzulegen. Gerade bei wissenschaftlichen, mathematischen oder logisch anspruchsvollen Fragestellungen führt diese Technik zu mehr Transparenz im Antwortprozess. Sie macht die Herleitung überprüfbar, ermöglicht Fehlererkennung und stärkt die argumentative Nachvollziehbarkeit – Aspekte, die insbesondere im akademischen Kontext von zentraler Bedeutung sind.

3.3.2.2 Self-Consistency (CoT-SC)

Da die Antworten von LLM nicht immer stabil sind, kann es vorkommen, dass bei wiederholtem Prompting – auch mit Chain-of-Thought – unterschiedliche Antworten generiert werden. Diese Variabilität kann dazu führen, dass in manchen Fällen fehlerhafte oder inkonsistente Antworten auftreten.

Die Self-Consistency-Strategie für Chain-of-Thought (CoT-SC; Wang et al., 2023) wurde entwickelt, um dieses Problem zu reduzieren. Dabei wird nicht nur eine einzelne Antwort generiert, sondern eine Stichprobe mehrerer unabhängiger Antworten. Anschließend wird diejenige Antwort ausgewählt, die entweder am häufigsten vorkommt oder die inhaltlich konsistent erscheint. Dieser Ausgleich der natürlichen Variabilität von KI-Sprachmodellen ist besonders bei komplexen logischen Aufgaben, mathematischen Berechnungen und logischen Argumentationen nützlich.

Diese Vorgehensweise hat dabei mehrere Vorteile: Zum einen werden Ausreißer herausgefiltert, da Antworten, die stark von der Mehrheit der anderen Antworten abweichen, mit höherer Wahrscheinlichkeit falsch oder unlogisch sind. Zum anderen erhöht sich durch diese Methode die Robustheit und Verlässlichkeit der Antworten, da das Modell mehrfach über dieselbe Frage nachdenkt und somit die Chance steigt, dass die korrekte Antwort ermittelt wird. Darüber hinaus optimiert Self-Consistency das CoT-Prompting, da auch dann, wenn ein einzelner Durchlauf nicht die beste Antwort liefert, durch Mehrfachbewertung und Mehrheitsentscheidung eine zuverlässigere Lösung gefunden werden kann.

Prompt 3.2 demonstriert die Anwendung eines Self-Consistency-Prompts anhand des berühmten Henne-Ei-Problems.

Prompt 3.2: CoT mit Self-Consistency (CoT-SC)
Gegeben ist das unten genannte Problem: Erstelle mehrere Antworten unter Verwendung unterschiedlicher Denkansätze und aggregiere die finalen Antworten, um zu einer abschließenden Schlussfolgerung zu kommen.
  Was war zuerst da: das Huhn oder das Ei?

Wird die Frage lediglich in ihrer einfachen Form gestellt, liefert das Modell in der Regel eine eindeutige Antwort, etwa basierend auf der Evolutionstheorie. Dabei wird erläutert, dass das Ei zuerst existierte, da ein Vorfahre des Huhns eine Mutation in einem gelegten Ei aufwies, aus dem später das erste Huhn schlüpfte. Diese Art der Antwort ist zwar korrekt, berücksichtigt jedoch nur eine einzelne Perspektive und blendet alternative Denkansätze aus.

Self-Consistency hingegen fordert explizit mehrere Denkansätze ein: So werden neben der evolutionären Sichtweise auch philosophische, religiöse, pragmatische und systemische Betrachtungen in die Analyse einbezogen und dementsprechende Antworten erläutert. Da jede Perspektive zu einem im Detail anderen Ergebnis führt, zieht Self-Consistency nicht einfach eine einfache Schlussfolgerung, sondern zeigt, dass die Frage weniger eine Lösung als vielmehr eine Reflexion über die Komplexität von Ursache und Wirkung darstellt. Diese Technik verringert also, wie in diesem Beispiel gezeigt, das Risiko von fehlerhaften oder einseitigen Antworten und ermöglicht durch mehrfache Analyse eine differenzierte und ausgewogene Betrachtung.

3.3.2.3 Tree-of-Thoughts (ToT)

Tree-of-Thoughts (ToT) ist eine fortgeschrittene Methode zur Optimierung von logischem Denken und Argumentation in LLMs. Während Self-Consistency darauf abzielt, durch Mehrfachgenerierung die stabilste Antwort auszuwählen, geht ToT noch einen Schritt weiter: Es bewertet nicht nur das Endergebnis, sondern bereits einzelne Gedankenschritte während des Denkprozesses (Yao et al., 2023).

Anstatt eine einzige lineare Argumentation zu verfolgen, erzeugt das Modell mehrere mögliche Gedankenschritte, analysiert diese und wählt den jeweils besten aus, bevor es mit dem nächsten Schritt fortfährt. Dadurch entsteht eine dynamische, iterative Entscheidungsstruktur, die dem Modell erlaubt, Schritt für Schritt die optimale Argumentation aufzubauen. Dies führt nicht nur zu durchdachteren und besser begründeten Antworten, sondern auch zu einer höheren Gesamtqualität des Endergebnisses.

Da für ToT das Modell mehrfach aufgerufen wird und die generierten Antworten in die nächsten Anfragen einfließen, wird diese Technik üblicherweise programmatisch umgesetzt. Dabei steuert eine Software die Generierung, Auswahl und Bewertung der einzelnen Denkprozesse, sodass das Modell systematisch zu einer optimalen Lösung gelangt. Es gibt jedoch auch Prompting-Techniken, die es ermöglichen, eine ToT-ähnliche Strategie direkt innerhalb eines Prompts umzusetzen – ganz ohne externe Software oder Programmierkenntnisse. Ein Beispiel dafür ist Prompt 3.3, der den ToT-Ansatz innerhalb eines strukturierten Textprompts simuliert.

Prompt 3.3: Tree-of-Thoughts (ToT)
Verwende den Tree of Thought (ToT)-Ansatz, um die folgende Aufgabe zu lösen. Gehe dabei strukturiert wie folgt vor:

1. Problemzerlegung
   - Zerlege die Fragestellung in logische Teilprobleme oder Entscheidungsschritte.
   - Formuliere klare Zwischenziele für jeden Schritt.
2. Gedankenverzweigung
   - Generiere für jeden Schritt mindestens 3 unterschiedliche Lösungsansätze oder Hypothesen.
   - Beschreibe jede Option präzise und kreativ.
3. Kritische Bewertung
   - Analysiere Vor- und Nachteile jeder Idee (z. B. Machbarkeit, Risiken, Ressourcenaufwand).
   - Ordne die Optionen nach Erfolgswahrscheinlichkeit oder Effizienz.
4. Selektiver Fortschritt
   - Wähle den vielversprechendsten Pfad aus und begründe die Entscheidung.
   - Falls Sackgassen auftreten: Gehe zurück, evaluiere Alternativen und passe die Strategie an.
5. Synthese
   - Führe die besten Teillösungen zum finalen Ergebnis zusammen.
   - Reflektiere: Welche Pfade waren entscheidend? Was würde man beim nächsten Mal anders machen?
6. Formatvorgabe
   - Präsentiere den Denkprozess als hierarchische Baumstruktur mit Verzweigungen.
   - Hebe kritische Entscheidungspunkte und deren Begründungen hervor.
   - Markiere das Endergebnis klar als Lösung.

Dieser Prompt fordert das Modell auf, eine gegebene Aufgabe strukturiert und iterativ zu lösen. Der Prozess beginnt mit der Problemzerlegung, bei der die Fragestellung in logische Teilprobleme oder Entscheidungsschritte unterteilt wird. Für jeden dieser Schritte sollen mehrere alternative Lösungsansätze oder Hypothesen generiert werden. Anschließend folgt eine kritische Bewertung, bei der die Optionen nach relevanten Kriterien wie Machbarkeit, Risiken oder Effizienz analysiert und priorisiert werden. Der vielversprechendste Gedankengang wird dann im nächsten Schritt weiterverfolgt, während Sackgassen erkannt und durch eine Neubewertung korrigiert werden. Schließlich werden die gewählten Teillösungen zu einer finalen Antwort zusammengeführt, wobei der Denkprozess reflektiert wird, um Einsichten für zukünftige Problemlösungen zu gewinnen.

Im Vergleich zum klassischen ToT-Ansatz findet im Prompt zwar nicht bei jedem Schritt eine formelle Bewertung statt, bei der nur der vielversprechendste Argumentationspfad selektiv weiterverfolgt wird. Dennoch bleibt das Grundprinzip erhalten, indem verschiedene Argumentationsstränge miteinander kombiniert werden, um aus mehreren Denkansätzen die bestmögliche Synthese zu erzeugen. So lässt sich die Methodik von ToT rein durch Prompting in vereinfachter Form nutzen, ohne dass eine Softwaresteuerung des LLMs notwendig ist.

Das Prinzip von ToT wird besonders deutlich, wenn man die Ausgabe eines LLM anhand eines konkreten Beispiels betrachtet. Wird die Frage „Wie lässt sich die Lieferzeit eines Online-Händlers halbieren, ohne die Kosten um mehr als 10 % zu erhöhen?" ohne weiterführende Prompting-Strategie gestellt, gibt das Modell in der Regel eine Liste beliebiger Maßnahmen aus, die unabhängig voneinander stehen und nicht systematisch bewertet werden.

Im Gegensatz dazu folgt ToT einem strukturierten, mehrstufigen Ansatz. Zunächst wird das Problem in Teilprobleme zerlegt und für jeden dieser Bereiche mehrere alternative Handlungsoptionen generiert. Im nächsten Schritt erfolgt eine kritische Bewertung dieser Optionen, sodass Maßnahmen, die sich als weniger effektiv oder mit höheren Kosten verbunden erweisen, ausgeschlossen werden, während vielversprechende Alternativen weiterverfolgt werden. Zum Abschluss werden die besten Lösungsansätze in der Synthese zu einem durchdachten Konzept zusammengeführt. Eine illustrative Antwort für dieses Beispielproblem ist in Abb. 3.4 schematisch dargestellt.

Das Beispiel zeigt, wie ToT über klassisches Prompting hinausgeht, indem es den Denkprozess des Modells aktiv steuert. Anstatt eine zufällige Auswahl an

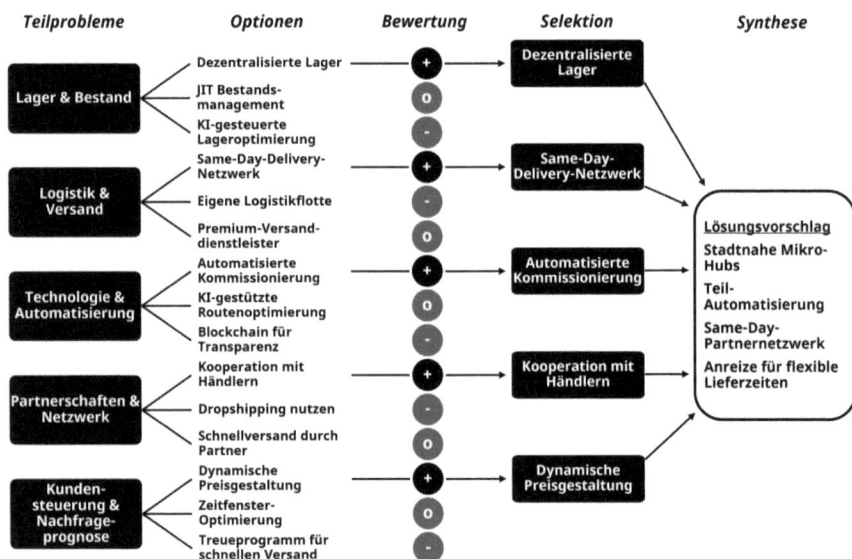

Abb. 3.4 Schematische Antwort für eine ToT-Beispielfrage

Maßnahmen zu präsentieren, entsteht eine geplante, iterative Optimierung, die komplexe Probleme fundierter, nachvollziehbarer und strukturierter löst.

3.3.3 Halluzinationen vermindern

Ein wesentliches Problem großer Sprachmodelle ist die ungewollte Generierung von Halluzinationen. Diese Halluzinationen lassen sich in zwei Hauptkategorien unterteilen: Faktenhalluzinationen und Treuehalluzinationen (Huang et al., 2025).

Faktenhalluzinationen treten auf, wenn das Modell Inhalte erzeugt, die nicht mit überprüfbaren Fakten übereinstimmen. Dies kann beispielsweise geschehen, wenn das Modell vermeintliche wissenschaftliche Erkenntnisse, historische Ereignisse oder Zitate generiert, die in der Realität nicht existieren oder fehlerhaft sind. Ein klassisches Beispiel wäre eine erfundene Quellenangabe oder die Erfindung nicht existierender Studien.

Treuehalluzinationen hingegen beziehen sich auf Abweichungen vom ursprünglichen Fragekontext des Nutzenden oder auf Inkonsistenzen innerhalb der Antwort. Das Modell kann etwa eine Antwort generieren, die nicht direkt auf die eigentliche Anfrage eingeht oder Teile der ursprünglichen Eingabe verfälscht wiedergibt. Ebenso können innerhalb eines längeren Textes Widersprüche auftreten, wenn das Modell an einer Stelle eine Aussage trifft, die an anderer Stelle relativiert oder widerlegt wird.

Prompting-Strategien, um Halluzinationen zu vermindern, umfassen etwa Retrieval-Augmented Generation (RAG), das gesicherte Dokumente als Informationsbasis nutzt, Chain-of-Note (CoN), das abgerufene Informationen in nachvollziehbaren Notizen strukturiert und schrittweise verarbeitet, sowie Chain-of-Verification (CoVe), das zentrale Elemente der Antwort durch mehrstufige Verifikationsfragen systematisch überprüft.

3.3.3.1 Retrieval-Augmented Generation (RAG)

Eine effektive Strategie zur Verringerung fehlerhafter oder unzuverlässiger Informationen, die von einem Sprachmodell generiert werden, besteht in der gezielten Einbindung externer Quellen. Dieses Prinzip bildet die Grundlage der Retrieval-Augmented Generation (RAG), einem Verfahren, das die Antwortgenerierung durch den Zugriff auf aktuelle und kontextspezifische Daten und Dokumente verbessert.

Während herkömmliche Sprachmodelle ausschließlich auf ihr während des Trainings erlerntes Wissen zurückgreifen, ermöglicht RAG eine dynamische Informationsabfrage aus externen Datenquellen. Der Abruf geschieht durch ein vorgeschaltetes Abrufsystem, das relevante Dokumente oder Passagen aus einer vordefinierten Wissensbasis, wissenschaftlichen Datenbanken oder dem Internet bezieht. Die abgerufenen Inhalte werden anschließend in einen erweiterten Prompt integriert, wodurch sich die Aktualität, Präzision und Kontextgenauigkeit der generierten Texte verbessern kann (Lewis et al., 2020). Beispielsweise würde ein RAG-System eine fachliche Frage nicht allein durch die im Modell gespeicherten Parameter beantworten. Stattdessen würde das System zunächst einschlägige

Veröffentlichungen aus relevanten Datenbanken abrufen, zentrale Erkenntnisse extrahieren und diese in eine fundierte Antwort integrieren.

Viele moderne KI-Assistenten integrieren mittlerweile eine Websuche nach einem ähnlichen Prinzip, auch wenn es sich technisch nicht um eine RAG-Architektur im eigentlichen Sinne handelt. Die praktische Herausforderung ist jedoch, dass die Quellen nicht immer vollständig nachvollziehbar oder von hoher Qualität sind. Neben der systemtechnischen Lösung kann das Grundprinzip von RAG auch manuell angewendet werden: Nutzende können relevante Quellen gezielt im Prompt angeben, um den Output des Sprachmodells mit aktuellen oder kontextbezogenen Informationen anzureichern (siehe Prompt 3.4). Dadurch lässt sich steuern, welche externen und gegebenfalls internen Informationen in die Antwort einfließen sollen. Dieser manuelle Ansatz erfordert ein bewusstes Vorgehen bei der Auswahl und Einbindung von Quellen, um die Qualität und Verlässlichkeit der generierten Inhalte zu verbessern.

Prompt 3.4: Beispiel für RAG-inspiriertes Prompt Engineering
Skizziere bitte die aktuellen Trends der generativen KI unter Bezugnahme auf die folgenden Berichte:

- MIT Report on Generative AI [Link]
- Forrester GenAI Trends Report [Link]
- Gartner GenAI Impact Radar [Link]
- Deloitte Tech Trends [Link]
- McKinsey State of AI [Link]

Nutzende können etwa spezifische wissenschaftliche Artikel als Referenz angeben, wodurch das Sprachmodell dazu angeregt wird, Antworten auf Basis dieser Quellen zu formulieren. Dieser Ansatz erhöht die Kontrolle über den Informationsabruf, setzt jedoch voraus, dass die Nutzenden selbst über ausreichend Wissen verfügen, um relevante Quellen in ihren Prompts zu spezifizieren. Da das Modell dadurch weniger stark auf die im ursprünglichen Trainingsprozess gespeicherten Daten angewiesen ist, lässt sich die Wahrscheinlichkeit von unerwünschten Halluzinationen und Fehlern in den generierten Inhalten weiter verringern. Der Prozess und der Zusammenhang zwischen den beiden Ansätzen sind in Abb. 3.5 dargestellt.

3.3.3.2 Chain-of-Note (CoN)

Auch RAG kann Halluzinationen nicht vollständig verhindern. Eine Weiterentwicklung, die dieses Risiko weiter reduziert, ist die Chain-of-Note (CoN) (Yu et al., 2024). Die Kernidee von CoN ist, dass die abgerufenen Informationen nicht nur zur direkten Antwortgenerierung genutzt, sondern auch für die Nutzenden nachvollziehbar aufbereitet werden. Dies geschieht in Form von strukturierten Notizen (Notes), die die Herkunft und den Inhalt der verwendeten Informationen transparent machen. Zudem bewertet das Modell die abgerufenen Daten nicht nur hinsichtlich

3.3 Techniken des Prompting

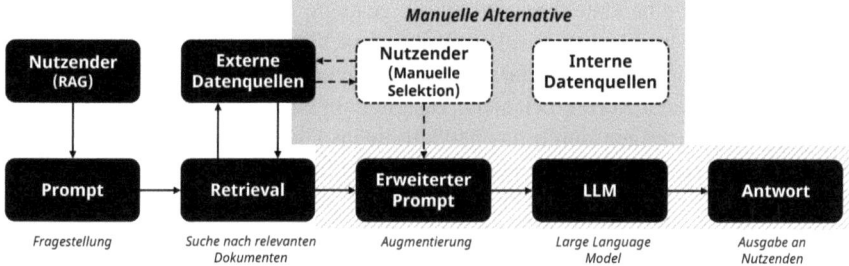

Abb. 3.5 Vorgehen von Retrieval-Augmented Generation (RAG) und manuelle Alternative

ihrer Relevanz, sondern verarbeitet sie schrittweise, bevor eine endgültige Antwort generiert wird. Durch diesen mehrstufigen Prozess wird die Qualität der KI-generierten Inhalte weiter verbessert, da Fehlinformationen frühzeitig erkannt und herausgefiltert werden können.

Prompt 3.5 zeigt Anweisungen, um ein solches Vorgehen auszulösen.

Prompt 3.5. Chain-of-Note (CoN)
Gehe bei der folgenden Frage bitte wie folgt vor:

1. Dokumente abrufen
   Suche nach relevanten Berichten, Artikeln oder Studien.
2. Notizen erstellen
   Für jedes abgerufene Dokument erstelle eine Notiz mit einer kurzen Zusammenfassung der enthaltenen Hauptpunkte.
3. Bewertung
   Bewerte die Relevanz jedes Dokuments in Bezug auf die gestellte Frage.
4. Antwort
   Erstelle eine Synthese der erstellten Notizen unter Berücksichtigung ihrer Relevanz, Qualität und Widerspruchsfreiheit.

Wenn die abgerufenen Dokumente widersprüchliche Informationen enthalten oder nicht ausreichend sind, um eine fundierte Antwort zu geben, weise darauf hin.

3.3.3.3 Chain-of-Verification (CoVe)

Ein weiterer Ansatz zur Reduktion von Halluzinationen und fehlerhaften Angaben ist das Verfahren Chain-of-Verification (CoVe; Dhuliawala et al., 2024), das ebenfalls mit anderen Methoden wie RAG oder CoN kombinierbar ist. CoVe erweitert Prompts, indem es einen mehrstufigen Verifikationsprozess in die Antwortgenerierung integriert.

Zunächst wird eine erste Antwort auf die gestellte Frage vom LLM formuliert, ähnlich wie beim herkömmlichen Prompting. Anschließend entwickelt das Modell gezielt Verifikationsfragen, die darauf abzielen, zentrale Elemente der Antwort zu überprüfen und deren Korrektheit sicherzustellen. In einem weiteren Schritt werden diese Verifikationsfragen durch das Modell eigenständig beantwortet. Die Ergebnisse dieses Überprüfungsprozesses fließen schließlich in die Erstellung der finalen Antwort ein, die nicht nur weniger Fehler enthält, sondern auch fundierter herausgearbeitet ist. Prompt 3.6 zeigt, wie CoVe in einem KI-gestützten Assistenten implementiert werden kann.

Prompt 3.6: Chain-of-Verification (CoVe)
Beantworte die folgende Frage präzise und überprüfe dabei Deine eigene Antwort mit einer mehrstufigen Verifizierung. Gehe dabei in folgenden Schritten vor:

1. Initiale Antwort
   Erstelle eine erste Antwort basierend auf deinem aktuellen Wissen.
2. Erstelle Verifizierungsfragen
   Identifiziere und formuliere spezifische Verifizierungsfragen, die erforderlich sind, um die Fakten deiner Antwort zu prüfen.
3. Verifikation
   Beantworte jede dieser Verifizierungsfragen unabhängig.
4. Finale Antwort
   Überarbeite Deine ursprüngliche Antwort auf Basis der verifizierten Informationen und gib eine finale, geprüfte Version aus.

3.3.4 Verständnis und Reflexion

Missverständnisse entstehen nicht nur in der menschlichen Kommunikation, sondern auch im Zusammenspiel zwischen Menschen und LLMs. Selbst scheinbar klare und eindeutig formulierte Fragen können vom Modell auf andere Art interpretiert werden als von der fragestellenden Person, was zu unerwarteten oder sachlich falschen Antworten führen kann. Diese Abweichungen beruhen häufig darauf, dass das Modell Kontext, Begriffsbedeutungen oder Implikationen anders gewichtet als ein menschliches Gegenüber.

Verständnis- und reflexionsbasierte Prompting-Techniken setzen genau hier an. Sie fordern das Modell aktiv dazu auf, seine Antworten zu hinterfragen, alternative Interpretationen zu erwägen oder den eigenen Gedankengang explizit offenzulegen. Dadurch wird nicht nur die Transparenz erhöht, sondern es entstehen auch Chancen zur Fehlerkorrektur: blinde Flecken im Denkprozess können erkannt und potenzielle Fehlschlüsse vermieden werden. Solche Techniken stärken damit nicht nur die Zuverlässigkeit der Antworten, sondern fördern zugleich ein dialogisches Verständnis von KI-Nutzung, bei dem das Modell nicht bloß antwortet, sondern sich am gemeinsamen Nachdenken beteiligt.

3.3.4.1 Rephrase and Respond (RaR)

Eine wirkungsvolle Technik zur Verbesserung der Antwortqualität und zur Reduktion von Missverständnissen im Dialog mit KI-Chats ist die Methode Rephrase and Respond (RaR; Deng et al., 2024). Dabei wird das Modell ausdrücklich dazu aufgefordert, die ursprüngliche Frage zunächst in eigenen Worten neu zu formulieren, um eine erweiterte und präzisierte Version der Frage zu erhalten. Erst im Anschluss geht das Modell zur eigentlichen Beantwortung über. Ein entsprechender Befehl ist in
Prompt 3.7 zu sehen.

> **Prompt 3.7: Rephrase and Respond (RaR)**
> [FRAGE]
> Formuliere die Frage um und erläutere sie anschließend ausführlich.
> Gib danach eine Antwort.

Diese Technik ist besonders bei missverständlichen, uneindeutigen oder unscharfen Fragen zielführend. Ein anschauliches Beispiel ist die Frage: „Ist Paris die größte Stadt Europas?" Ohne weitere Spezifikation bleibt der Begriff „größte" mehrdeutig, denn er kann sich z. B. auf die Fläche oder die Bevölkerungszahl Bedeutung beziehen. Während ein Sprachmodell die Frage möglicherweise auf die Fläche bezieht, ist meistens eher die Einwohnerzahl gemeint gewesen. Die Technik des Rephrase and Respond zwingt das Modell dazu, genau diese Unschärfe zu erkennen, explizit zu machen und entsprechend einzuordnen.

Ziel dieses Vorgehens ist es, potenzielle Unklarheiten oder Mehrdeutigkeiten in der ursprünglichen Frage durch das Modell selbst zu klären, indem es den Kontext aktiv rekonstruiert. Auf diese Weise kann eine abweichende Interpretation des Modells im Vergleich zur ursprünglich gemeinten Intention der Frage frühzeitig sichtbar werden. Aber auch ohne menschlichen Eingriff hilft bereits das „Nachdenken" dem Modell, die Frage präziser zu interpretieren und zu beantworten. In einer Reihe von Testaufgaben konnte durch dieses Verfahren die Antwortgenauigkeit von etwa 65 % auf nahezu 90 % gesteigert werden (Deng et al., 2024).

Die Rephrase-and-Respond-Technik lässt sich auch in einer zweistufigen Variante anwenden. In diesem Ansatz wird das Modell zunächst lediglich dazu aufgefordert, die ursprüngliche Frage in eigenen Worten zu reformulieren und näher auszuführen. Erst im darauffolgenden Prompt wird das Modell gebeten, eine Antwort zu geben. Diese Trennung zwischen Analyse und Antwort unterstützt die Fokussierung innerhalb des Kontextfensters und führt zu einer leichten Verbesserung der Ergebnisse im Vergleich zum einstufigen Verfahren.

Abb. 3.6 Prinzip des Step-Back-Prompting

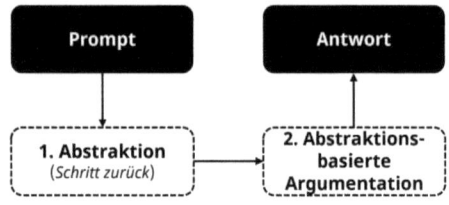

3.3.4.2 Step-Back-Prompting

Die Step-Back-Technik (Zheng et al., 2024) ist eine Prompting-Strategie, bei der das Sprachmodell bewusst dazu angeleitet wird, einen Schritt zurückzutreten, bevor es eine konkrete Antwort gibt – ähnlich wie Menschen es tun, wenn sie bei schwierigen Aufgaben kurz innehalten und überlegen. Die zwei logischen Schritte des Verfahrens sind in Abb. 3.6 dargestellt.

Ziel der Technik ist es, ein Problem zunächst auf einer abstrakteren Ebene zu analysieren und zu evaluieren, welche Denkstrategie oder welches Prinzip für die Bearbeitung hilfreich sein könnte. Durch diesen bewussten Perspektivwechsel werden die zugrunde liegenden Konzepte, Kategorien und Prinzipien identifiziert, die für die Einordnung und Lösung der Aufgabe relevant sind. Erst nachdem diese Abstraktion erfolgt ist, wird die ursprüngliche Frage erneut gestellt – nun jedoch eingebettet in den erweiterten Kontext. Die Argumentation bei der Beantwortung wird dadurch nicht mehr nur von der Formulierung der Eingangsfrage geleitet, sondern orientiert sich jetzt auch an den abstrahierten Prinzipien.

Ein anschauliches Beispiel ist die Frage, unter welchen Bedingungen man Gespräche ohne Wissen der anderen Personen aufzeichnen darf. Ohne Kontext könnte eine KI hier vorschnell, pragmatisch oder unvollständig antworten. Wird jedoch mithilfe der Step-Back-Technik zunächst abstrahiert und gefragt, welche Prinzipien für diese Problemlage relevant sind, identifiziert das Modell etwa das Strafgesetzbuch (§ 201 Verletzung der Vertraulichkeit des Wortes), die Datenschutz-Grundverordnung (Rechtmäßigkeit der Verarbeitung), das Grundgesetz (freie Entfaltung der Persönlichkeit), das Bürgerliche Gesetzbuch (Anspruch auf Unterlassung und Schadenersatz) sowie übergeordnete ethische Prinzipien wie Vertrauen und Respekt. Auf dieser Grundlage kann die Ausgangsfrage differenzierter, fundierter und damit auch qualitativ hochwertiger beantwortet werden.

Ein beispielhafter Prompt für das zweistufige Verfahren von Step-Back-Prompting ist in Prompt 3.8 dargestellt.

Prompt 3.8: Step-Back-Prompting
[Frage]
  Was sind die grundlegenden Konzepte oder Prinzipien, die bei diesem Problem eine Rolle spielen?
  <Antwort des Modells>
  Beantworte die ursprüngliche Frage anhand der oben genannten Grundsätze:
  [Frage]

3.3.4.3 Self-Ask

Anweisungen und Fragen bestehen häufig aus mehreren gedanklichen Einheiten oder logischen Teilfragen. Dabei kann es zu Problemen bei der Antwortgenerierung kommen, wenn das Modell zwar in der Lage ist, die einzelnen Aspekte korrekt zu beantworten, diese jedoch nicht systematisch miteinander verknüpft. Ein klassisches Beispiel ist die Frage: „Wer war Präsident der USA, als der erste Mensch den Mond betrat?" Diese Frage setzt sich aus zwei Teilfragen zusammen: „Wann war die erste Mondlandung?" (Antwort: 1969) und „Wer war 1969 Präsident der Vereinigten Staaten?" (Antwort: Richard Nixon). Ohne ein strukturiertes Vorgehen kann es passieren, dass das Modell zwar beide Informationen kennt, aber nicht korrekt kombiniert.

Für solche Fälle ist das Self-Ask-Prompting (Press et al., 2023) eine effektive Strategie. Dabei wird das Modell ausdrücklich dazu angeleitet, komplexe Fragen zunächst in sinnvolle Einzelfragen zu zerlegen, diese nacheinander zu beantworten und schließlich die Teilantworten in einer abschließenden Synthese zusammenzuführen.

Ziel dieser Methode ist es, mehrstufige Denkprozesse zu fördern und das Modell dazu zu bringen, seine Antworten systematisch aufeinander aufzubauen. Die Vorgehensweise hilft insbesondere dann, wenn Fragen nicht nur faktisches Wissen abfragen, sondern eine Verbindung zwischen mehreren Wissenselementen erfordern. Die konkrete Struktur dieser Strategie ist in Prompt 3.9 dargestellt.

Prompt 3.9: Self-Ask-Prompting
Frage: [Beispiel-Frage]
　Sind hier weiterführende Fragen erforderlich?
Ja.
Folgefrage: [Beispiel-Folgefrage 1]
Antwort: [Antwort auf Folgefrage 1]
Folgefrage: [Beispiel-Folgefrage 2]
Antwort: [Antwort auf Folgefrage 2]
Frage: [eigentliche Ziel-Frage]
　Sind hier weiterführende Fragen erforderlich?
　Falls ja, entwickle die Lösung analog zum Beispiel oben.

Der Prompt beginnt mit einem beispielhaften Durchlauf, in dem eine komplexe Frage in mehrere Teilfragen zerlegt, einzeln beantwortet und schließlich zu einer Gesamtaussage zusammengeführt wird. Dieses Beispiel dient dazu, dem Modell das zugrunde liegende Vorgehen zu verdeutlichen und eine Struktur für die Bearbeitung nachfolgender Fragen bereitzustellen – vergleichbar mit dem Ansatz des Shot Prompting, bei dem ein Beispiel als Muster dient. Sobald dieses Beispiel abgearbeitet ist und das Modell das Verfahren nachvollzogen hat, wird die eigentliche Ziel-Frage gestellt, ergänzt durch eine explizite Aufforderung, bei Bedarf zunächst selbst weiterführende Unterfragen zu formulieren. Damit wird der Self-Ask-Prozess für die neue Frage initiiert. Auf diese Weise wird die Eingabe analysiert, gegebenenfalls verborgene Teilfragen identifiziert, diese nacheinander beantwortet und schließlich zu einer konsistenten Gesamtaussage zusammengesetzt werden. Zur Veranschaulichung findet sich in Prompt 3.10 ein illustratives Beispiel.

> **Prompt 3.10: Beispiel für Self-Ask-Prompting**
> Frage: Wer war Bundeskanzler:in von Deutschland, als die Berliner Mauer fiel? Sind hier weiterführende Fragen erforderlich?
> Ja.
> Folgefrage: In welchem Jahr fiel die Berliner Mauer? Antwort: 1989
> Folgefrage: Wer war 1989 Bundeskanzler:in von Deutschland?
> Antwort: Helmut Kohl
> Frage: Wer leitete die Forschungseinrichtung, an der die erste CRISPR-Anwendung am Menschen durchgeführt wurde?
> Sind hier weiterführende Fragen erforderlich?
> Falls ja, entwickle die Lösung analog zum Beispiel oben.

3.4 Personalisierung und Parametrisierung

Personalisierte Anweisungen und vorgegebene Personas können das Verhalten eines Sprachmodells verändern, ohne dass diese Vorgaben in jedem einzelnen Prompt manuell eingegeben werden müssen. Durch die Festlegung einer bestimmten Rolle als Persona wird das Antwortverhalten des Modells gezielt ausgerichtet, was Konsistenz und Effizienz im Arbeitsprozess deutlich erhöhen kann. Ferner lassen sich durch die gezielte Anpassung von Modellparametern weitere Einflussnahmen vornehmen. Je nach Anpassung kann das Modell etwa logischer, kreativer, fokussierter oder variabler reagieren – je nachdem, welche Stilrichtung oder Denkstrategie gewünscht ist.

3.4.1 Benutzerdefinierte Anweisungen und Persona

Viele KI-Chats ermöglichen, benutzerdefinierte Anweisungen festzulegen, die bei jeder Eingabe berücksichtigt werden. Diese Anweisungen dienen dazu, das Verhalten des Sprachmodells zu steuern und die generierten Antworten besser an die individuellen Anforderungen der Nutzenden anzupassen. In der Regel setzen sich diese individuellen Vorgaben aus zwei wesentlichen Komponenten zusammen: Hintergrundinformationen und allgemeingültigen Anweisungen.

Die Hintergrundinformationen helfen dabei, den Kontext für das Sprachmodell zu präzisieren. Sie können etwa Angaben zur Zielgruppe, zum Fachgebiet oder zu Annahmen enthalten, die für präzisere Antworten notwendig sind. Je klarer dieser

3.4 Personalisierung und Parametrisierung

Kontext definiert ist, desto besser kann das Modell relevante Inhalte generieren und Fehldeutungen vermeiden.

Die allgemeinen Anweisungen betreffen hingegen strukturelle und stilistische Aspekte der Antwortgenerierung. Hier kann festgelegt werden, welcher sprachliche Grundton beibehalten werden soll, etwa ein akademischer, formeller oder informeller Schreibstil. Prompt 3.11 zeigt exemplarisch, wie eine solche Anweisung formuliert werden kann, um eine ansprechende Textgestaltung sicherzustellen.

> **Prompt 3.11: Sprachliche Anweisungen**
> Die Antworten sollen in einem akademischen Stil verfasst werden, um wissenschaftlichen Ansprüchen gerecht zu werden:
>
> - Verwende eine formale, wissenschaftliche Sprache.
> - Formuliere sachlich, argumentiere ausgewogen, vermeide Übertreibungen und nutze keine umgangssprachlichen Ausdrücke.
> - Strukturiere die Antworten logisch, z. B. durch sinnvolle Absätze und gegebenenfalls Zwischenüberschriften.
> - Verwende eine inklusive und geschlechtergerechte Sprache.

Zudem lassen sich Formatierungsrichtlinien festlegen, die bestimmen, in welcher Form die Antworten ausgegeben werden sollen. Dazu gehört unter anderem die Wahl zwischen Fließtext, Stichpunkten oder Tabellen, aber auch die Länge der Antworten oder die Verwendung geschlechtergerechter Sprache. Solche Vorgaben tragen dazu bei, konsistente und den jeweiligen Anforderungen entsprechende Ergebnisse zu erhalten, ohne dass diese Präferenzen bei jeder Anfrage erneut spezifiziert werden müssen.

Falls ein KI-Chat diese Funktionalität nicht unterstützt oder die Anforderungen häufig variieren, kann eine alternative Lösung in Form von Persona-Vorlagen genutzt werden. Dabei handelt es sich um vordefinierte Textbausteine, die je nach Bedarf am Beginn eines neuen Chats eingefügt werden können. Diese Vorlagen enthalten spezifische Anweisungen zu Sprachstil, Tonalität, Detaillierungsgrad und weiteren Formatierungsaspekten, sodass sie eine ähnliche Steuerungsfunktion wie fest hinterlegte benutzerdefinierte Anweisungen übernehmen. Besonders in Kontexten, in denen regelmäßig unterschiedliche Anforderungen an die KI gestellt werden – etwa im Wechsel zwischen wissenschaftlicher und alltagssprachlicher Kommunikation – bieten Persona-Vorlagen eine flexible Möglichkeit zur Anpassung der generierten Inhalte.

3.4.2 Einstellung der Modellparameter

Eine weitere Möglichkeit zur Optimierung der KI-generierten Ergebnisse besteht in der gezielten Anpassung der Prompt-Parameter. Während viele KI-Assistenten standardisierte Voreinstellungen nutzen, lassen sich diese Parameter in den meisten Fällen entweder in den Einstellungen der Anwendung oder direkt durch eine entsprechende Anweisung im Prompt verändern. Die wichtigsten Steuergrößen sind Temperatur, Top-p, maximale Länge und Frequenzstrafe (McTear & Ashurkina, 2024).

Die **Temperatur** bestimmt den Grad der Zufälligkeit und Variabilität der generierten Antwort. Ein niedriger Wert nahe 0 sorgt für stabile, deterministische und eher nüchterne Antworten, da das Modell sich stärker an den wahrscheinlichsten Wortfolgen orientiert. Ein höherer Temperaturwert (Faustregel: nahe 1) führt dazu, dass die KI kreativere und weniger vorhersehbare Antworten produziert, da seltenere Wortwahrscheinlichkeiten stärker berücksichtigt werden. Dies kann besonders für kreative Schreibaufgaben oder Brainstorming-Prozesse vorteilhaft sein. Für akademische Arbeiten oder andere sachliche Texte ist in der Regel eine niedrige Temperatureinstellung empfehlenswert, um möglichst präzise, konsistente und objektive Antworten zu erhalten. In manchen Fällen kann es daher sinnvoll sein, die Temperatureinstellung unterhalb der Standardeinstellungen zu setzen, um eine höhere inhaltliche Verlässlichkeit und geringere Varianz in den Antworten zu gewährleisten. Tab. 3.8 zeigt exemplarisch, wie sich unterschiedliche Temperaturwerte auf die Antwortqualität auswirken können.

Ein weiterer Parameter mit ähnlicher Wirkung ist **Top-p**. Standardmäßig werden bei der Generierung eines Tokens alle möglichen Fortsetzungen entsprechend ihrer Wahrscheinlichkeit berücksichtigt (Top-p = 1). Wird dieser Wert jedoch reduziert, beispielsweise auf 0,5, werden nur noch die wahrscheinlichsten Tokens herangezogen, die zusammen 50 % der Gesamtwahrscheinlichkeit ausmachen. Dadurch werden seltenere Wortoptionen ausgeschlossen und bevorzugt die statistisch wahrscheinlichsten Wörter gewählt. In der Praxis führt eine Reduzierung von Top-p zu einer berechenbareren Ausgabe, ähnlich wie eine niedrige Temperatureinstellung. Während die Temperatur jedoch direkt die Zufälligkeit der Auswahl beeinflusst, begrenzt Top-p die Auswahlmöglichkeiten auf eine bestimmte Wahrscheinlichkeitsmasse.

Wenn direkte Instruktionen zur Kürze einer Antwort oder zur Einhaltung einer bestimmten Zeichenzahl nicht die gewünschten Ergebnisse liefern, kann die **maximale Länge** (*Max Length*) als Parameter gezielt angepasst werden. Dieser Parameter legt fest, wie viele Tokens das Modell maximal generieren darf. Da ein Token typischerweise einem Wortbestandteil entspricht, beeinflusst eine geringere Einstellung die Antwortlänge und Prägnanz direkt. Je niedriger dieser Wert gewählt wird,

Tab. 3.8 Beispielhafte Antworten mit unterschiedlicher Temperatur

„Erkläre mir Montag in einem Satz."		
Temperatur = 0	Temperatur = 0.5	Temperatur = 1
„Montag ist der erste Tag der Woche und folgt auf das Wochenende."	*„Montag ist der erste Tag der Woche und oft der Start in die Arbeitswoche nach dem Wochenende."*	*„Montag ist der erste Tag der Woche, der für viele als Übergang vom entspannten Wochenende in die oft hektische Arbeitswoche dient."*

desto kürzer und kompakter fällt die Antwort aus. Dies kann besonders nützlich sein, wenn es darum geht, präzise Definitionen, Zusammenfassungen oder kurze Antworten zu erhalten. Wird hingegen eine ausführliche, kontextreiche Antwort benötigt, sollte die maximale Tokenanzahl entsprechend erhöht werden. Die Kombination aus einer expliziten Instruktion zur Antwortlänge und einer Anpassung der maximalen Länge kann zu den gewünschten Ergebnissen führen.

3.5 Tools in KI-Chats

Moderne KI-Chats wie ChatGPT, Claude oder Microsoft Copilot sind längst mehr als bloße Schnittstellen zu Sprachmodellen. Sie verfügen über zusätzliche Funktionen und integrierte Werkzeuge, die ihren Anwendungsbereich deutlich erweitern. Zu diesen sogenannten Tools gehören unter anderem die Fähigkeit zur Internetsuche, zur Codegenerierung oder zur interaktiven Datenverarbeitung. Im Folgenden werden zentrale Funktionen exemplarisch vorgestellt, die sich durch Optionen oder durch Anweisung im Prompt aktivieren lassen.

Internetsuche Moderne KI-Systeme greifen nicht mehr ausschließlich auf ihre trainierten Sprachmodelle zurück, sondern können bei Bedarf aktiv Informationen im Internet recherchieren. Dazu zählen etwa Fachquellen, offizielle Webseiten oder Originaldokumente. Je nach System wird die Suche entweder automatisch auf Grundlage der Eingabe ausgelöst oder muss durch die Nutzerin bzw. den Nutzer manuell aktiviert werden. Die Einbindung aktueller Webinhalte bietet einen erheblichen Mehrwert: Sie ermöglicht es, auf tagesaktuelle Entwicklungen oder fachspezifische Inhalte zuzugreifen, die nach dem Trainingszeitpunkt des Modells entstanden sind. Dadurch lässt sich die Gefahr von Halluzinationen deutlich reduzieren. Andererseits benötigt die Recherche zusätzliche Zeit, und die Qualität sowie Vertrauenswürdigkeit der gefundenen Quellen sind nicht immer gewährleistet. Trotzdem stellt die Internetsuche ein wichtiges Instrument dar, um die Tiefe und Aktualität von KI-generierten Antworten erheblich zu verbessern.

Programmcode Sprachmodelle sind in ihrer Grundarchitektur primär darauf ausgelegt, kohärente und plausible Texte zu erzeugen. Aufgaben, die darüber hinausgehen – etwa exakte Zählungen, komplexe mathematische Berechnungen oder strukturierte Datenanalysen – stellen sie regelmäßig vor erhebliche Herausforderungen. Dies zeigt sich exemplarisch im häufig zitierten Beispiel der Frage, wie viele „r" in „Erdbeere" vorkommen (vgl. Abschn. 2.4): Obwohl die Aufgabe trivial erscheint, führen viele Sprachmodelle sie inkorrekt aus, weil sie nicht auf Zählung, sondern auf Sprachwahrscheinlichkeiten optimiert sind. Ein bewährter Lösungsansatz besteht darin, das Modell nicht selbst rechnen zu lassen, sondern es dazu aufzufordern, ein Programm zu schreiben, das die gewünschte Aufgabe übernimmt. Die Fähigkeit, lauffähigen Code – etwa in Python, R oder JavaScript – zu generieren, gehört mittlerweile zum Standardrepertoire vieler KI-Chat-Systeme. Gerade bei mathematischen oder datenbasierten Prompts empfiehlt es sich daher, diese Fähigkeit gezielt zu nutzen: Entweder durch die Aktivierung entsprechender Tools oder durch eine explizite Anweisung, die Frage mithilfe eines selbst generierten Programms zu lösen. Auf diese Weise lassen sich die Stärken des Modells mit formaler Exaktheit durch Programmcode gezielt kombinieren und in anspruchsvollen Fragestellungen effizient einsetzen.

Agentenbasierter Ablauf In einem agentengestützten Arbeitsablauf – auch Agentic Workflow genannt – agiert das Sprachmodell nicht mehr nur als passiver Antwortgenerator, sondern übernimmt eine aktiv steuernde Rolle im eigenen Denk- und Entscheidungsprozess. Dabei wird die finale Antwort nicht unmittelbar ausgegeben, sondern entsteht in mehreren aufeinanderfolgenden Schritten. Zunächst wird ein erster Antwortentwurf erstellt, der anschließend analysiert wird – entweder durch ein separates Bewertungssystem oder durch eine reflektierende Rückschleife im Modell selbst. Sollte sich aus dieser Analyse ein relevanter Verbesserungsvorschlag ergeben, wird die Antwort entsprechend überarbeitet. Dieser Prozess wiederholt sich iterativ, bis keine substanzielle Verbesserung mehr identifiziert werden kann. Erst dann wird die finale Antwort ausgegeben. Durch diesen selbstgesteuerten Überarbeitungszyklus erhöht sich nicht nur die inhaltliche Qualität, sondern auch die Kohärenz und argumentative Nachvollziehbarkeit der Ergebnisse. Abb. 3.7 zeigt diesen Prozess schematisch.

Einerseits verlängert sich der Antwortprozess durch die internen Überarbeitungszyklen; andererseits entlastet dieses Vorgehen die Nutzerinnen und Nutzer, da sie nicht wiederholt nachbessern, Rückfragen stellen oder das Modell explizit zu Korrekturen auffordern müssen. Dadurch kann sich die Gesamtzeit bis zur zufriedenstellenden Antwort trotz des längeren internen Prozesses sogar verkürzen. Schließlich entstehen durch die systematische Selbstüberprüfung und Optimierung im Antwortverlauf strukturiertere und inhaltlich fundiertere Ergebnisse. Den agentenbasierten Prozess kann auch durch gezielte Formulierungen im Prompt aktiv unterstützt und verstärkt werden. Solche Anweisungen erinnern das agentenbasierte Modell an seine „Rolle" als Agent. Beispielhafte Prompt-Formulierungen zur agentenbasierten Rollenverankerung basierend auf den Empfehlungen von OpenAI (MacCallum & Lee, 2025) sind in Prompt 3.12 gegeben.

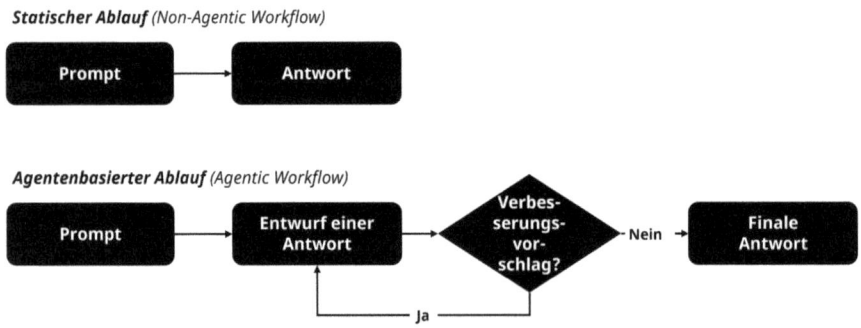

Abb. 3.7 Statischer vs. Agentenbasierter Ablauf, adaptiert von Singh et al. (2024)

> **Prompt 3.12: Prompt-Befehle, um agentenbasierte Abläufe zu stärken**
> **Beharrlichkeit**
> Du bist ein Agent – bitte mache so lange weiter, bis die Anfrage der Nutzenden vollständig gelöst ist, bevor Du Deine Antwort abschließt und an die Nutzenden zurückgibst. Beende Deine Antwort nur dann, wenn Du sicher bist, dass das Problem gelöst ist.
> **Tool-Nutzung**
> Wenn Du Dir nicht sicher bist, nutze Deine Tools, um die relevanten Informationen zu lesen und zu sammeln: Rate nicht und stelle keine Vermutungen an.
> **Planung**
> Du MUSST vor jedem Funktionsaufruf ausführlich planen und nach jedem Funktionsaufruf ausführlich reflektieren. Gehe den gesamten Prozess NICHT nur durch das reine Ausführen von Funktionsaufrufen durch, da dies Deine Fähigkeit zur Problemlösung und zu fundiertem Denken beeinträchtigen kann.

Deep Research Viele KI-Plattformen bieten einen sogenannten Deep-Research-Modus an. Dabei handelt es sich um eine erweiterte Funktion, die nicht bloß eine einfache Antwort generiert, sondern einen umfassenden, mehrstufigen Rechercheprozess durchführt. In diesem Modus agiert das System als eigenständiger Recherche-Agent: Es plant mehrere Suchstrategien, führt gezielte Recherchen durch, stellt bei Bedarf Rückfragen zur Präzisierung des Themas und analysiert eine Vielzahl von Quellen. Im Unterschied zu herkömmlichen Abfragen wird im Deep-Research-Modus besonders intensiv mit Rechenkapazitäten gearbeitet, um die Ergebnisse systematisch aufzubereiten. Die gefundenen Informationen werden nicht nur gesammelt, sondern inhaltlich miteinander verglichen, auf Widersprüche geprüft und hinsichtlich ihrer Vertrauenswürdigkeit bewertet. Erst danach erfolgt die strukturierte Ausarbeitung eines zusammenhängenden Berichts. Solche Berichte können mehrere Seiten umfassen und beinhalten in der Regel eine klare Gliederung, präzise Zusammenfassungen sowie direkte Verweise auf die Originalquellen. Damit eignet sich der Deep-Research-Modus besonders für komplexe Fragestellungen, die über reine Faktenabfragen hinausgehen und eine systematische Auseinandersetzung mit der Quellenlage erfordern (Xu & Peng, 2025).

3.6 Prompting for Prompts

Prompt Engineering bietet zahlreiche Vorteile und kann die Qualität der generierten Antworten eines großen Sprachmodells erheblich verbessern. Durch gezielte Formulierungen lassen sich die Relevanz, Präzision und Kohärenz der KI-generierten Inhalte optimieren. Allerdings erfordert die Erstellung effektiver Prompts oft einen erheblichen Aufwand, da sie eine präzise Abstimmung auf das gewünschte Ergebnis sowie ein Verständnis der Modellmechanismen voraussetzt.

Um diesen Aufwand zu reduzieren, kann die KI selbst zur Unterstützung des Promptings genutzt werden. Dieses Verfahren wird als Prompting for Prompts (Meskó, 2023) oder Metaprompting (Reynolds & McDonell, 2021) bezeichnet. Dabei generiert die KI Vorschläge für Prompts, die anschließend überprüft, verfeinert und an die spezifischen Anforderungen angepasst werden können. Dies ermöglicht eine effizientere Entwicklung komplexer Prompts, insbesondere wenn wiederkehrende Aufgaben automatisiert oder optimierte Abfragen für bestimmte Anwendungsfälle benötigt werden. Ein Beispiel für Prompting for Prompts ist in Prompt 3.13 dargestellt.

Prompt 3.13: Beispiel für Prompting for Prompts

Kontext

Du bist ein erfahrener Prompt-Designer und Spezialist für Prompt Engineering. Du weißt genau, wie man detaillierte und unmissverständliche Prompts formuliert, die zu präzisen und hilfreichen Antworten führen.

Instruktion

1. Warte, bis eine spezifische Aufforderung oder Anfrage zum Schreiben eines Prompts kommt.
2. Stelle gegebenenfalls Rückfragen, falls es Unklarheiten zu Zielen, Rahmen oder benötigten Informationen gibt.
3. Baue aus den geklärten Informationen Schritt für Schritt den Prompt auf.
4. Verwende das CRAFT-Schema (siehe unten) für eine strukturierte Prompt-Erstellung.
5. Verfasse den Prompt möglichst präzise, in einem professionellen Ton, ohne überflüssige Komplexität.

Vorgaben

Antworte im CRAFT-Schema:

- *Context*: Beschreibe den Hintergrund, relevante Fakten oder Daten.
- *Role*: Definiere, in welcher Rolle das System oder der Nutzende agiert.
- *Audience*: Bestimme, für wen oder was die Antwort bestimmt ist.
- *Format*: Lege fest, in welchem Format oder Stil die Antwort gewünscht wird.
- *Task*: Formuliere die konkrete Aufgabe als präzise Anweisung oder Fragestellung.

Der KI wird zunächst eine spezifische Rolle zugewiesen – in diesem Fall die eines erfahrenen Prompt-Designers. Anschließend folgt eine Reihe von Instruktionen, die den Ablauf der Prompt-Erstellung definieren. Zunächst wartet die KI auf eine konkrete Aufforderung, einen Prompt zu formulieren. Falls die Anfrage nicht ausreichend spezifiziert ist, kann die KI Rückfragen stellen, um Ziele, Rahmenbedingungen und benötigte Informationen zu klären. Auf dieser Basis wird der Prompt schrittweise entwickelt, wobei das CRAFT-Schema als Struktur dient.

Der ausführlich und automatisiert erstellte Prompt muss nun lediglich überprüft werden, um sicherzustellen, dass alle getroffenen Annahmen korrekt sind. Falls notwendig, kann er durch zusätzliche Kontexthinweise ergänzt werden.

Analog zu diesem Verfahren können auch Metavorlagen für bereits erläuterte Prompting-Strategien entwickelt und genutzt werden. Diese Vorlagen enthalten strukturierte Anweisungen, die es ermöglichen, bestimmte Techniken – wie Chain-of-Thought (CoT) – systematisch anzuwenden.

3.7 Do's and Don'ts

Do's
1. *Definiere klare Instruktionen*: Formuliere Aufgabe, Thema und gewünschtes Ergebnis präzise.
2. *Ergänze sachlichen und sprachlichen Kontext*: Ziel, Zielgruppe, Rolle und Hintergrundinformationen erhöhen die Relevanz.
3. *Baue Beispiele ein*: Zeige dem Modell durch repräsentative Muster, wie das gewünschte Ergebnis aussehen soll (Shot-Prompting).
4. *Gib explizite Vorgaben*: Antwortlänge, Format (Tabelle, Fließtext, Code) und Stil stets vorab festlegen.
5. *Nutze geeignete Prompt-Techniken*: Zero-, One- oder Few-Shot je nach Komplexität.
6. *Entwickle Gedankengänge bei logischen Problemen*: Setze Chain-of-Thought, Self-Consistency oder Tree-of-Thoughts ein.
7. *Reduziere Halluzinationen*: Arbeite mit RAG-Prinzip, Chain-of-Note- oder Chain-of-Verification und nenne verlässliche Quellen.
8. *Fördere Selbstreflexion des Modells*: Verwende Rephrase-and-Respond-, Step-Back- oder Self-Ask-Prompting, um Missverständnisse abzufangen.
9. *Parametrisiere bewusst*: Setze Temperatur, Top-p und Max-Tokens passend zur Aufgabe; wähle niedrige Werte für Fakten, höhere für Kreativität.
10. *Plane agentisch*: Ermutige das Modell, Zwischenschritte zu prüfen, Tools zu nutzen und erst bei vollständiger Lösung zu enden.
11. *Lagere Berechnungen aus*: Lass das Modell Code generieren, wenn exakte Zähl- oder Rechenaufgaben nötig sind.
12. *Erstelle Metaprompts*: Lass die KI selbst Vorschläge für optimale Prompts generieren (Prompting for Prompts).

Don'ts
1. *Blindes Vertrauen vermeiden*: Verlasse dich nicht allein auf das im Modell gespeicherte Wissen – prüfe Fakten stets durch externe, verlässliche Quellen.
2. *Beispiele nicht auslassen*: Verzichte bei kritischen oder komplexen Aufgaben keinesfalls auf repräsentative Beispiele oder Schritt-für-Schritt-Anleitungen.

3. *Das Modell nicht zweckentfremden*: Lass komplexe Berechnungen nicht ausschließlich „im Kopf" des LLM stattfinden, sondern verlagere sie in explizit generierten Code oder geeignete Tools.
4. *Ignoriere keine Halluzinationsrisiken*: Nimm ungeprüfte Referenzen nicht ungefiltert an.
5. *Iterative Überarbeitung einfordern*: Verzichte auf nicht iterative Überarbeitung und fordere stattdessen Überprüfung, Selbstkritik und gegebenenfalls mehrstufige Revisionen vom Sprachmodell ein.

Literatur

Brown, T. B., Mann, B., Ryder, N., Subbiah, M., Kaplan, J., Dhariwal, P., Neelakantan, A., Shyam, P., Sastry, G., Askell, A., Agarwal, S., Herbert-Voss, A., Krueger, G., Henighan, T., Child, R., Ramesh, A., Ziegler, D. M., Wu, J., Winter, C., et al. (2020). Language Models are few-shot learners. In *Proceedings of the 34th international conference on neural information processing systems (NIPS)* (S. 1877–1901) https://dl.acm.org/doi/abs/10.5555/3495724.3495883

Deng, Y., Zhang, W., Chen, Z., & Gu, Q. (2024). *Rephrase and respond: Let large language models ask better questions for themselves.* https://arxiv.org/abs/2311.04205v2

Dhuliawala, S., Komeili, M., Xu, J., Raileanu, R., Li, X., Celikyilmaz, A., & Weston, J. (2024). Chain-of-Verification reduces hallucination in Large Language Models. *Findings of the Association for Computational Linguistics: ACL, 2024*, 3563–3578.

Dong, Q., Li, L., Dai, D., Zheng, C., Ma, J., Li, R., Xia, H., Xu, J., Wu, Z., Chang, B., Sun, X., & Sui, Z. (2024). A survey on in-context learning. In *Proceedings of the 2024 conference on empirical methods in natural language processing (EMNLP)*, 1107–1128. https://doi.org/10.18653/v1/2024.emnlp-main.64

Giray, L. (2023). Prompt engineering with ChatGPT: A guide for academic writers. *Annals of biomedical engineering, 51*(12), 2629–2633. https://doi.org/10.1007/s10439-023-03272-4

Heiser, A. (2024). *Texten mit ChatGPT.* Springer Fachmedien Wiesbaden. https://doi.org/10.1007/978-3-658-45601-6

Huang, L., Yu, W., Ma, W., Zhong, W., Feng, Z., Wang, H., Chen, Q., Peng, W., Feng, X., Qin, B., & Liu, T. (2025). A survey on hallucination in Large Language Models: Principles, taxonomy, challenges, and open questions. *ACM Transactions on Information Systems, 43*(2), 1–55. https://doi.org/10.1145/3703155

Kessler, E. H., & Bailey, J. R. (Hrsg.). (2007). *Handbook of organizational and managerial wisdom.* SAGE.

Kojima, T., Gu, S. S., Reid, M., Matsuo, Y., & Iwasawa, Y. (2022). Large Language Models are zero-shot reasoners. In *36th Conference on neural information processing systems (NeurIPS 2022)*.

Lewis, P., Perez, E., Piktus, A., Petroni, F., Karpukhin, V., Goyal, N., Küttler, H., Lewis, M., Yih, W., Rocktäschel, T., Riedel, S., & Kiela, D. (2020). Retrieval-augmented generation for knowledge-intensive NLP tasks. In H. Larochelle, M. Ranzato, R. Hadsell, M. F. Balcan, & H. Lin (Hrsg.), *Advances in neural information processing systems* (Bd. 33, S. 9459–9474). Curran Associates, Inc.

MacCallum, N., & Lee, J. (2025, 26. Juni). *GPT-4.1 Prompting Guide.* OpenAI. https://cookbook.openai.com/examples/gpt4-1_prompting_guide

Meskó, B. (2023). Prompt engineering as an important emerging skill for medical professionals: Tutorial. *Journal of Medical Internet Research, 25*, e50638. https://doi.org/10.2196/50638

Nguyen, M.-T., Nguyen, D.-H., Sabahi, S., Le Hung, Yang, J., & Hotta, H. (2023). *When giant language brains just aren't enough! Domain pizzazz with knowledge sparkle dust.* https://arxiv.org/abs/2305.07230v2

Patil, R., & Gudivada, V. (2024). A review of current trends, techniques, and challenges in Large Language Models (LLMs). *Applied Sciences, 14*(5), 2074. https://doi.org/10.3390/app14052074

Press, O., Zhang, M., Min, S., Schmidt, L., Smith, N., & Lewis, M. (2023). Measuring and narrowing the compositionality gap in language models. In H. Bouamor, J. Pino, & K. Bali (Hrsg.), *Findings of the Association for Computational Linguistics: EMNLP 2023 (S. 5687–5711)*. Association for Computational Linguistics. https://doi.org/10.18653/v1/2023.findings-emnlp.378

Reynolds, L., & McDonell, K. (2021). Prompt programming for Large Language Models: Beyond the few-shot paradigm. *CHI Conference on Human Factors in Computing Systems*, Article No. 314. https://doi.org/10.1145/3411763.3451760

Sahoo, P., Singh, A. K., Saha, S., Jain, V., Mondal, S., & Chadha, A. (2025). *A systematic survey of prompt engineering in large language models: Techniques and applications*. https://arxiv.org/abs/2402.07927v2

Shi, Z., & Lipani, A. (2024). *DePT: Decomposed prompt tuning for parameter-efficient fine-tuning*. https://arxiv.org/abs/2309.05173v5

Singh, A., Ehtesham, A., Kumar, S., & Khoei, T. T. (2024). Enhancing AI systems with agentic workflows patterns in Large Language Model. In *In 2024 IEEE World AI IoT Congress (AIIoT)* (S. 527–532). IEEE. https://doi.org/10.1109/AIIoT61789.2024.10578990

Steinmann, N., & Piazza, D. (2024). KI-basierte Textkreation im Content Marketing: Design und Evaluation eines effektiven Prompts. *HMD Praxis der Wirtschaftsinformatik, 61*(2), 402–417. https://doi.org/10.1365/s40702-024-01058-3

Wang, X., Wei, J., Schuurmans, D., Le, Q., Chi, E., Narang, S., Chowdhery, A., & Zhou, D. (2023). Self-consistency improves chain of thought reasoning in Language Models. In *International conference on Learning Representations (ICLR)*. Vorab-Onlinepublikation. https://doi.org/10.48550/arXiv.2203.11171

Wei, J., Wang, X., Schuurmans, D., Bosma, M., Ichter, B., Xia, F., Chi, E., Le, Q., & Zhou, D. (2023). Chain-of-Thought prompting elicits reasoning in Large Language Models. In *36th Conference on neural information processing systems (NeurIPS 2022)*.

Xu, R., & Peng, J. (2025). *A comprehensive survey of deep research: Systems, methodologies, and applications.*. https://arxiv.org/abs/2506.12594v1

Yao, S., Yu, D., Zhao, J., Shafran, I., Griffiths, T. L., Cao, Y., & Narasimhan, K. (2023). *Tree of thoughts: Deliberate problem solving with large language models*. https://arxiv.org/abs/2305.10601v2

Yu, W., Zhang, H., Pan, X., Ma, K., Wang, H., & Yu, D. (2024). Chain-of-Note: Enhancing robustness in retrieval-augmented Language Models. In *Proceedings of the 2024 conference on empirical methods in natural language processing*.

Zheng, H. S., Mishra, S., Chen, X., Cheng, H.-T., Chi, E. H., Le, V. Q., & Zhou, D. (2024). *Take a step back: Evoking reasoning via abstraction in large language models*. https://arxiv.org/abs/2310.06117v2

Zuckarelli, J. L. (2025). *Programmieren mit ChatGPT*. Springer Berlin Heidelberg. https://doi.org/10.1007/978-3-662-69433-6

Dokumentation: Wissenschaftliche Integrität bewahren

4

> **Zusammenfassung**
>
> Das Kapitel behandelt die Anforderungen und Formen der Dokumentation beim Einsatz von Künstlicher Intelligenz (KI) in der Wissenschaft. Es beschreibt zunächst die Grundsätze des verantwortungsvollen KI-Einsatzes – Transparenz und Kennzeichnung, Verantwortung und sachkundige Steuerung sowie ethische, faire und legale Nutzung – und ordnet diese in den Kontext wissenschaftlicher Integrität ein. Anschließend werden aktuelle Regelungen führender Wissenschaftsverlage dargestellt, insbesondere die klare Trennung zwischen unterstützender und generativer KI, Anforderungen an Offenlegung sowie der Umgang mit Biases bei KI-generierten Inhalten. Das Kapitel erläutert verschiedene Dokumentationsformen, die von holistischer und werkzeugorientierter über arbeitsphasenorientierte bis hin zu reflexionsorientierter Dokumentation und AI Cards reichen. Jede Dokumentationsform wird hinsichtlich Ziel, Anwendung und Praxisbeispielen eingeordnet. Die Intention dieses Kapitels ist, Grundsätze und praxisnahe Formen der Dokumentation von KI-Nutzung darzustellen, um wissenschaftliche Integrität in der Forschung zu sichern.

„Technologie ist ein nützlicher Diener, aber ein gefährlicher Meister."
– Christian Lange (1921, Abschn. IV)

4.1 Grundsätze des KI-Einsatzes

Der verantwortungsvolle Einsatz von KI in wissenschaftlichen Arbeiten wird intensiv diskutiert und ist Gegenstand zahlreicher Leitlinien. So hat die Deutsche Forschungsgemeinschaft (DFG) 2023 eine Stellungnahme zur KI veröffentlicht. Parallel dazu entwickelt die Europäische Kommission im Rahmen der European

Research Area Platform (2025) dynamische Richtlinien. Auch das deutsche Ombudsgremium für wissenschaftliche Integrität hat zentrale Aspekte im Umgang mit KI adressiert (Frisch, 2024; Frisch et al., 2023). Ergänzt werden diese Ansätze durch Empfehlungen von Facharbeitsgruppen sowie durch einschlägige wissenschaftliche Publikationen.

Im Folgenden werden die wichtigsten Prinzipien vorgestellt, die einen strukturierten, verantwortungsvollen Umgang mit KI in der Wissenschaft ermöglichen.

4.1.1 Wissenschaftliche Integrität

Um KI verantwortungsvoll in der Wissenschaft einsetzen zu können, muss zunächst klar sein, was wissenschaftliche Integrität überhaupt bedeutet. Eine wichtige Orientierung bietet der European Code of Conduct for Research Integrity, den ALLEA (All European Academies, der Zusammenschluss der europäischen Akademien der Wissenschaften) im Jahr 2017 veröffentlicht hat. Darin werden vier Grundprinzipien für wissenschaftliche Integrität formuliert (ALLEA, 2017), wie in Abb. 4.1 dargestellt.

Diese vier Grundprinzipien bilden die Basis guter wissenschaftlicher Praxis und gelten unabhängig davon, ob KI im Forschungsprozess eingesetzt wird oder nicht. Verlässlichkeit bedeutet hier, dass Forschung sorgfältig, methodisch sauber und nachvollziehbar durchgeführt werden muss. Ehrlichkeit verpflichtet Autor:innen dazu, alle Beiträge im Forschungsprozess offen und transparent darzustellen, d. h. Quellen, Unterstützung und Arbeitsprozesse müssen fair und vollständig dokumentiert werden. Respekt richtet sich auf den verantwortungsvollen Umgang mit Mitwirkenden, Kolleginnen und Kollegen, der Gesellschaft sowie der kulturellen und

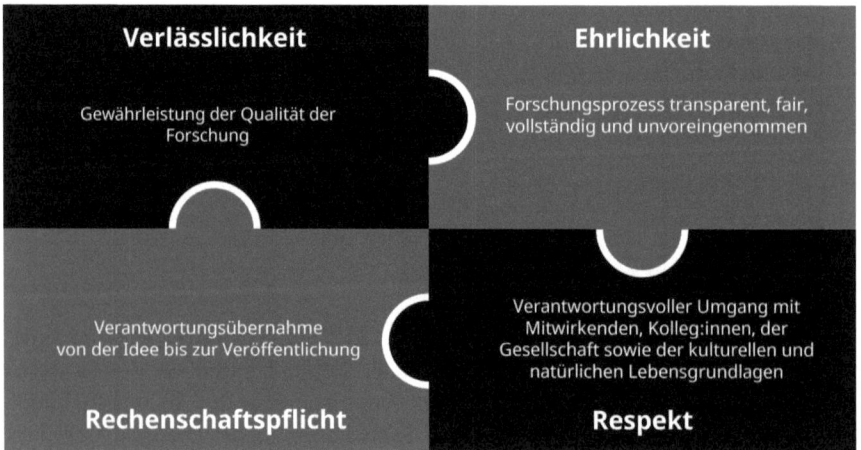

Abb. 4.1 Grundprinzipien des Europäischen Verhaltenskodex für wissenschaftliche Integrität. (ALLEA, 2017)

natürlichen Lebensgrundlagen. Schließlich fordert das Prinzip der Rechenschaftspflicht, dass Forschende Verantwortung für alle Phasen ihrer Arbeit übernehmen – von der Idee über die Durchführung bis zur Veröffentlichung.

Aus diesen allgemeingültigen Grundprinzipien leiten sich die im Folgenden vorgestellten Grundsätze des Einsatzes von KI ab.

4.1.2 Grundsatz 1: Transparenz und Kennzeichnung

Ein Grundpfeiler eines verantwortungsvollen Umgangs mit KI in der Wissenschaft ist die Transparenz und Kennzeichnung, denn grundsätzlich ist der Einsatz von KI offenzulegen. Das betrifft insbesondere Texte, Ergebnisse oder sonstige Inhalte, die mithilfe von KI erzeugt wurden. Für außenstehende Dritte muss nachvollziehbar sein, welches KI-Werkzeug in welcher Weise zu welchem Zweck eingesetzt wurde (DFG, 2023).

Wie Frisch et al. (2023) betonen, leiten sich diese Anforderungen unmittelbar aus den Leitlinien zur Sicherung guter wissenschaftlicher Praxis der Deutschen Forschungsgemeinschaft (DFG, 2024) ab. So betont Leitlinie 1 des Kodex' die Verpflichtung zu „strikter Ehrlichkeit im Hinblick auf die eigenen und die Beiträge Dritter" – eine Forderung, die bei KI-generierten Inhalten besondere Relevanz gewinnt. Leitlinie 7 schreibt im Rahmen der Qualitätssicherung die transparente Angabe aller im Forschungsprozess verwendeten Materialien, einschließlich Software, vor. Ergänzend verlangt die Leitlinie 12 die umfassende Dokumentation aller relevanten Informationen, um wissenschaftliche Ergebnisse nachvollziehbar und replizierbar zu machen.

Dabei geht es bei der Kennzeichnung nicht nur darum, die bloße Nutzung von KI zu deklarieren. Entscheidend ist die Frage, inwiefern die KI das Ergebnis maßgeblich beeinflusst hat (Blau et al., 2024). Nur wenn der Beitrag der KI inhaltlich relevant ist, etwa bei der Generierung oder Strukturierung wissenschaftlicher Argumente, besteht eine Kennzeichnungspflicht. Grundlegende unterstützende Funktionen wie Rechtschreib- oder Grammatikprüfung fallen nicht unter diese Anforderungen (European Research Area Platform, 2025), da sie das wissenschaftliche Ergebnis inhaltlich nicht prägen.

Transparenz in der Dokumentation ist somit mehr als eine technische Fußnote: Sie ist eine Ausdrucksform wissenschaftlicher Rechenschaftspflicht.

4.1.3 Grundsatz 2: Verantwortung und sachkundige Steuerung

Ebenso Ausdruck wissenschaftlicher Rechenschaftspflicht ist die Übernahme der finalen Verantwortung für das Ergebnis. Auch wenn einzelne Bestandteile mithilfe von KI-Werkzeugen erstellt oder unterstützt wurden, verbleibt die Verantwortung für die Korrektheit und Integrität der Inhalte uneingeschränkt bei der jeweiligen Autorin oder dem jeweiligen Autor (European Research Area Platform, 2025).

Daraus folgt, dass alle durch KI erzeugten Inhalte kritisch geprüft werden müssen: auf faktische Richtigkeit, argumentative Genauigkeit und nachvollziehbare Schlussfolgerungen (Blau et al., 2024). Dies schließt insbesondere die sorgfältige Kontrolle von Zitaten und Paraphrasen ein, da KI-Systeme zwar plausibel klingende Quellenangaben erzeugen können, diese jedoch nicht immer korrekt sind. Die zugrunde liegende Literatur muss daher stets eigenständig recherchiert und überprüft werden (Frisch et al., 2023). Darüber hinaus ist zu berücksichtigen, dass KI-generierte Inhalte Verzerrungen – sogenannte Biases – enthalten können (siehe Abschn. 4.2.5), zur Erzeugung von Halluzinationen oder sachlichen Ungenauigkeiten neigen und veraltete Informationen wiedergeben können (Oertner, 2024). Diese Risiken erfordern eine bewusste, reflektierte und überprüfbare Auseinandersetzung mit allen KI-gestützten Arbeitsschritten.

Dieser Verantwortung kann man jedoch nur dann gerecht werden, wenn man versteht, wie KI-Systeme funktionieren. Forschende – ebenso wie Studierende – müssen auch über das technische Verständnis der zugrunde liegenden Prozesse verfügen, um Ergebnisse kritisch bewerten, einordnen und methodisch hinterfragen zu können. Ein bloßes Übernehmen von KI-generierten Inhalten ohne fundiertes Verständnis widerspricht den Grundsätzen wissenschaftlicher Redlichkeit. Deshalb reicht es nicht aus, Aufgaben einfach an die KI zu delegieren. Vielmehr müssen die Systeme gezielt, sachgerecht und mit dem nötigen Fachwissen gesteuert werden (Frisch et al., 2023). Gerade weil sich der Bereich der Künstlichen Intelligenz so rasant entwickelt, ist es wichtig, sich kontinuierlich mit der Technologie auseinanderzusetzen. Wer KI in der wissenschaftlichen Arbeit nutzt, sollte nicht nur die grundlegende Funktionsweise verstehen, sondern auch bereit sein, sich regelmäßig weiterzubilden – etwa über neue Tools, Einsatzmöglichkeiten und mögliche Risiken. Nur so lässt sich sicherstellen, dass die mit KI erarbeiteten Ergebnisse den Anforderungen an wissenschaftliche Qualität und Integrität wirklich gerecht werden (European Research Area Platform, 2025).

4.1.4 Grundsatz 3: Ethische, faire und legale Nutzung

Das Ziel von Forschung ist, Wissen zu schaffen, das der Gesellschaft zugutekommt. Der Einsatz von KI kann dieses Ziel erheblich fördern, sei es durch Effizienzsteigerung, neue methodische Möglichkeiten oder innovative Erkenntnisgewinne. Gleichzeitig birgt die Technologie jedoch auch gesellschaftliche Risiken, etwa durch die Reproduktion von Verzerrungen (Biases) oder durch mangelnde Transparenz in der Entstehung wissenschaftlicher Inhalte. Solche Risiken lassen sich nicht ignorieren, sondern müssen aktiv adressiert werden, um den Anspruch verantwortungsvoller Wissenschaft zu wahren. Vor diesem Hintergrund wird empfohlen, ethische Richtlinien für den Umgang mit KI zu etablieren, die als Orientierungsrahmen bei moralisch relevanten Fragestellungen dienen (Blau et al., 2024).

Grundsätzlich muss der Einsatz von KI-Systemen in der Wissenschaft mit vier zentralen ethischen Grundsätzen vereinbar sein (HEG-KI, 2019):

1. Achtung der menschlichen Autonomie
2. Schadensverhütung
3. Fairness
4. Erklärbarkeit

An erster Stelle soll die menschliche Autonomie gewahrt bleiben, d. h., Menschen müssen bei der Interaktion mit KI ihre Selbstbestimmung ausüben können und vor Manipulation oder Bevormundung geschützt sein. Bezüglich der Schadensverhütung dürfen KI-Systeme keine physischen oder psychischen Schäden verursachen, müssen sicher und robust gestaltet sowie schutzbedürftige Gruppen berücksichtigen und vor Missbrauch schützen. Zudem ist Fairness ein entscheidender Grundsatz, also die gerechte Verteilung von Chancen und Risiken, der Schutz vor Diskriminierung sowie Transparenz und Erklärbarkeit der KI-Entscheidungen. Dies bedeutet, dass Nutzer:innen Entscheidungen nachvollziehen und gegebenfalls anfechten können, wobei der Grad der notwendigen Erklärbarkeit vom jeweiligen Anwendungskontext abhängt (HEG-KI, 2019).

Neben einem ethisch verantwortungsvollen Umgang müssen beim Einsatz von KI in der Wissenschaft auch rechtliche und regulatorische Vorgaben beachtet werden. Besonders relevant sind hierbei der Datenschutz und der Schutz geistigen Eigentums. So dürfen personenbezogene Daten nicht ohne ausdrückliche Zustimmung in KI-Systeme eingegeben werden, insbesondere wenn diese Systeme darauf ausgelegt sind, die Daten weiterzuverarbeiten oder zum Training von Modellen zu verwenden (European Research Area Platform, 2025). Auch urheberrechtliche Fragen spielen eine wichtige Rolle. Sprachmodelle können unter bestimmten Umständen geschützte Texte wiedergeben – etwa durch die Reproduktion ganzer Passagen aus Büchern, Artikeln oder Onlinequellen. Erfolgt dies ohne korrekte Kennzeichnung oder Quellenangabe, stellt es formal ein Plagiat dar (Henderson et al., 2023). Studierende und Forschende müssen daher besonders sorgfältig prüfen, ob KI-generierte Inhalte tatsächlich eigene Leistungen darstellen oder unbeabsichtigt fremdes geistiges Eigentum wiedergeben.

Gleichzeitig verändert sich der rechtliche Rahmen stetig weiter: Mit dem EU AI Act hat die Europäische Union (2024b) einen umfassenden Rechtsrahmen für den Einsatz von KI geschaffen. Artikel 2(6) dieses Gesetzes nimmt die wissenschaftliche Forschung jedoch ausdrücklich von den strikten Regelungen des Gesetzes aus. Laut Erwägungsgrund 25 (Europäische Union, 2024a) soll diese Ausnahme den wissenschaftlichen Fortschritt schützen und die Freiheit der Forschung wahren. Gleichzeitig wird betont, dass Forschungstätigkeiten weiterhin innerhalb anerkannter ethischer und professioneller Standards erfolgen müssen. Das bedeutet, dass, auch wenn Forschung nicht direkt der vollständigen Regulierung des EU AI Act unterliegt, dies Wissenschaftlerinnen und Wissenschaftler sowie Studierende nicht von ihrer Verantwortung entbindet, gesetzliche Vorgaben und ethische Grundsätze einzuhalten.

4.1.5 Zusammenfassung Grundsätze

Die zuvor entwickelten Grundsätze markieren die zentralen Leitlinien für einen verantwortungsvollen Einsatz von KI in der Wissenschaft. Sie zeigen auf, welche Anforderungen Transparenz, Verantwortungsübernahme sowie ethische und rechtliche Rahmenbedingungen im wissenschaftlichen Kontext generell erfüllen müssen. Dabei wird deutlich, dass KI zwar als Unterstützung genutzt werden kann, die wissenschaftliche Verantwortung jedoch stets beim Menschen verbleibt. Abb. 4.2 zeigt eine Übersicht der zentralen Aspekte, die den drei Grundsätzen zugrunde liegen.

Die drei Grundsätze stehen nicht isoliert nebeneinander, sondern wirken im Zusammenspiel, um den integren Einsatz von KI in der wissenschaftlichen Praxis zu gewährleisten. Dabei sind die vorgestellten Leitlinien zum KI-Einsatz keine zusätzlichen oder losgelösten Regeln, sondern konkretisieren und übertragen die eingangs erläuterten Prinzipien wissenschaftlicher Integrität auf den Umgang mit neuen technologischen Herausforderungen. Mit anderen Worten: Die Grundsätze zum KI-Einsatz wenden die allgemeinen Standards guter wissenschaftlicher Praxis in einem KI-spezifischen Kontext an und machen so deutlich, worauf es ankommt, wenn KI sinnvoll, verantwortungsvoll und regelkonform im Studium und Forschung genutzt werden soll. Wie genau sich die einzelnen Grundsätze auf die vier Grundprinzipien beziehen, zeigt Tab. 4.1.

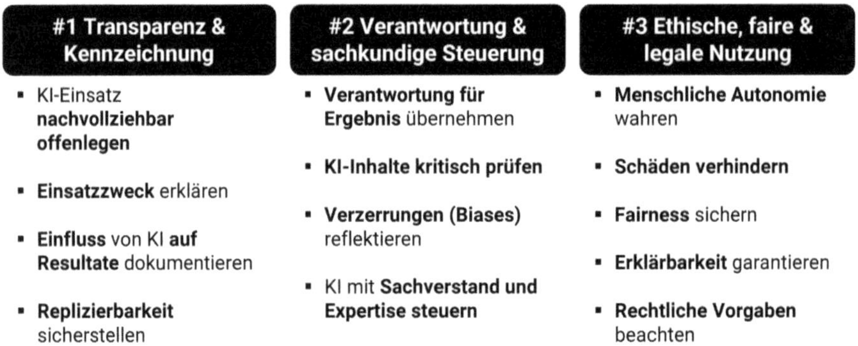

#1 Transparenz & Kennzeichnung	#2 Verantwortung & sachkundige Steuerung	#3 Ethische, faire & legale Nutzung
• KI-Einsatz **nachvollziehbar offenlegen**	• **Verantwortung für Ergebnis** übernehmen	• **Menschliche Autonomie** wahren
• **Einsatzzweck** erklären	• **KI-Inhalte kritisch prüfen**	• **Schäden verhindern**
• **Einfluss** von KI **auf Resultate** dokumentieren	• **Verzerrungen (Biases)** reflektieren	• **Fairness** sichern
• **Replizierbarkeit** sicherstellen	• KI mit **Sachverstand und Expertise steuern**	• **Erklärbarkeit** garantieren
		• **Rechtliche Vorgaben** beachten

Abb. 4.2 Überblick über die drei Grundsätze der KI-Nutzung

4.1 Grundsätze des KI-Einsatzes

Tab. 4.1 Grundsätze für KI-Einsatz und Grundprinzipien wissenschaftlicher Integrität

Grundprinzip/Grundsatz	Verlässlichkeit	Ehrlichkeit	Respekt	Rechenschaftspflicht
1. Transparenz & Kennzeichnung	Ermöglicht Überprüfbarkeit und Reproduzierbarkeit	Ehrliche Offenlegung des KI-Anteils verhindert bewusste und unbewusste Täuschung	Wertschätzung durch Transparenz und Offenheit gegenüber allen Beteiligten	Macht Prozess und Ergebnis nachvollziehbar, schafft Grundlage für Rechenschaft
2. Verantwortung & sachkundige Steuerung	Sichert Qualität und Korrektheit durch kritische Prüfung und bewusste Steuerung von KI-Ergebnissen	Wahrhaftigkeit bei der Darstellung und eigenständigen Prüfung aller Inhalte, minimiert Risiken unbeabsichtigter Täuschung	Sorgfalt gegenüber Mitwirkenden und Lesenden, Anerkennung von Grenzen der KI	Volle Endverantwortung bleibt beim Menschen, bewusste Steuerung und Kontrolle des Gesamtprozesses
3. Ethische, faire & legale Nutzung	Fördert Verlässlichkeit durch konsequente Einhaltung ethischer und rechtlicher Standards	Redlichkeit in der Anwendung, Ergebnisse dadurch fair und unvoreingenommen	Sichert respektvollen Umgang durch Vermeidung von Diskriminierung und Verletzung von Rechten	Verantwortlicher Umgang mit Risiken und Folgen im Lichte rechtlicher und ethischer Maßstäbe

4.2 Aktuelle Regelungen bei Verlagen in der Forschung

Die Prinzipien guter wissenschaftlicher Praxis einzuhalten, ist sowohl in der Forschung als auch im Studium unverzichtbar. Die Maßstäbe, die in der professionellen Forschung gelten, müssen daher auch im studentischen Arbeiten verbindlich sein. Dies betrifft auch den Umgang mit neuen Technologien wie KI in Form von Sprachmodellen.

4.2.1 Überblick

In der Forschung werden wissenschaftliche Erkenntnisse vorwiegend in Fachzeitschriften und bei wissenschaftlichen Konferenzen publiziert. Die hierfür verantwortlichen Wissenschaftsverlage haben sich in den vergangenen Jahren vermehrt zur Rolle von KI-Anwendungen geäußert. Eine Übersicht über die Regelungen der fünf größten wissenschaftlichen Verlage (Elsevier, Wiley, Springer, Taylor & Francis und SAGE), in denen über die Hälfte (in den Sozialwissenschaften sogar 70 %) der wissenschaftlichen Publikationen erscheinen (Larivière et al., 2015), ist in Tab. 4.2 dargestellt. In den Richtlinien existieren teilweise Unterschiede zwischen unterstützender und generativer KI. Als unterstützende KI werden Anwendungen verstanden, die bestehende, von Menschen erstellte Inhalte optimieren. Dazu zählen etwa KI-gestützte Rechtschreib- und Grammatikprüfungen, Stilverbesserungen oder Tools zur Vereinfachung der Sprache. Demgegenüber steht die generative oder schöpferische KI wie LLMs, die in der Lage sind, eigenständig neue Inhalte zu generieren. Dazu zählen nicht nur originäre Texte, sondern auch Übersetzungen, Zusammenfassungen oder die Erzeugung von Bildern und Tabellen (Elsevier, 2025; SAGE, 2025).

4.2.2 KI-Autorenschaft

Trotz der derzeit uneinheitlichen Regelungen im Umgang mit KI-generierten Inhalten herrscht unter den großen wissenschaftlichen Verlagen in einem zentralen Punkt Konsens: Künstliche Intelligenz – einschließlich generativer Sprachmodelle wie ChatGPT – kann keine wissenschaftliche Autorenschaft übernehmen. Diese einhellige Position wurde insbesondere nach dem rasanten Aufstieg generativer KI im Jahr 2022 notwendig, da einige Autorinnen und Autoren versuchten, KI-Systeme als Mitverfasse in wissenschaftlichen Publikationen auszuweisen.

Ein solcher Schritt widerspricht jedoch den grundlegenden Prinzipien wissenschaftlicher Autorenschaft. Autor oder Autorin kann nur sein, wer einen originellen, nachvollziehbaren Beitrag leistet, wer seine oder ihre Zustimmung zur finalen Fassung gibt und wer die Verantwortung für das Ergebnis übernimmt (Leitlinie 14, DFG, 2024). KI kann weder Zustimmung zur Veröffentlichung äußern noch Verantwortung für die Ergebnisse übernehmen, sodass KI ausschließlich als Werkzeug und nicht als Autor oder Autorin zu betrachten ist.

4.2 Aktuelle Regelungen bei Verlagen in der Forschung

Tab. 4.2 Überblick über KI-Regelungen der fünf großen Wissenschaftsverlage

	Elsevier (2025)	Springer (2025)	Wiley (2025)	Taylor & Francis (2025)	SAGE (2025)
KI als Autorin	Nicht erlaubt	Nicht erlaubt	Nicht erlaubt	Nicht erlaubt	Nicht erlaubt
KI als Schreibhilfe	Nur unterstützend, keine originären Texte	Unter menschlicher Kontrolle generell erlaubt	Unter menschlicher Kontrolle generell erlaubt	Unter menschlicher Kontrolle generell erlaubt	Unter menschlicher Kontrolle generell erlaubt
KI-erzeugte Bilder	In der Regel nicht erlaubt	In der Regel nicht erlaubt	Konzeptdiagramme erlaubt, sachliche Abbildungen nicht	Generell nicht erlaubt	In der Regel nicht erlaubt
Prüfung auf Verzerrung	Warnung vor möglichen Biases	Warnung vor möglichen Biases	Prüfauftrag für Biases	Warnung vor möglichen Biases	Prüfauftrag für Biases
Offenlegung & Transparenz	Grundsätzliche Offenlegungspflicht	Offenlegung bei Einsatz über Assistenz hinaus	Offenlegung bei Einsatz über Assistenz hinaus	Grundsätzliche Offenlegungspflicht	Offenlegung bei Einsatz über Assistenz hinaus
Verantwortung	Ausschließlich der Mensch	Ausschließlich der Mensch	Ausschließlich der Mensch	Ausschließlich der Mensch	Ausschließlich der Mensch

4.2.3 Texterstellung

Ob KI im wissenschaftlichen Kontext zur Texterstellung eingesetzt werden darf, hängt maßgeblich von der Unterscheidung zwischen unterstützender und schöpferischer Nutzung ab. Alle großen Wissenschaftsverlage erlauben den Einsatz unterstützender KI – etwa zur sprachlichen Überarbeitung, stilistischen Verfeinerung oder Verbesserung der Lesbarkeit auf Grundlage eines menschlich verfassten Textes. Die inhaltliche Verantwortung verbleibt dabei eindeutig bei den Autorinnen und Autoren.

Unter der Voraussetzung, dass der Mensch den Schreibprozess kontrolliert, die Inhalte prüft und die wissenschaftliche Verantwortung in vollem Umfang übernimmt, ist bei vielen Verlagen auch eine weitergehende Nutzung generativer KI zulässig – also der Einsatz von KI zur Erstellung originärer Textpassagen. Gleichwohl wird eine solche Nutzung nicht uneingeschränkt empfohlen, da sie erhöhte Anforderungen an die Transparenz, Überprüfbarkeit und Dokumentation stellt. Unabhängig vom Grad des KI-Einsatzes gilt: Die Verantwortung für die inhaltliche Korrektheit, die kontextuelle Einordnung sowie die Einhaltung der wissenschaftlichen Integrität bleibt in jedem Fall beim Menschen.

4.2.4 Bilderstellung

Grundsätzlich verbieten viele der großen Verlage die Verwendung von Bildern, die vollständig durch KI erstellt oder substanziell verändert wurden. Dies betrifft insbesondere generative Bildmodelle, die auf Trainingsdaten zurückgreifen, für deren Rechteübertragung bislang keine abschließende Klärung erfolgt ist. Ein häufig angeführter Grund für diese restriktive Haltung sind nämlich urheberrechtliche Bedenken: Da viele KI-Modelle auf urheberrechtlich geschütztem Bildmaterial trainiert wurden, besteht die Sorge, dass daraus erstellte Werke Rechtsverletzungen darstellen oder zu künftigen Kompensationsforderungen führen könnten (Elsevier, 2025; Springer, 2025). Die rechtlichen Fragen, ob Urheberinnen und Urheber für die Verwendung ihrer Werke im Rahmen des KI-Trainings entschädigt werden müssen und wem die Rechte an den daraus generierten Inhalten letztlich zustehen, sind bislang nicht abschließend geklärt (Chesterman, 2025). Zusätzlich fordern zahlreiche Verlage von ihren Autorinnen und Autoren, die Nutzungsbedingungen der jeweils eingesetzten KI-Plattformen sorgfältig zu prüfen und dabei auf die Übertragung von Nutzungsrechten zu achten.

Gleichzeitig existieren definierte Ausnahmen: Vor allem dann, wenn KI-generierte Bilder selbst Gegenstand der wissenschaftlichen Untersuchung sind – etwa bei Studien, die die menschliche Wahrnehmung künstlich erzeugter Bildwelten analysieren –, ist deren Verwendung explizit erlaubt. Auch technische Anpassungen im Sinne einer rein visuellen Optimierung, wie Helligkeits- oder Kontrastkorrekturen, gelten beispielsweise bei Elsevier als zulässig, sofern der wissenschaftliche Gehalt der Abbildung unverändert bleibt.

Ein Blick auf konkrete Verlagspolitiken verdeutlicht jedoch auch die gegenwärtige Uneinheitlichkeit. So gestattet der Verlag SAGE die Verwendung solcher Bilder grundsätzlich, knüpft dies jedoch an bestimmte Bedingungen, hauptsächlich an Transparenz- und Offenlegungspflichten. Auch der Verlag Wiley zeigt sich offen gegenüber dem Einsatz von KI-generierten Bildern, sofern sie zur Illustration abstrakter oder konzeptioneller Inhalte – etwa Flussdiagrammen, Modellskizzen oder strukturellen Übersichten – dienen und ihre Richtigkeit im wissenschaftlichen Kontext überprüfbar bleibt. Im Gegensatz dazu untersagt Taylor & Francis die Nutzung KI-generierter Bildinhalte generell, d. h. unabhängig vom Verwendungszweck.

4.2.5 Verzerrungen (Biases)

Da Sprachmodelle auf großen Mengen an Textdaten trainiert werden, die ihrerseits gesellschaftliche Stereotype, Vorurteile oder strukturelle Verzerrungen enthalten können, besteht die Gefahr, dass KI-generierte Inhalte diese sogenannten Biases reproduzieren. Dies kann dazu führen, dass diskriminierende Muster – etwa rassistische oder sexistische Stereotype – unkritisch verstärkt werden oder bestimmte Gruppen in wissenschaftlichen Darstellungen systematisch unterrepräsentiert bleiben.

Vor diesem Hintergrund enthalten die Autorenrichtlinien aller großen Wissenschaftsverlage inzwischen klare Hinweise zum Umgang mit möglichen Verzerrungen in KI-generierten Texten. Diese reichen von Warnungen vor potenziellen Biases bis zu konkreten Prüfpflichten. Im Falle von Wiley und SAGE schreiben die Verlage explizit vor, dass Autorinnen und Autoren nicht nur die faktische Richtigkeit, sondern auch die inhaltliche Ausgewogenheit, Repräsentativität und gesellschaftliche Angemessenheit der von KI erzeugten Inhalte kritisch überprüfen müssen.

4.2.6 Offenlegung & Transparenz

In Hinblick auf die Dokumentation des KI-Einsatzes haben die Verlage grundsätzlich klare Anforderungen formuliert und es wird eine explizite Offenlegung des Einsatzes generativer KI verlangt. Dabei wird häufig zwischen schöpferischer und unterstützender KI differenziert. Letztere – etwa Korrekturvorschläge oder Grammatikchecks – erfordern etwa bei Springer, Wiley oder SAGE keine gesonderte Dokumentation. Die Hinweise zur Offenlegung werden üblicherweise direkt im wissenschaftlichen Text integriert, zum Beispiel im Methodikabschnitt, oder in einem eigenen Absatz zur KI-Nutzung, der dem Haupttext vorangestellt oder angefügt wird.

Besonders weitreichende Anforderungen stellt der Verlag Wiley. Neben einem Hinweis im veröffentlichten Text müssen Autorinnen und Autoren bereits bei der Einreichung des Manuskripts eine detaillierte Aufschlüsselung vornehmen. Konkret soll angegeben werden, welche Passagen durch KI unterstützt wurden, welche KI-Werkzeuge und Versionen dabei verwendet wurden, zu welchem Zweck sie eingesetzt wurden, wie die Ergebnisse überprüft wurden und ob die KI Einfluss auf die argumentative Struktur oder die Schlussfolgerungen des Textes hatte. Diese Angaben werden anschließend redaktionell bewertet.

Zusammenfassend lässt sich aus den Hinweisen der Verlage schließen, dass die transparente Offenlegung des KI-Einsatzes ein zentraler Ausdruck wissenschaftlicher Integrität ist. Sie schafft die notwendige Grundlage für Nachvollziehbarkeit und überprüfbare Qualitätssicherung und stärkt damit die Vertrauenswürdigkeit wissenschaftlicher Arbeiten. Zugleich fördert sie die Anschlussfähigkeit an den wissenschaftlichen Diskurs, indem sie offenlegt, in welchem Umfang technologische Werkzeuge zur Erkenntnisgewinnung beigetragen haben. In einer zunehmend durch KI geprägten Forschungslandschaft wird diese Transparenz zur Voraussetzung für eine verantwortungsvolle und glaubwürdige Wissenschaft.

4.2.7 Verantwortung

Die Regelungen zur Verantwortlichkeit von Autorinnen und Autoren bilden zugleich eine prägnante Zusammenfassung der aktuellen Verlagsrichtlinien: Alle großen Wissenschaftsverlage verstehen Künstliche Intelligenz als reines Werkzeug – nicht als autonomer Urheber oder Mitautor wissenschaftlicher Inhalte. Die vollständige Verantwortung für alle Inhalte, unabhängig davon, ob sie durch menschliche Hand oder mittels KI erzeugt wurden, verbleibt uneingeschränkt bei den Autorinnen und Autoren. Es genügt dabei nicht, dass Aussagen formal korrekt erscheinen, sondern sie müssen auch wissenschaftlich begründet, schlüssig und im Kontext angemessen sein.

Darüber hinaus sind auch die spezifischen Risiken, die mit dem Einsatz generativer KI verbunden sind, aktiv zu berücksichtigen. Dazu zählen insbesondere sogenannte Halluzinationen sowie strukturelle Verzerrungen (Biases). Letztere zeigen auch, dass der Einsatz von KI im wissenschaftlichen Kontext nicht von der ethischen Verantwortung entbindet. Im Gegenteil: Je leistungsfähiger die Systeme, desto größer die Notwendigkeit, ihre Ergebnisse im Lichte wissenschaftlicher und gesellschaftlicher Standards zu hinterfragen, zu kontextualisieren und gegebenenfalls zu korrigieren.

Nur durch einen verantwortungsvollen und transparenten Umgang mit KI-Werkzeugen lässt sich das Vertrauen in die Wissenschaft bewahren. Integrität, Rechenschaftspflicht und ethische Reflexion bleiben – auch und gerade im Zeitalter der KI – unverzichtbare Voraussetzungen wissenschaftlichen Arbeitens.

4.3 Dokumentationsformen

Für Seminar- und Abschlussarbeiten kommt der Dokumentation des KI-Einsatzes eine besondere Bedeutung zu. Wie genau diese Dokumentation erfolgen soll, hängt – neben den zuvor erläuterten Grundsätzen – auch von den Vorgaben der jeweiligen Prüferin oder des Prüfers ab. Eine Rücksprache ist daher empfehlenswert.

4.3 Dokumentationsformen

In einigen Fällen existieren konkrete Richtlinien seitens der Prüfenden oder der Hochschule, die verbindlich einzuhalten sind. Wo solche Vorgaben fehlen, liegt es in der Verantwortung der Studierenden, den KI-Einsatz nachvollziehbar, ehrlich und angemessen offenzulegen. Dabei kann die Dokumentation unterschiedliche Formen annehmen, je nachdem, welchen Zweck sie erfüllen soll. Die wichtigsten Varianten dieser Dokumentationsformen und ihre jeweiligen Funktionen werden im weiteren Verlauf dieses Abschnitts vorgestellt.

4.3.1 Unterschiedliche Dokumentationsformen mit verschiedenen Zielen

Je nach Zielsetzung und Umfang lassen sich verschiedene Formen der Dokumentation unterscheiden, die jeweils unterschiedliche Schwerpunkte setzen – etwa hinsichtlich des Aufbaus, des Detailgrads oder der Reflexion. In Tab. 4.3 sind die zentralen Dokumentationsformen für den Einsatz von KI in studentischen Arbeiten systematisch dargestellt. Die Übersicht folgt der Einteilung nach Baresel et al. (2024), ergänzt um Wahle et al. (2023), und zeigt, welche Dokumentationsart sich für welchen Zweck eignet und welche Inhalte jeweils im Fokus stehen.

4.3.2 Holistische Dokumentation

Die holistische (ganzheitliche) Dokumentation nach Baresel et al. (2024) zielt darauf ab, den Einsatz von KI im Gesamtzusammenhang der wissenschaftlichen Arbeit darzustellen. Im Gegensatz zu einer bloßen Auflistung verwendeter Werkzeuge oder Funktionen legt diese Form der Dokumentation Wert auf eine zusammenhängende, erzählerische Darstellung: Wie wurde KI eingesetzt? Zu welchem Zweck? In welcher Reihenfolge? Und warum gerade auf diese Weise?

Diese Form der Darstellung orientiert sich an der in der Forschung üblichen Praxis der Methodenbeschreibung und eignet sich besonders dann, wenn KI nicht nur punktuell, sondern über mehrere Phasen der Arbeit hinweg eingesetzt wird. In sowohl studentischen als auch publizierten wissenschaftlichen Arbeiten findet sich die holistische Dokumentation meist im Methodenkapitel oder als kurzer erläuternder Abschnitt vor oder nach dem Haupttext. Sie sollte zudem eine klare Erklärung enthalten, dass die Grundsätze guter wissenschaftlicher Praxis konsequent beachtet werden – etwa in Bezug auf Eigenleistung, Quellenangabe und kritische Reflexion des KI-Einsatzes.

Ein wesentlicher Vorteil der holistischen Dokumentation besteht darin, dass sie keine aufwendige Protokollierung einzelner Prompts oder KI-Ergebnisse erfordert. Stattdessen erlaubt sie eine überblicksartige, aber dennoch aussagekräftige Darstellung des KI-Einsatzes im Gesamtprozess der Arbeit. Dadurch ist sie vergleichsweise einfach und zeiteffizient zu erstellen. Gleichzeitig erfüllt die holistische Dokumentation zentrale Anforderungen an wissenschaftliche Transparenz und Verantwortung. Ein Beispiel für eine holistische Dokumentation findet sich in Tab. 4.4.

Tab. 4.3 Überblick Dokumentationsformen

Dokumentationsform	Beschreibung	Stärken	Schwächen
Holistische Dokumentation	Ganzheitliche, narrative Darstellung des KI-Einsatzes im Verlauf der Arbeit	Zeiteffizient, bietet Überblick über Gesamtprozess, erfüllt Transparenzanforderungen	Geringe Detailtiefe, ebenso Reflexionstiefe begrenzt
Werkzeugorientierte Dokumentation	Listet eingesetzte Software- und KI-Tools mit Zweck und Umfang auf	Klare technische Übersicht, einfach zu erstellen	Fehlender Kontext für Toolwahl, keine kritische Reflexion
Arbeitsphasenorientierte Dokumentation	Dokumentiert KI-Einsatz nach Arbeitsphasen mit Intensitätsgrad	Zeigt Phase und Nutzungsgrad, fördert Reflexion und Nachvollziehbarkeit	Höherer Aufwand, laufende Dokumentation erforderlich
Dokumentation via AI Cards	Standardisiertes Schema mit festen Blöcken für KI-Einsatz im gesamten Forschungsprozess	Sehr strukturiert, konsistente Erfassung aller Phasen, unterstützt Transparenz	Starres Schema, benötigt Online-Generator oder LaTeX-Kenntnisse
Reflexionsorientierte Dokumentation	Erfasst persönliche Lern- und Kompetenzentwicklung im Umgang mit KI	Sehr tiefe Reflexion, fördert kritische Selbstbeobachtung, geeignet bei KI-Literacy-Lernzielen	Sehr zeitintensiv, hoher Aufwand, nur sinnvoll bei expliziten Lernzielen

4.3 Dokumentationsformen

Tab. 4.4 Beispiel für eine holistische Dokumentation

Im Rahmen dieser wissenschaftlichen Arbeit habe ich verschiedene KI-gestützte Software unterstützend eingesetzt. In der Phase der **Themenentwicklung** nutzte ich ChatGPT, um zunächst das Themenfeld einzugrenzen und anschließend die Forschungsfrage zu präzisieren. Durch den iterativen Dialog mit dem Tool entstanden unterschiedliche Fragestellungen, die ich inhaltlich kritisch bewertet und in eigenen Worten formuliert habe.
Zur **Entwicklung relevanter Schlagworte** für die Literatursuche griff ich auf DeepSeek R1 zurück. Die finale Auswahl der Schlagworte erfolgte eigenständig, basierend auf meiner fachlichen Einschätzung.
Für die **Transkription** der geführten Interviews setzte ich Whisper ein. Nach der automatisierten Transkription habe ich sämtliche Texte sorgfältig mit den Originalaufnahmen abgeglichen.
Während des **Schreibprozesses** habe ich Grammarly genutzt, um die sprachliche Korrektheit und stilistische Klarheit meines Textes zu verbessern
Die **Grundsätze guter wissenschaftlicher Praxis** wurden bei allen Schritten eingehalten. Insbesondere habe ich darauf geachtet, sämtliche KI-generierten Inhalte kritisch zu prüfen, zu überarbeiten und nicht ungefiltert zu übernehmen, meine eigene Urteilsfähigkeit und Verantwortungsbewusstsein stets in den Vordergrund zu stellen sowie alle Quellen und verwendeten Tools ordnungsgemäß zu kennzeichnen.

4.3.3 Werkzeugorientierte Dokumentation

Bei der werkzeugorientierten Dokumentation (Baresel et al., 2024) stehen die konkret eingesetzten Software-Werkzeuge und KI-Anwendungen im Mittelpunkt. Ziel dieser Form ist, nachvollziehbar darzulegen, welche spezifischen Programme oder Dienste genutzt wurden, in welchem Umfang sie zum Einsatz kamen und welchem Zweck sie im Arbeitsprozess dienten.

Dabei werden KI-Werkzeuge gemeinsam mit klassischen wissenschaftlichen Softwarelösungen dokumentiert – etwa Statistiksoftware wie SPSS oder R, Programmierumgebungen wie Visual Studio oder spezialisierte wissenschaftliche Programme. Erfasst werden alle Programme, deren Einsatz nicht als selbstverständlich gilt. Standardprogramme wie Microsoft Word oder Literaturverwaltungsprogramme wie Citavi oder Zotero müssen hingegen in der Regel nicht eigens aufgeführt werden, da ihr Einsatz im wissenschaftlichen Schreiben als üblich vorausgesetzt wird.

Ein Nachteil dieser Dokumentationsform liegt in ihrer funktional-technischen Ausrichtung: Sie gibt weder Auskunft über die Überlegungen, die zur Wahl eines bestimmten Werkzeugs geführt haben, noch über den konkreten Einsatzkontext. Auch bleibt offen, ob und inwieweit die erzeugten Ergebnisse kritisch geprüft wurden. Die werkzeugorientierte Dokumentation bietet somit Transparenz über den technischen Einsatz, bleibt aber in Bezug auf die Reflexion und Bewertung des KI-Einsatzes vergleichsweise oberflächlich.

Ein fiktives Beispiel dazu ist in Tab. 4.5 abgebildet.

Tab. 4.5 Beispiel für eine werkzeugorientierte Dokumentation

Tool	Version	Zweck	Genutzte Funktion	Nutzungsbeschreibung/Anwendungsbereich
Adobe ECharts	6.0	Interaktive Datenvisualisierung	Erstellung interaktiver Diagramme und Charts	Visualisierung von Analyseergebnissen aus R
ChatGPT	GPT-4o	Themenentwicklung	Generierung von Themenideen und Forschungsfragen	Chat zur Eingrenzung des Themenfelds und Präzisierung der Forschungsfrage
DeepSeek R1	R1-0528	Schlagwortfindung	Erstellung relevanter Schlagwortlisten	Unterstützung bei der Literaturrecherche durch Vorschläge zu Suchbegriffen
Grammarly	6.15.1	Sprachliche Korrektur und Stil	Grammatik- und Stilprüfung	Verbesserung der sprachlichen Korrektheit und stilistischen Klarheit
R	4.5.0	Datenanalyse und Statistik	Datenaufbereitung, statistische Berechnungen	Auswertung der standardisierten Fragen
Whisper	v3	Transkription von Interviews	Automatische Spracherkennung und Transkription	Transkription der geführten Interviews mit anschließendem Abgleich der Texte mit Originalaufnahmen

4.3.4 Arbeitsphasenorientierte Dokumentation

Die arbeitsphasenorientierte Dokumentation (Baresel et al., 2024) legt den Schwerpunkt auf den zeitlichen und inhaltlichen Einsatz von KI im Verlauf des wissenschaftlichen Arbeitsprozesses. Im Gegensatz zur werkzeugorientierten Dokumentation, bei der die verwendeten Programme im Vordergrund stehen, richtet sich der Fokus hier auf die Verankerung der KI-Nutzung innerhalb der einzelnen Arbeitsphasen. Dafür müssen die Arbeitsphasen der eigenen Arbeit klar benannt werden – etwa Themenfindung, Literaturrecherche, Konzeption, Auswertung oder Schreibphase. Innerhalb dieser Struktur muss jeweils festgehalten werden, ob und wie KI zum Einsatz kam. Wichtig ist dabei, dass die Dokumentation begleitend zum Arbeitsprozess erfolgt. Eine rückblickende Rekonstruktion ist oft unvollständig oder fehleranfällig, insbesondere wenn der KI-Einsatz nicht systematisch festgehalten wurde.

Ein zentrales Element dieser Dokumentationsform ist die Angabe des Verwendungsgrads, also der Intensität des KI-Einsatzes. Aufbauend auf der

4.3 Dokumentationsformen

Formulierungshilfe des Schreibzentrums der Goethe-Universität Frankfurt (2025), die wiederum an das Framework von Rowland (2023) angelehnt ist, unterscheidet man z. B. vier Stufen:

1. **Zur Inspiration**: KI wird genutzt, um erste Ideen für z. B. Themen oder Formulierungen zu erhalten, ohne den eigenen Text zu ersetzen.
2. **Ergänzend**: KI wird verwendet, um gezielt Verständnisfragen zu klären, Gliederungsvorschläge oder Zusammenfassungen zu erhalten.
3. **Unterstützend**: KI wird bei der Entwicklung und Überarbeitung des Textes eingesetzt, beispielsweise durch Vorschläge oder Feedback.
4. **Inhaltsgestaltend**: KI übernimmt wesentliche Aufgaben wie das Generieren von Inhalten, Gliederungen oder Textteilen, die direkt übernommen werden.

Diese Form der Dokumentation dient nicht nur der Transparenz, sondern auch dem Nachweis der eigenständigen wissenschaftlichen Leistung. Sie zeigt auf, in welchen konkreten Schritten KI zum Einsatz kam und wie stark die erzeugten Inhalte das Arbeitsergebnis geprägt haben. Zusätzlich wird ein Raum für Reflexion geschaffen. Studierende setzen sich aktiv damit auseinander, wie und in welchem Umfang sie KI als Unterstützung genutzt haben und entwickeln so ein bewussteres Verständnis für den eigenen Arbeitsprozess. Die arbeitsphasenorientierte Dokumentation fördert damit nicht nur die Nachvollziehbarkeit nach außen, sondern stärkt auch die wissenschaftliche Selbstverantwortung und die Fähigkeit zur kritischen Einordnung technologischer Hilfsmittel.

Tab. 4.6 zeigt ein illustratives Beispiel für eine arbeitsphasenorientierte Dokumentation.

4.3.5 Dokumentation via AI Cards

AI Cards (Wahle et al., 2023) stellen einen konkreten Vorschlag dar, wie der Einsatz von Künstlicher Intelligenz in wissenschaftlichen Arbeiten systematisch und nachvollziehbar dokumentiert werden kann. Sie folgen einer arbeitsphasenorientierten Logik und bieten damit eine strukturierte Möglichkeit, den Einsatz von KI entlang des gesamten Forschungsprozesses transparent darzulegen.

Der Kern der AI Cards ist ein tabellarisch aufgebautes Dokumentationsschema, das sich in zehn Hauptblöcke gliedert. Jeder dieser Blöcke steht für eine zentrale Phase oder Funktion im wissenschaftlichen Arbeiten, in der KI potenziell eingesetzt werden kann:

1. **Projektdetails** (z. B. Angaben zu Verantwortlichen, genutzten KI-Modellen und Versionen)
2. **Ideenfindung** (z. B. KI zur Entwicklung oder Erweiterung von Fragestellungen)
3. **Literaturüberblick** (z. B. KI-gestützte Recherche, Kategorisierung oder Zusammenfassung von Fachliteratur)
4. **Methodik** (z. B. Unterstützung bei Auswahl oder Optimierung von Methoden)

Tab. 4.6 Beispiel für eine arbeitsphasenorientierte Dokumentation

Arbeitsschritt	Zur Inspiration	Ergänzend	Unterstützend	Inhaltsgestaltend
Thema finden und konkretisieren	ChatGPT 4o: Chat zur Eingrenzung des Themenfelds und Präzisierung der Forschungsfrage	–	–	–
Aufgabenstellung verstehen	–	–	–	–
Recherchieren	–	DeepSeek R1: Vorschläge relevanter Schlagworte zur Literatursuche	–	–
Literatur/Daten auswerten	–	Whisper: Automatische Transkription der Interviews	–	MAXQDA AI Assist: Vorschläge für erste Codierung
Planen und Strukturieren	–	–	–	–
Schreiben	Claude Sonnet 3.7: Vorschläge treffender Definitionen und Formulierungen	–	Grammarly: Stil- und Grammatikvorschläge	–
Überarbeiten	–	–	Grammarly: Feinschliff von Ausdruck und Stil	–

5. **Experimente** (z. B. Planung und Anpassung von Studiendesigns)
6. **Schreiben** (z. B. Paraphrasierung oder stilistische Überarbeitung)
7. **Präsentation** (z. B. Erstellung oder Verbesserung von Abbildungen)
8. **Programmierung** (z. B. Generierung oder Dokumentation von Quellcode)
9. **Daten** (z. B. Unterstützung bei Aufbereitung, Analyse oder Visualisierung)
10. **Ethik** (z. B. Reflexion möglicher Risiken und Sicherstellung verantwortungsvoller Nutzung)

In den Blöcken der AI Cards wird jeweils der Grad der Nutzung angegeben. Dabei wird unterschieden, ob die KI zur Schaffung neuer Inhalte oder Ergebnisse, zur Überarbeitung bestehender Inhalte oder Ergebnisse oder zum Vergleich unterschiedlicher Inhalte oder Ergebnisse eingesetzt wurde.

Die AI Cards verfolgen dabei drei übergeordnete Ziele:

1. **Transparenz**: Sichtbar machen, wo, wie und zu welchem Zweck KI zum Einsatz kam
2. **Integrität**: Sicherstellen, dass KI-generierte Inhalte wahrheitsgemäß, fair und korrekt sind
3. **Verantwortlichkeit**: Klar benennen, wer für den KI-Einsatz im Projekt rechenschaftspflichtig ist

Die AI Cards lassen sich über ein Online-Formular auf *ai-cards.org* erstellen und anschließend z. B. als PDF oder Bilddatei herunterladen. Alternativ steht auch eine LaTeX-Vorlage zur Verfügung, die sich für formal anspruchsvolle wissenschaftliche Arbeiten eignet.

Ein Nachteil der AI Cards liegt in ihrer festen Struktur: Sie folgen einem vordefinierten Muster, das zwar viele typische Einsatzszenarien abdeckt, aber nicht in allen Fällen ausreichend differenziert oder flexibel ist. Zudem ist ihre Erstellung an bestimmte technische Voraussetzungen geknüpft. Entweder ist man auf den Online-Generator angewiesen oder man benötigt entsprechende Kenntnisse in LaTeX, um die Vorlage manuell auszufüllen. Für technisch weniger versierte Studierende kann dies eine zusätzliche Hürde darstellen.

Trotz dieser Einschränkungen bieten die AI Cards eine systematische und transparente Möglichkeit der KI-Dokumentation. Ein Beispiel für eine ausgefüllte AI Card ist in Abb. 4.3 dargestellt.

4.3.6 Reflexionsorientierte Dokumentation

Die reflexionsorientierte Dokumentation (Baresel et al., 2024) unterscheidet sich deutlich von den zuvor dargestellten Formen, da sie sich nicht primär auf die technische Nachvollziehbarkeit des KI-Einsatzes konzentriert, sondern auf die persönliche Auseinandersetzung mit dem eigenen Kompetenzzuwachs im Umgang mit KI. Im Mittelpunkt steht die Frage, welche Fähigkeiten und Erkenntnisse Studierende im Umgang mit KI-Systemen entwickelt haben – etwa im Hinblick auf kritische Bewertung, sachgerechte Anwendung oder methodisches Verständnis. Ziel ist es, die selbst gesteckten Lernziele im Bereich KI-Literacy zu reflektieren und transparent zu machen. Diese Form der Dokumentation eignet sich daher insbesondere für Lehrveranstaltungen oder Prüfungsformate, in denen der Erwerb von KI-Kompetenzen ausdrücklich Teil der Lernziele ist.

Konkret lässt sich eine reflexionsorientierte Dokumentation zum Beispiel über eine Erkenntnismatrix umsetzen: Anhand definierter Reflexionsfragen oder Kompetenzraster kann der individuelle Fortschritt im Umgang mit KI strukturiert erfasst werden. Eine weitere Möglichkeit ist das Reflexionstagebuch, in dem Studierende während der Bearbeitung regelmäßig z. B. ihre Erfahrungen, Entscheidungen und Unsicherheiten dokumentieren. Diese fortlaufenden Einträge dienen dann als Grundlage für eine abschließende Reflexion über den eigenen Lernprozess.

Der Vorteil dieser Dokumentationsform liegt in der inhaltlichen Tiefe: Sie fördert nicht nur technisches Verständnis, sondern stärkt auch die Fähigkeit zur kritischen Selbstbeobachtung – eine zentrale Kompetenz im reflektierten Umgang mit KI. Gleichzeitig macht sie deutlich, dass der Einsatz von KI nicht nur ein methodisches Hilfsmittel, sondern ein Lernfeld ist, das bewusste Auseinandersetzung und Zielorientierung erfordert. Voraussetzung für diese Form ist allerdings, dass KI-Kompetenzen ausdrücklich Teil der Lernziele sind.

4 Dokumentation: Wissenschaftliche Integrität bewahren

AI Usage Card for AI for thesis			
PROJECT DETAILS	PROJECT NAME AI for thesis	DOMAIN Paper	KEY APPLICATION AI
CONTACT(S)	NAME(S) Fabian Lang	EMAIL(S) fabian.lang@hs-hannover.de	AFFILIATION(S) Hannover University of Applied Sciences
MODEL(S)	MODEL NAME(S) ChatGPT	VERSION(S) o3, 4.5, 4o	
IDEATION	GENERATING IDEAS, OUTLINES, AND WORKFLOWS ChatGPT	IMPROVING EXISTING IDEAS ChatGPT	FINDING GAPS OR COMPARE ASPECTS OF IDEAS
LITERATURE REVIEW	FINDING LITERATURE ChatGPT	FINDING EXAMPLES FROM KNOWN LITERATURE OR ADDING LITERATURE FOR EXISTING STATEMENTS ChatGPT	COMPARING LITERATURE
METHODOLOGY	PROPOSING NEW SOLUTIONS TO PROBLEMS	FINDING ITERATIVE OPTIMIZATIONS	COMPARING RELATED SOLUTIONS
EXPERIMENTS	DESIGNING NEW EXPERIMENTS	EDITING EXISTING EXPERIMENTS	FINDING, COMPARING, AND AGGREGATING RESULTS
WRITING	GENERATING NEW TEXT BASED ON INSTRUCTIONS	ASSISTING IN IMPROVING OWN CONTENT OR PARAPHRASING RELATED WORK ChatGPT	PUTTING OTHER WORKS IN PERSPECTIVE
PRESENTATION	GENERATING NEW ARTIFACTS ChatGPT	IMPROVING THE AESTHETICS OF ARTIFACTS	FINDING RELATIONS BETWEEN OWN OR RELATED ARTIFACTS
CODING	GENERATING NEW CODE BASED ON DESCRIPTIONS OR EXISTING CODE	REFACTORING AND OPTIMIZING EXISTING CODE	COMPARING ASPECTS OF EXISTING CODE
DATA	SUGGESTING NEW SOURCES FOR DATA COLLECTION	CLEANING, NORMALIZING, OR STANDARDIZING DATA	FINDING RELATIONS BETWEEN DATA AND COLLECTION METHODS
ETHICS	WHY DID WE USE AI FOR THIS PROJECT? Expertise Access Efficiency / Speed Consistency	WHAT STEPS ARE WE TAKING TO MITIGATE ERRORS OF AI? Automatic and manual fact checking	WHAT STEPS ARE WE TAKING TO MINIMIZE THE CHANCE OF HARM OR INAPPROPRIATE USE OF AI? Consideration of bias & fairness as well as ethical guidelines & compliance

THE CORRESPONDING AUTHORS VERIFY AND AGREE WITH THE MODIFICATIONS OR GENERATIONS OF THEIR USED AI-GENERATED CONTENT

AI Usage Card v2.0 — https://ai-cards.org — PDF — BibTeX

Abb. 4.3 Beispiel einer AI Card. (Lizenz: CC BY 4.0; Jan Philip Wahle)

4.4 Do's and Don'ts

Do's

1. *Eigenverantwortung*: Für Richtigkeit, Logik und Integrität aller Ergebnisse persönlich einstehen.
2. *Qualitätsprüfung*: KI-Outputs systematisch auf Fakten, Quellen und Kohärenz verifizieren.

3. *Transparenz*: Jede inhaltlich relevante KI-Nutzung offenlegen.
4. *Dokumentationswahl*: Passende Form (holistisch, werkzeug-, phasen- oder AI-Card-basiert) konsistent einsetzen.
5. *Rechtskonformität*: Datenschutz, Urheber- und Persönlichkeitsrechte vor jeder Dateneingabe prüfen.
6. *Fortbildung*: Technologie- und Richtlinienentwicklungen kontinuierlich verfolgen.
7. *Werkzeugstatus*: KI stets als Hilfsmittel behandeln, niemals als Mitautor:in.

Don'ts

1. *Blindübernahme*: Ungeprüfte KI-Passagen direkt in den Text kopieren.
2. *KI-Autorenschaft*: Sprachmodelle oder Bildgeneratoren als Autor:innen aufführen.
3. *Datenmissbrauch*: Personenbezogene oder vertrauliche Daten ohne Einwilligung hochladen.
4. *Halluzinationsimport*: Erfundene Zitate, Quellen oder Fakten der KI übernehmen.
5. *Plagiatsrisiko*: KI-Texte verwenden, ohne Herkunft und Eigenanteil klar zu deklarieren.

Literatur

ALLEA. (2017, 26. Mai). *The European code of conduct for research intregrity*. https://allea.org/code-of-conduct/

Baresel, K., Eube, C., Knorr, D., Lutter, L., Nys, J. de & Röben, M. (2024). *KI-Gebrauch im Studienkontext dokumentieren*. https://doi.org/10.48548/PUBDATA-1476

Blau, W., Cerf, V. G., Enriquez, J., Francisco, J. S., Gasser, U., Gray, M. L., Greaves, M., Grosz, B. J., Jamieson, K. H., Haug, G. H., Hennessy, J. L., Horvitz, E., Kaiser, D. I., London, A. J., Lovell-Badge, R., McNutt, M. K., Minow, M., Mitchell, T. M., Ness, S., et al. (2024). Protecting scientific integrity in an age of generative AI. *Proceedings of the National Academy of Sciences of the United States of America, 121*(22), e2407886121. https://doi.org/10.1073/pnas.2407886121

Chesterman, S. (2025). Good models borrow, great models steal: Intellectual property rights and generative AI. *Policy and Society, 44*(1), 23–37. https://doi.org/10.1093/polsoc/puae006

Deutsche Forschungsgemeinschaft. (2023, 26. Mai). *Statement by the Executive Committee of the Deutsche Forschungsgemeinschaft (DFG, German Research Foundation) on the Influence of Generative Models of Text and Image Creation on Science and the Humanities and on the DFG's Funding Activities*. https://www.dfg.de/230921_statement_executive_committee_ki_ai

Deutsche Forschungsgemeinschaft. (2024). *Leitlinien zur Sicherung guter wissenschaftlicher Praxis: Kodex* (Version 1.2). Deutsche Forschungsgemeinschaft (DFG).

Elsevier. (2025, 26. Mai). *Generative AI policies for journals*. https://www.elsevier.com/about/policies-and-standards/generative-ai-policies-for-journals

Europäische Union. (2024a). *Erwägungsgrund 25 – EU Artificial Intelligence Act.*. https://artificialintelligenceact.eu/de/recital/25/

Europäische Union (2024b). Regulation (EU) 2024/1689 of the European Parliament and of the Council of 13 June 2024 laying down harmonised rules on artificial intelligence and amending certain Union legislative acts (Artificial Intelligence Act). *Amtsblatt der Europäischen Union*(L 2024/1689). https://eur-lex.europa.eu/eli/reg/2024/1689/oj

European Research Area Platform. (2025). *Living guidelines on the responsible use of generative AI in research*. Europäische Kommission.

Frisch, K. (2024). *FAQ Künstliche Intelligenz und gute wissenschaftliche Praxis*. Ombudsgremium für die wissenschaftliche Integrität in Deutschland. https://doi.org/10.5281/zenodo.14045171

Frisch, K., Hagenström, F., & Reeg, N. (2023). Textgenerierende KI und gute wissenschaftliche Praxis. *Zeitschrift für Bibliothekswesen und Bibliographie, 70*(6), 326–336. https://doi.org/10.3196/186429502370667

HEG-KI. (2019). *Ethik-Leitlinien für eine vertrauenswürdige KI*. Europäische Kommission.

Henderson, P., Li, X., Jurafsky, D., Hashimoto, T., Lemley, M. A., & Liang, P. (2023). Foundation models and fair use. *Journal of Machine Learning Research, 24*(400), 1–79. http://jmlr.org/papers/v24/23-0569.html

Larivière, V., Haustein, S., & Mongeon, P. (2015). The oligopoly of academic publishers in the digital era. *PloS one, 10*(6), e0127502. https://doi.org/10.1371/journal.pone.0127502

Oertner, M. (2024). ChatGPT als Recherchetool? *Bibliotheksdienst, 58*(5), 259–297. https://doi.org/10.1515/bd-2024-0042

Rowland, D. R. (2023). Two frameworks to guide discussions around levels of acceptable use of generative AI in student academic research and writing. *Journal of Academic Language & Learning, 17*(1), T31–T69.

SAGE. (2025, 26. Mai). *Artificial intelligence policy*. https://us.sagepub.com/en-us/nam/artificial-intelligence-policy

Schreibzentrum Goethe-Universität Frankfurt am Main. (2025, 26. Mai). *Framework zur Entwicklung von Regeln bei KI-gestützten Schreibprozessen*. https://www.starkerstart.uni-frankfurt.de/149427334.pdf

Springer. (2025, 26. Mai). *Artificial intelligence (AI)*. https://www.springer.com/us/editorial-policies/artificial-intelligence%2D%2Dai-/25428500

Taylor & Francis. (2025, 26. Mai). *AI policy*. https://taylorandfrancis.com/our-policies/ai-policy/

Wahle, J. P., Ruas, T., Mohammad, S. M., Meuschke, N. & Gipp, B. (2023). AI usage cards: Responsibly reporting AI-generated content. In *2023 ACM/IEEE Joint Conference on Digital Libraries (JCDL)*.

Wiley. (2025, 26. Mai). *Using AI tools in your writing: A guide for book authors*. https://www.wiley.com/en-us/publish/book/ai-guidelines

Planung: KI bei der Konzeption 5

> **Zusammenfassung**
>
> Das Kapitel zeigt, wie Künstliche Intelligenz (KI) bei der Planung wissenschaftlicher Arbeiten gezielt unterstützen kann – von der Themenfindung bis zur Erstellung eines Arbeitsplans für das Exposé. Es beschreibt, wie man KI-gestützt Forschungsthemen systematisch entwickeln, präzise Forschungsfragen formulieren und geeignete Methoden auswählen kann. Im Fokus stehen interaktive Prompts, die individuelle Interessen aufdecken, Themen eingrenzen und wissenschaftlich prüfen. Anhand praxisnaher Szenarien – etwa der Rolle einer virtuellen Tutorin oder Forschungsberaterin – wird erläutert, wie KI die Reflexion fördert, Entscheidungsprozesse strukturiert und Studierende bei der methodischen Planung unterstützt. Außerdem werden Risiken wie unkritische Übernahme von KI-Vorschlägen oder der Verlust an Eigenreflexion thematisiert. Ergänzend gibt das Kapitel konkrete Anleitungen zur Entwicklung einer Gliederung, zur Wahl der Betreuungsperson sowie zur Ausarbeitung eines realistischen Zeitplans. Ziel des Kapitels ist es, die Planungsphase wissenschaftlicher Arbeiten durch den gezielten Einsatz von KI systematisch, effizient und reflektiert zu gestalten.

„Wenn wir uns nicht vorbereiten, bereiten wir das Scheitern vor."
– H. K. Williams (1919, S. 81)

5.1 Das Thema als Ausgangspunkt

Ein Thema zu finden, ist ein entscheidender Schritt bei der Erstellung einer wissenschaftlichen Arbeit. Die Themen für Seminararbeiten werden in vielen Fällen zwar vorgegeben, bei Abschlussarbeiten hingegen besteht häufig die Möglichkeit, ein

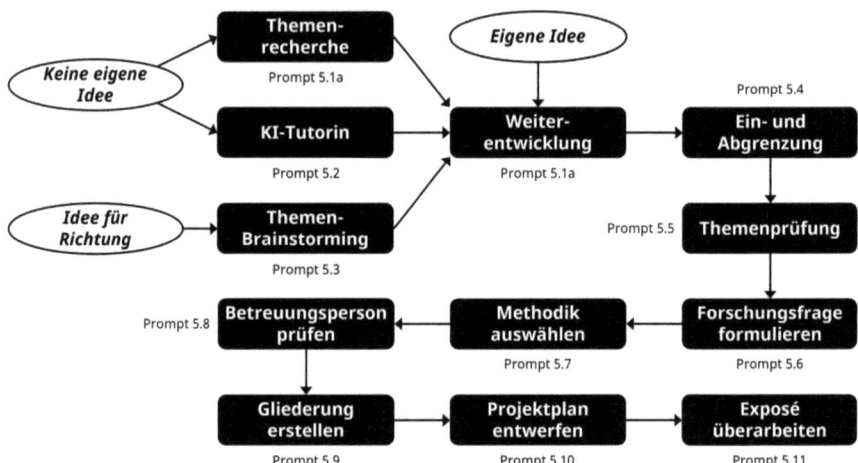

Abb. 5.1 Forschung mit KI konzipieren und planen

eigenes Forschungsthema zu formulieren. Dies eröffnet Studierenden die Chance, sich aktiv mit einem Thema auseinanderzusetzen, das sie persönlich motiviert und zur Verwirklichung ihrer Interessen animiert. Die Wahl des passenden Themas kann somit maßgeblich zum Gelingen der Arbeit beitragen, indem sie die Motivation der Studierenden über den gesamten Arbeitsprozess hinweg sichert. Ein gut gewähltes Thema sorgt dafür, dass das wissenschaftliche Arbeiten nicht nur produktiver, sondern auch inspirierender wird, da die Auseinandersetzung mit einem relevanten und aufschlussreichen Thema die persönliche Begeisterung und das Engagement fördert (Kollmann et al., 2016).

Abb. 5.1 veranschaulicht den Prozess dieses Kapitels. Dort wird gezeigt, wie man ein Forschungsthema entwickelt, eine Forschungsfrage ableiten und eine passende Methodik auswählen kann – sowohl ausgehend von einer als auch ohne eine eigene Idee. Im Anschluss daran beginnt die Suche nach einer Betreuerin oder einem Betreuer. Hierzu ist ein aussagekräftiges Exposé mit einer durchdachten Gliederung und einem überzeugenden Arbeitsplan notwendig. Zu jedem dieser Schritte wird in diesem Kapitel ein hilfreicher Prompt zur Unterstützung des jeweiligen Prozesses vorgestellt.

5.2 Themenfindung und -eingrenzung

Dieses Kapitel bietet eine Einführung in die Kriterien und die Entstehung eines Forschungsthemas. Darüber hinaus gibt es konkrete Empfehlungen, wie KI genutzt werden kann, um Themenideen zu generieren, diese einzugrenzen und auf ihre Tauglichkeit zu prüfen.

5.2.1 Forschungsthema

Würde die Schnellrestaurantkette Subway jede mögliche Sandwich-Kombination in einer Speisekarte auflisten, wäre diese rund 37 Mio. Einträge lang (Tepper, 2012). Diese enorme Zahl ergibt sich daraus, dass ein Sandwich aus vielen einzelnen, frei miteinander kombinierbaren Komponenten wie verschiedenen Brotsorten, Belägen, Gemüse, Saucen oder Toppings besteht.

Ähnlich verhält es sich mit Forschungsthemen: Sie setzen sich aus mehreren Bausteinen zusammen, die in ihrer Kombination ein einzigartiges Untersuchungsfeld ergeben. In der Regel besteht ein Forschungsthema aus einem untersuchten Kernaspekt, einer erklärenden Perspektive sowie einer oder mehreren Eingrenzungen (siehe Beispiele in Abb. 5.2). Erst diese gezielte Kombination sorgt dafür, dass eine wissenschaftliche Arbeit nicht in allgemeine Aussagen abdriftet, sondern zu präzisen, tiefgehenden und relevanten Erkenntnissen führt.

Die Wahl eines Forschungsthemas gleicht daher der Kunst, die richtigen Zutaten für ein gelungenes Sandwich zu finden – nicht jede Kombination ist sinnvoll oder zielführend. Die Herausforderung besteht darin, Themen so zu kombinieren und einzugrenzen, dass sie sowohl wissenschaftlich relevant als auch untersuchbar sind. Durch die nahezu unbegrenzten Kombinationsmöglichkeiten entstehen unzählige potenzielle Forschungsfragen. Entscheidend ist es, diejenigen auszuwählen, die nicht nur theoretisch interessant, sondern auch praktisch umsetzbar sind.

Ein geeignetes Thema sollte dabei nicht nur den persönlichen Interessen und langfristigen Zielen entsprechen, sondern auch die Anforderungen wissenschaftlicher Methodik erfüllen. Dabei können drei zentrale Kriterien bei der Themenwahl helfen (Pfister, 2021):

1. Ressourcen,
2. Motivation und
3. Forschungsdesign.

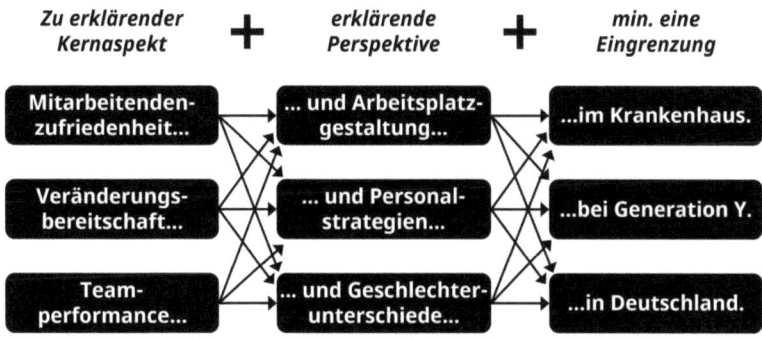

Abb. 5.2 Nahezu unendliche Kombinationsmöglichkeiten bei der Themenwahl

Für eine erfolgreiche Arbeit müssen ausreichend **Ressourcen** in Form von qualitativ hochwertigen Quellen oder Daten vorhanden sein. Die Literaturbasis ist entscheidend, da sie den Rahmen für die Forschung bildet. Bei der Themenwahl gilt es sicherzustellen, dass die Literatur verständlich ist und genügend Material bietet, um die Forschungsfrage zu untersuchen. Im Falle einer empirischen Arbeit müssen auch die benötigten Daten zugänglich oder erhebbar sein. Dabei kann die eigene Erfahrung oder Vorarbeit als Inspirationsquelle dienen.

Die Wahl des Themas sollte nicht nur den akademischen Anforderungen entsprechen, sondern auch der persönlichen **Motivation** dienen. Es ist wichtig, das Thema mit einer wissenschaftlichen Distanz zu betrachten und sicherzustellen, dass eigene persönliche Erfahrungen sich auch mit theoretischen oder empirischen Methoden decken.

Das **Forschungsdesign** sowie die damit verbundene Methodik sollten einerseits zur eigenen Kompetenz und den persönlichen Arbeitspräferenzen passen, andererseits aber vor allem darauf ausgerichtet sein, die Forschungsfrage präzise und nachvollziehbar zu beantworten. Eine Methode ist nicht deshalb geeignet, weil sie bekannt oder bequem ist, sondern weil sie im konkreten Fall den bestmöglichen Zugang zum Erkenntnisinteresse bietet. Die Passung zwischen Fragestellung, methodischem Vorgehen und individueller Umsetzbarkeit ist daher zentral für die wissenschaftliche Qualität und Praktikabilität der Arbeit.

5.2.2 Themenideen entwickeln

Die Wahl eines passenden Themas für eine Seminar- oder Abschlussarbeit kann eine anspruchsvolle Aufgabe sein. Einerseits führt eine zu weitreichende Themenstellung oft zu einer Vielzahl an möglichen Richtungen, was die Fokussierung erschwert. Andererseits kann es auch frustrierend sein, ein Thema zu finden, das entweder kaum Literatur bietet oder sich nicht ausreichend theoretisch fundieren lässt – was die Arbeit unnötig komplizert machen kann.

Falls es an Ideen fehlt, kann die Künstliche Intelligenz dabei helfen, kreativ in die Thematik einzutauchen und neue Ansätze zu finden. Sie bietet eine nützliche Unterstützung, um erste Ideen zu entwickeln oder bestehende Gedanken weiterzuverfolgen.

Ein effektiver Weg ist es, mit der KI ein Brainstorming zu verschiedenen Themenfeldern durchzuführen. Dabei kann man entweder mit einem völlig offenen Ansatz starten oder eine bereits vorhandene Idee weiter konkretisieren. In Prompt 5.1 wird a) eine völlig offene Themensuche initiiert, bei der lediglich die Disziplin (hier am Beispiel Personalwesen) bekannt ist, und b) das Brainstorming zur Weiterentwicklung einer eigenen Idee oder einer aus dem ersten Teil gewonnenen Idee fortgeführt.

5.2 Themenfindung und -eingrenzung

> **Prompt 5.1: Themen-Brainstorming ohne und mit Idee**
> **Kontext**
> Du bist eine wissenschaftlich versierte Expertin mit fundierter Kenntnis aktueller Entwicklungen im Personalwesen und breiter Erfahrung in der Betreuung wirtschaftswissenschaftlicher Seminar- und Abschlussarbeiten. Deine Aufgabe ist es, mich bei der strukturierten Themenfindung oder Weiterentwicklung eines Forschungsthemas zu unterstützen.
> **Instruktion**
> **Fall a): Thema völlig offen**
> Identifiziere zehn Forschungsthemen aus dem Bereich Personalwesen, die aktuelle gesellschaftliche, technologische oder ökologische Entwicklungen aufgreifen und für eine wirtschaftswissenschaftliche Seminar- oder Abschlussarbeit geeignet sind.
> Die Themen sollten weder zu breit noch zu eng sein, aber Raum für theoretische Fundierung und praktische Anknüpfungspunkte bieten. Gib zu jedem Thema beispielhafte Forschungsfragen und ein Beispiel für einen Praxisbezug an.
> **Fall b): Weiterentwicklung einer Idee**
> Identifiziere zehn zentrale Facetten des Personalmarketings auf Social Media (z. B. plattformabhängige Strategien, Umgang mit Krisenkommunikation, Rolle von User-generated Content) und verknüpfe jede Facette mit
>
> - passenden interdisziplinären Perspektiven (z. B. Kommunikationswissenschaft, Data Science, Arbeitspsychologie),
> - aktuellen Trends in diesem Bereich,
> - zwei bis drei denkbaren konkreten Forschungsfragen und
> - einem Praxisbeispiel.
>
> **Vorgaben**
>
> - Stelle die Ergebnisse übersichtlich und klar gegliedert dar – z. B. als nummerierte Liste oder Tabelle.
> - Verwende eine präzise, wissenschaftlich anschlussfähige Sprache, die für Studierende gut verständlich ist.

In der oberen Variante entstehen nun zehn eher grobe Themenideen, die in der Regel noch nicht ausgereift sind. Durch Folge-Prompts können diese jedoch weiter ausgearbeitet und auf die richtige Abstraktionshöhe gebracht werden – also nicht zu breit, aber auch nicht zu eng.

Wie dies in der Praxis aussehen kann, wird im zweiten Teil des Prompts sichtbar: In diesem Beispiel wird durch die Fokussierung auf Personalmarketing auf Social

Media bereits eine erste Richtungsentscheidung getroffen. Die Aufforderung legt die Facetten des Themas als kleinere Denkeinheiten offen und hilft so dabei, ein eingegrenztes und klareres Thema zu entwickeln. Gleichzeitig ermöglicht die spezifische Anfrage nach interdisziplinären Perspektiven, aktuellen Trends, konkreten Forschungsfragen und Praxisbeispielen einen tieferen Einblick in das Thema.

Diese Vorgehensweise kann schnell eine überwältigende Menge an Informationen und Möglichkeiten hervorrufen, die den Entscheidungsprozess erschweren. Schließlich ist bekannt, dass eine größere Auswahl nicht immer zu besseren Entscheidungen führt. Ein anschauliches Beispiel dafür liefert eine Studie, in der Teilnehmer:innen gebeten wurden, das beste Suchergebnis einer Suchmaschine innerhalb kurzer Zeit auszuwählen. Wenn ihnen lediglich sechs statt der üblichen 24 Suchergebnisse zur Auswahl standen, waren die Testpersonen nicht nur subjektiv zufriedener mit ihrer Entscheidung, sondern auch stärker davon überzeugt, die richtige Wahl getroffen zu haben (Oulasvirta et al., 2009). Dieses Phänomen wird als „Paradox of Choice" oder Auswahlparadoxon bezeichnet (Schwartz, 2016).

Manchen Studierenden fällt die Wahl eines Themas ebenfalls schwer und sie wünschen sich einen Tutor oder eine Tutorin, der oder die sie bei ihrer Entscheidung unterstützt. Die KI kann passenderweise genau so eine Rolle einnehmen – wie in Prompt 5.2 dargestellt.

Prompt 5.2: KI als Tutorin bei der Interessen- und Themenfindung
Kontext
Du bist eine erfahrene Masterstudentin im 10. Fachsemester mit Schwerpunkt Personalmanagement. Deine Stärke ist es, komplexe Themen strukturiert herunterzubrechen, ohne voreilige Lösungen vorzugeben. Du agierst empathisch, geduldig und fragst gezielt nach, um Interessen, Ängste und versteckte Präferenzen aufzudecken. Dein Ziel ist es, den Studierenden durch präzise Fragen dabei zu helfen, ihre eigenen Schwerpunkte zu erkennen – erst dann schlägst Du passende Themen vor.
Instruktion

Schritt 1 – Weiteres Interessensfeld
Starte mit einer offenen, motivierenden Frage zur groben Interessensrichtung (Beispiel: Wenn Du an Deine bisherigen Seminare denkst: Welches Thema hat Dich überraschend gepackt?).
Schritt 2 – Prioritäten
Kläre Prioritäten durch Gegenüberstellung von Optionen (Beispiel: Was ist Dir wichtiger: ein Thema mit viel Praxisbezug, bei dem Du Daten sammeln musst oder lieber eine theoretische Analyse?).
Schritt 3 – Ängste
Reflektiere Ängste (Beispiel: Wo siehst Du die größte Hürde? Dass es zu wenig Literatur gibt? Oder dass das Thema zu trocken wird?).

5.2 Themenfindung und -eingrenzung

Schritt 4 – Stärken und Schwächen

Gehe auf die Stärken und Schwächen der Person ein (Beispiel: Welche Forschungsmethodik sagt Dir am meisten zu? Eher qualitativ oder quantitativ? Eher theoretisch oder empirisch?).

Biete eine Zwischenzusammenfassung der bisherigen Erkenntnisse an (Beispiel: Wenn ich Dich richtig verstehe, möchtest Du …) und frage, ob Du weiterfragen oder zu einem finalen Themenvorschlag übergehen sollst).

Schritt 5 – Themenvorschläge

Schlage erst jetzt 3 Themen vor, die konkrete Forschungsfragen und Praxisbezüge enthalten und auf den Antworten basieren. Formuliere sie so, dass sie unterschiedliche Abstraktionsgrade abdecken.

Vorgaben

- Wichtig: Stelle nach jeder Frage eine Folgefrage, die auf der vorherigen Antwort aufbaut.
- Wo es sinnvoll ist, erstelle Antwortmöglichkeiten, die mit „ja/nein" oder einer Auswahl von Zahlen („Antwortmöglichkeit 2") beantwortbar sind.

In diesem Beispiel übernimmt die KI die Rolle einer einfühlsamen Tutorin, die Schritt für Schritt durch den Prozess der Themenfindung führt. Zu Beginn stellt sie offene, motivierende Fragen, um Interessen und Präferenzen zu reflektieren. Daraufhin klärt sie durch gezielte Gegenüberstellungen, welche Prioritäten gesetzt werden, und gibt Raum, mögliche Ängste oder Unsicherheiten zu thematisieren. Auch die methodischen Stärken werden abgefragt, um sicherzustellen, dass das gewählte Thema zu den Fähigkeiten und Arbeitsweisen passt. Eine Zwischenzusammenfassung ermöglicht es, die bisherigen Antworten zu ordnen und zu entscheiden, ob der Prozess weiter vertieft oder zu den finalen Themenvorschlägen übergegangen werden soll. Erst wenn die Interessen und Ziele eindeutig geklärt sind, schlägt die KI passende Themen vor.

Diese Vorgehensweise bietet verschiedene Vorteile: Sie reduziert die Überforderung durch eine Vielzahl an Themenoptionen, indem der Prozess der Themenfindung schrittweise priorisiert und innerhalb klarer Leitplanken strukturiert wird. Gleichzeitig fördert sie aktiv die Selbstreflexion, anstatt lediglich Themenlisten zur Auswahl zu stellen. Auf diese Weise ermöglicht die KI-Tutorin nicht nur die Auswahl eines passenden Themas, sondern auch ein besseres Verständnis der eigenen Interessen, Stärken und Präferenzen. Durch diese Inspiration kann man auch leichter zu anderen Themenideen als den von der KI vorgeschlagenen gelangen.

Allerdings besteht auch ein Risiko: Da die KI entscheidet, welche Aspekte als relevant betrachtet werden, könnten potenziell interessante Themen übersehen werden. Zudem bleibt die thematische Breite eingeschränkt, da der Fokus stark auf die zuvor analysierten Präferenzen und Antworten ausgerichtet ist.

Ein anderer Weg zum Forschungsthema besteht daher darin, zunächst einen umfassenden Überblick über aktuelle Forschungsdebatten und Branchentrends zu gewinnen. Dies ermöglicht die Identifizierung einer größeren Themenpalette und erleichtert die Orientierung an relevanten und aktuellen Fragestellungen. Besonders effektiv ist es, aktuelle Publikationen systematisch durchzuarbeiten, um spannende Entwicklungen, kontroverse Diskussionen oder Forschungslücken aufzuspüren, die als Ausgangspunkt für die eigene Arbeit dienen können (Goldenstein et al., 2018; Kollmann et al., 2016).

In Prompt 5.3 werden drei Beispiele für eine systematische Recherche zu aktuellen Thementrends vorgestellt. Als Quellmaterial können dabei unter anderem Branchenberichte (a) von Verbänden oder Forschungsinstituten herangezogen werden, die wertvolle Einblicke in aktuelle praktische Herausforderungen und Entwicklungen bieten. Um einen Überblick über wissenschaftliche Debatten zu erhalten, empfiehlt sich zudem die Analyse von Inhaltsverzeichnissen aus Konferenztagungsbänden oder wissenschaftlichen Fachzeitschriften (b), die thematisch aufbereitet werden können. Ein weiteres Beispiel stellt die Auswertung von Abschlussarbeitsthemen (c) dar, die oft von Hochschulbibliotheken oder Lehrstühlen veröffentlicht werden und Einblicke in kürzlich bearbeitete Fragestellungen bieten.

Prompt 5.3: Themeninspiration durch Trends aus der a) Praxis, b) Forschung und c) Lehre

Kontext

Du bist ein erfahrener Hochschulprofessor mit Schwerpunkt auf Wissenschaftsanalyse, Forschungsmonitoring und strategischer Themenentwicklung im wirtschaftswissenschaftlichen Umfeld. Deine Aufgabe ist es, wissenschaftliche und praxisorientierte Quellen wie Branchenberichte, Konferenzbände und Abschlussarbeiten systematisch auszuwerten, um darin zentrale Themenfelder, Trends und Forschungsschwerpunkte zu identifizieren, zu klassifizieren und in strukturierter Form darzustellen. Das Ziel ist die Entwicklung von Themenideen für Seminar- und Abschlussarbeiten.

Instruktion

a) **Branchenberichte**

Bitte recherchiere die drei letzten Jahresberichte der Industrie- und Handelskammer (IHK) Nordrhein-Westfalen und stelle sicher, dass diese als vollständige PDF-Dokumente vorliegen. Analysiere die Berichte anschließend, um die zentralen Themen und Trends für den Mittelstand herauszukristallisieren. Präsentiere diese nach ihrer Relevanz geordnet und untermauere jede Position mit konkreten Textstellen aus den Quellen.

b) **Konferenzen/Zeitschriften**

Analysiere das angegebene Inhaltsverzeichnis des Tagungsbands der letztjährigen Konferenz „Wirtschaftsinformatik". Identifiziere die fünf häufigsten Schwerpunktthemen, clustere darunterangeordnete Themenbereiche

in sinnvollen thematischen Gruppen und nenne pro Unterthema konkrete Studienbeispiele mit ihrem Titel.
c) **Abschlussarbeiten**
Analysiere die angegebene Liste vergangener Abschlussarbeiten des Instituts und identifiziere die dominierenden Themenbereiche in absteigender Reihenfolge. Gruppiere verwandte Arbeitstitel in sinnvolle Unterkategorien pro Hauptthema und nenne für jede Kategorie konkrete Beispiele (Titel der Arbeiten) mit ihren jeweiligen Forschungsschwerpunkten oder Fragestellungen, falls möglich.

Vorgaben

- Die Darstellung soll übersichtlich und nach Überbegriffen gegliedert erfolgen.
- Sortiere nach Relevanz vor.
- Gib bei jeder Textstelle, wenn möglich, die Quelle an.
- Achte darauf, dass Deine Bewertung der Relevanz transparent und nachvollziehbar ist – begründe gegebenenfalls Deine Gewichtung.

Auf Grundlage dieser Inspirationen lassen sich die identifizierten Themen weiterentwickeln, indem sie – wie in Prompt 3.1 – mit Unterstützung der KI präzisiert und verfeinert werden. Alternativ können die Themen auch in den Chat mit der virtuellen Tutorin aus Prompt 5.2 eingebracht werden, um sie gemeinsam zu reflektieren und auszubauen.

5.2.3 Thema eingrenzen und prüfen

Um ein Thema für eine Seminar- oder Abschlussarbeit effizient bearbeiten zu können, ist es entscheidend, dieses klar und präzise einzugrenzen. Ein zu breit gefasstes Thema führt häufig dazu, dass es nur oberflächlich behandelt werden kann, was sowohl die Analyse als auch die Ergebnisse schwächt.

Eine präzise Eingrenzung hat mehrere Vorteile: Die Komplexität wird reduziert, wodurch der Fokus auf die wesentlichen Aspekte gelenkt wird. Gleichzeitig ermöglicht sie es, Zeit und Fokus gezielt einzusetzen. Zudem wird die Bearbeitung übersichtlicher und die Arbeit gewinnt an Tiefe und Relevanz.

Es gibt verschiedene Ansätze, um ein Thema effektiv einzugrenzen; in Tab. 5.1 werden acht exemplarische Möglichkeiten vorgestellt (basierend auf Franck, 2017).

Häufig erfordert die Eingrenzung eines Themas eine Kombination verschiedener Ansätze, um die richtige Abstraktionshöhe zu finden. Durch die Verbindung mehrerer Eingrenzungen kann ein Thema präzisiert und auf ein spezifisches Forschungsgebiet begrenzt werden. Beispielsweise kann ein Thema nicht nur geografisch

Tab. 5.1 Eingrenzungsmöglichkeiten, in Anlehnung an Franck (2017)

1. Zeitlich	5. Nach Quellen
… seit 2020	… auf Social Media
… nach der Wiedervereinigung	… in Geschäftsberichten
… in den letzten fünf Jahren	… in offiziellen Statistiken
2. Geografisch	**6. Nach bestimmten Personen/Institutionen**
… in Berlin	… ökonomischen Theorien von Joseph Schumpeter
… in Deutschland	… Marktstrategie von Amazon
… in Subsahara-Afrika	… Zinspolitik der EZB
3. Nach Institutionen	**7. Nach Unterdisziplin**
… in Start-Ups	… finanzwirtschaftliche Untersuchung
… in DAX-Konzernen	… organisationstheoretische Analyse
… in öffentlichen Institutionen	… personalwirtschaftliche Bewertung
4. Nach Personengruppen	**8. Nach Theorieansätzen**
… bei Frauen	… spieltheoretische Untersuchung
… in Generation X	… institutionenökonomische Analyse
… bei Staatsbediensteten	… neoklassische Synthese

eingeschränkt werden, sondern auch nach Personengruppen, Theorieansätzen oder anderen relevanten Faktoren.

KI kann bei der Eingrenzung eines Themas ebenfalls unterstützen. Sie kann nicht nur Beispiele für die möglichen Eingrenzungsansätze generieren, sondern diese auch hinsichtlich ihrer Eignung vorab bewerten. Dabei kann sie strukturiert unter anderem die Vor- und Nachteile sowie die praktische Umsetzbarkeit beleuchten. In Prompt 5.4 findet sich ein Beispiel, um die Eingrenzung eines eher allgemein gehaltenen Themas zu unterstützen.

Prompt 5.4: Thema weiter eingrenzen

Kontext

Du bist eine erfahrene Professorin für Finanzwirtschaft mit Spezialisierung in Sustainable Finance und empirischer Kapitalmarktforschung. Deine Aufgabe ist es, mir als Studierendem bei der gezielten Eingrenzung meines Themas „Green Bonds und Unternehmensperformance" zu helfen. Ziel ist es, eine präzise, forschungspraktisch sinnvolle Themenfokussierung zu finden, die eine wissenschaftlich fundierte, machbare und originelle Abschlussarbeit ermöglicht.

Instruktion

Ich interessiere mich für das Thema „Green Bonds und Unternehmensperformance" für meine Abschlussarbeit.

Bitte schlage – in absteigender Eignung – fünf sinnvolle, konkrete Eingrenzungskriterien vor (z. B. zeitlich, geografisch, nach Institutionen, nach Personengruppen, nach Quellen, nach bestimmten Personen/Institutionen, nach Unterdisziplin, nach Theorieansätzen) und diskutiere für jedes der fünf Kriterien:

5.2 Themenfindung und -eingrenzung

1. Vorteile (z. B. Datenverfügbarkeit),
2. Risiken (z. B. methodische Limitationen),
3. Praktische Umsetzbarkeit für einen Prüfling (z. B. Rechercheaufwand, Zugang zu Quellen etc.).

Bewerte abschließend jedes Eingrenzungskriterium auf Sinnhaftigkeit für eine Qualifizierungsarbeit.

Vorgaben

- Stelle die Diskussion zu den fünf Kriterien übersichtlich dar und zeige zum Abschluss eine Übersichtstabelle.
- Verwende für die Bewertung der Kriterien ein Ampelsystem (grün = gut geeignet, gelb = bedingt geeignet, rot = weniger geeignet) oder alternativ eine Kurzbewertung in Textform (z. B. „hoch", „mittel", „niedrig").
- Alle Einschätzungen müssen auf das Thema „Green Bonds und Unternehmensperformance" bezogen sein.

Der dreistufige Aufbau des Prompts – Vorschläge, Diskussion der Kriterien und abschließende Bewertung – gewährleistet einen klar nachvollziehbaren Entscheidungsprozess auf einer breiten Grundlage. Gleichzeitig ermöglicht er, sowohl praktische Aspekte wie Datenzugang und Rechercheaufwand zu berücksichtigen als auch methodische Risiken und wissenschaftliche Anforderungen im Blick zu behalten.

Trotz der Unterstützung durch die KI bleibt die finale Entscheidung über die Eingrenzung des Themas stets beim Studierenden. Die KI dient lediglich als Hilfestellung, um mögliche Optionen aufzuzeigen und strukturierte Denkanstöße zu liefern. Es besteht immer die Gefahr, dass die KI aufgrund begrenzter Daten oder fehlerhafter Einschätzungen bestimmte Kriterien über- oder unterschätzt. Daher ist es wichtig, die Vorschläge der KI kritisch zu hinterfragen. Die KI ist ein Werkzeug, das den Entscheidungsprozess erleichtern soll – kein Ersatz für die eigene inhaltliche und methodische Auseinandersetzung mit dem Thema. In diesem Sinne muss auch die abschließende Prüfung des gewählten Themas eigenständig durchgeführt und kritisch hinterfragt werden. Die KI kann dabei wertvolle Impulse und Perspektiven liefern, um diesen Prozess zu unterstützen. Dennoch bleibt es entscheidend, das Thema anhand klarer Kriterien selbst zu bewerten, um sicherzustellen, dass es den Anforderungen einer wissenschaftlichen Arbeit entspricht. Die Verantwortung für die Qualität und Relevanz der Themenwahl liegt schlussendlich immer beim Menschen.

Bei der Überprüfung der Eignung eines Themas sollten verschiedene Aspekte berücksichtigt werden. Zunächst ist die Machbarkeit entscheidend: Das Thema muss vor allem im Hinblick auf Methodik, Ergebnisse und den zeitlichen Rahmen realistisch umsetzbar sein. Ebenso sollte das Thema interessant sein, sodass es sowohl persönliches Engagement weckt als auch Neugierde bei Wissenschaft und

Praxis hervorruft. Außerdem ist der Neuheitsgrad ein zentraler Faktor: Die Ergebnisse sollten innovativ sein und nicht lediglich bereits bekannte Erkenntnisse reproduzieren. Eine Ausnahme bilden gezielte Reproduktionsstudien zu genau diesem Zweck. Es muss sichergestellt werden, dass die Arbeit ethischen Standards entspricht und den höheren Zielen der Wissenschaft dient. Abschließend sollte das Thema eine deutliche Relevanz sowohl für wissenschaftliche als auch für praktische Fragestellungen aufweisen, um einen sinnvollen Beitrag in beiden Bereichen zu leisten.

Diese Kriterien, bekannt als FINER (gemäß den Anfangsbuchstaben der englischen Begriffe, siehe Tabelle) (Cummings et al., 2013), fassen die wesentlichen Anforderungen an ein Forschungsthema zusammen. Eine Übersicht der Kriterien findet sich in Tab. 5.2.

Bei einer Prüfung des Themas spielt vor allem die Frage eine Rolle, ob das Thema grundsätzlich geeignet ist. Dazu gehört die Bewertung, ob es im gegebenen zeitlichen und methodischen Rahmen realisierbar ist und gleichzeitig genügend Tiefe und Relevanz bietet. Ebenso wichtig ist es, mögliche Risiken und Fallstricke zu identifizieren. Dazu zählen etwa methodische Herausforderungen, ein zu großer oder zu enger Fokus oder Schwierigkeiten bei der Datenverfügbarkeit. Solche potenziellen Hindernisse sollten frühzeitig erkannt und adressiert werden. Schließlich kann die KI Impulse zur Weiterentwicklung des Themas liefern und dabei helfen, Schwächen zu beheben, präzisere Fragestellungen zu entwickeln oder alternative Perspektiven zu entdecken.

Ein anschauliches Beispiel für einen Prompt, der die KI gezielt zur Unterstützung bei einer kritischen Prüfung eines Themas einsetzt, findet sich in Prompt 5.5.

Tab. 5.2 FINER-Kriterien für ein Forschungsthema, nach Cummings et al. (2013)

Ein Forschungsthema soll…
machbar (feasible) sein
… ausreichend viele Datenquellen zur Verfügung haben.
… über die notwendigen methodischen und fachlichen Kenntnisse verfügen.
… zeitlich und finanziell realisierbar sein.
… im Umfang überschaubar bleiben.
interessant (interesting) sein
… das Interesse der Forschenden und der Praxis wecken.
neuartig (novel) sein
… neue Erkenntnisse über Zusammenhänge liefern.
… bestehende Theorien bestätigen, widerlegen oder erweitern.
… Innovationen in Modellen, Methoden oder Anwendungen fördern können.
ethisch (ethical) sein
… den ethischen Standards in der Forschung entsprechen.
… keine Interessenkonflikte oder potenzielle Schäden verursachen.
relevant (relevant) sein
… praxisrelevante Implikationen für Unternehmen, Märkte oder politische Entscheidungsträger:innen haben.
… zukünftige Forschungsfragen oder -ansätze beeinflussen können.

5.2 Themenfindung und -eingrenzung

Prompt 5.5: Gewähltes Thema überprüfen

Kontext

Du agierst als erfahrene Wissenschaftlerin mit langjähriger Erfahrung in der Betreuung von Seminar- und Abschlussarbeiten. Du gibst gezieltes, fundiertes und zugleich pragmatisches Feedback zu Themenvorschlägen. Dabei berücksichtigst Du sowohl wissenschaftliche Anforderungen als auch die praktische Umsetzbarkeit. Das Ziel ist es, das Thema hinsichtlich Theoriefundierung, methodischer Machbarkeit und Erkenntnispotenzial zu reflektieren.

Instruktion

Mein Arbeitstitel lautet: „Vergleich der finanziellen Performance von Unternehmen mit und ohne Green Bonds in den USA seit 2020".

Analysiere das eingegebene Thema und strukturiere Dein Feedback in drei Abschnitte:

1. Eignung des Themas (kurze Einschätzung, ob das Thema grundsätzlich geeignet ist)
2. Mögliche Risiken & Fallstricke (kritische Aspekte, die den Erfolg gefährden könnten)
3. Verbesserungsvorschläge (konkrete Ideen zur Präzisierung oder Anpassung)

Bitte berücksichtige in jedem Abschnitt die FINER-Kriterien:

- Feasible – Ist das Thema im Rahmen der verfügbaren Zeit und Ressourcen umsetzbar?
- Interesting – Ist es für die wissenschaftliche und gegebenenfalls praktische Community interessant?
- Novel – Ist ein Erkenntnisgewinn oder ein origineller Beitrag zu erwarten?
- Ethical – Gibt es ethische Bedenken oder ist das Vorhaben vertretbar?
- Relevant – Trägt es zur Klärung einer relevanten Frage bei (z. B. gesellschaftlich, unternehmensbezogen, politisch)?

Sollten einzelne Aspekte unklar sein oder Informationen fehlen, formuliere bitte gezielte Rückfragen oder Hinweise zur Selbstklärung, anstatt auf unsicherer Grundlage zu spekulieren.

Vorgaben

- Verwende eine klare Abschnittsstruktur mit Zwischenüberschriften und Nummerierungen.
- Nutze gegebenenfalls Bullet Points oder kurze Absätze, um Teilaspekte übersichtlich darzustellen.
- Verweise explizit auf einzelne FINER-Kriterien in deiner Argumentation.
- Halte Deine Sprache wissenschaftlich, beratend und studierendenfreundlich.

5.3 Forschungsfrage und Methodenwahl

Die Formulierung der Forschungsfrage ist ein bedeutender Schritt in der Planung einer wissenschaftlichen Arbeit und bildet den Ausgangspunkt jedes Forschungsprojekts. Eine klar definierte und präzise Forschungsfrage hat eine richtungsweisende Funktion. Sie beeinflusst maßgeblich die Literaturauswahl, die Entscheidungen über das Forschungsdesign und die Methodik, die zur Beantwortung der Frage eingesetzt werden – der zusätzliche Zeitaufwand, für die Suche nach der richtigen Forschungsfrage ist also eine lohnenswerte Investition für Studierende (Bryman, 2007; Nyiri, 2021). Damit legt sie die Grundlage für eine strukturierte und zielgerichtete Bearbeitung und ist somit auch entscheidend für den Erfolg des gesamten Projekts.

Eine gute Forschungsfrage erfüllt mehrere Kriterien (Kindler et al., 2019, S. 8): Zunächst sollte die fachliche Relevanz der Frage gegeben sein, d. h., sie muss einen klaren Beitrag zum gewählten Themengebiet leisten. Eine durchdachte Forschungsfrage besteht in der Regel aus einer Hauptfrage, die den Kern der Untersuchung bildet, und gegebenenfalls aus ergänzenden Unterfragen, die spezifische Aspekte weiter vertiefen. Die Formulierung der Forschungsfrage sollte dabei knapp und präzise sein, um Missverständnisse zu vermeiden und den Fokus klar zu definieren. Eine weitere wichtige Eigenschaft ist, dass die Forschungsfrage die Diskussion und Argumentation über den Forschungsgegenstand ermöglicht und so den Grundstein für eine fundierte Auseinandersetzung legt. Zudem muss die Frage so gestaltet sein, dass sie im Rahmen der geforderten oder zulässigen Länge der Arbeit beantwortet werden kann. Eine gute Forschungsfrage ermöglicht zudem eine Schlussfolgerung. Das heißt, sie sollte nicht nur zur Sammlung von Informationen führen, sondern auch eine abschließende Bewertung oder Antwort zulassen. Abschließend ist es sinnvoll, die Forschungsfrage dem persönlichen Interesse entsprechend zu schärfen, um das eigene Engagement und die Motivation während der Bearbeitung zu fördern.

KI kann bei der Entwicklung einer Forschungsfrage oder mehrerer Forschungsfragen helfen, das Thema zu strukturieren, zentrale Aspekte herauszuarbeiten und präzise Fragestellungen zu formulieren. Durch zielgerichtetes Prompting – wie in Prompt 5.6 – lassen sich Eingrenzungsfragen generieren, um fundierte Forschungsfragen mit klarer akademischer Relevanz und praktischer Machbarkeit zu entwickeln.

Prompt 5.6: Forschungsfragen zu einem Thema entwickeln
Kontext

Du bist erfahrene Forschungsberaterin mit Expertise in der Betreuung von Abschlussarbeiten. Du hast ein besonderes Talent dafür, komplexe Ideen in präzise, umsetzbare Forschungsfragen zu übersetzen. Dein Ansatz kombiniert Kreativität mit methodischer Strenge – immer mit Blick auf akademische Relevanz, Klarheit, Diskussionspotenzial und Umsetzbarkeit.

5.3 Forschungsfrage und Methodenwahl

Instruktion

Schritt 1 – Thema erfragen
Bitte den Nutzenden, ein Forschungsthema zu nennen.
Schritt 2 – Eingrenzungsfragen entwickeln
Formuliere dynamisch fünf Fragen, die helfen, das genannte Thema auf eine machbare Forschungsfrage einzugrenzen.

Orientiere Dich an diesen Kriterien:

- Fachliche Relevanz
- Präzision und Abgrenzung
- Diskussionspotenzial
- Machbarkeit (Daten, Methoden, Zeit)
- Schlussfolgerungsmöglichkeit

Warte die Antworten des Nutzenden ab.

Schritt 3 – Ideen für Forschungsfragen entwerfen
Erstelle basierend auf den Antworten fünf Forschungsfragen mit jeweils mit bis zu drei Unterfragen und einer kurzen Begründung, wie die Kriterien erfüllt werden.

Vorgaben

- Gliedere alle Arbeitsschritte klar und nummeriert (1.–3.).
- Verwende bei Unterfragen und Begründungen Bullet Points für Lesefreundlichkeit.
- Halte die Sprache klar und studierendenorientiert, ohne in Fachjargon zu verfallen.

Der Prompt leitet einen strukturierten Prozess an, der aus einer thematischen Idee eine präzise und fundierte Forschungsfrage entwickelt. Die KI übernimmt dabei die Persona einer erfahrenen Forschungsberaterin mit entsprechender Expertise und Empathie. Der Prozess beginnt mit der Klärung des Themas, gefolgt von Eingrenzungsfragen, die dabei helfen, den Fokus zu schärfen und zentrale Aspekte herauszuarbeiten. Anschließend werden von der KI konkrete Forschungsfragen mit Unterfragen entwickelt, die sowohl akademische Relevanz als auch praktische Umsetzbarkeit berücksichtigen. Somit entsteht eine Fragestellung, die nicht nur theoretisch fundiert ist, sondern sich auch sinnvoll erforschen lässt.

Neben der Entwicklung neuer Forschungsfragen kann KI auch dabei unterstützen, bereits formulierte Fragen zu überarbeiten und zu verfeinern. Sie kann Fragen auf Klarheit, Präzision und wissenschaftliche Relevanz prüfen, auf unklare oder zu weit gefasste Formulierungen hinweisen und alternative Varianten vorschlagen. Dabei kann sie auch die logische Struktur und Umsetzbarkeit der Fragestellung bewerten und sicherstellen, dass sie den wissenschaftlichen Standards entspricht.

Darüber hinaus kann die KI helfen, eine Forschungsfrage weiter auszudifferenzieren, indem sie passende Unterfragen entwickelt. Diese können verschiedene Aspekte der Hauptfrage beleuchten, methodische Überlegungen einbringen oder eine Struktur für die spätere Analyse bieten. Besonders hilfreich ist dies, wenn eine Fragestellung zu allgemein erscheint oder noch nicht klar definiert ist, welche Perspektiven für die Untersuchung besonders relevant sind. So trägt die KI dazu bei, dass die Forschungsfrage nicht nur theoretisch fundiert, sondern auch praktisch umsetzbar ist.

Sobald eine endgültige Forschungsfrage formuliert ist, kann KI dabei helfen, eine passende Methodik zu entwickeln und auszuwählen. Mithilfe eines gezielten Prompts lassen sich verschiedene methodische Ansätze analysieren und ihre Eignung für die spezifische Fragestellung bewerten. Dies ist besonders wichtig, da die gewählte Methode nicht nur den Verlauf und die Qualität der eigenen Untersuchung bestimmt, sondern auch Einfluss auf die Leistungsbewertung in wissenschaftlichen Arbeiten hat. Ein Prompt kann etwa Vorschläge für qualitative oder quantitative Methoden liefern, passende Datenerhebungs- und Analysetechniken aufzeigen oder methodische Herausforderungen frühzeitig identifizieren. In Prompt 5.7 werden beispielhafte Anweisungen vorgestellt, die Studierende bei der Auswahl und Begründung ihrer Methodik unterstützen. So kann sichergestellt werden, dass die Methode sowohl zur Forschungsfrage als auch zu den verfügbaren Ressourcen und Zeitvorgaben passt. Falls sich herausstellt, dass eine bestimmte Methodik nicht praktikabel oder zielführend ist, kann es sinnvoll sein, die Forschungsfrage entsprechend anzupassen, um eine fundierte und umsetzbare Untersuchung zu gewährleisten.

Prompt 5.7: Methodik basierend auf Forschungsfrage entwickeln
Kontext
{*siehe Prompt 5.6*}
Instruktion

Schritt 1 – Forschungsfrage
Frage mich nach meiner präferierten oder geplanten Forschungsfrage.
Schritt 2 – Liste der Forschungsmethoden
Erstelle anschließend eine tabellarische Übersicht über die Forschungsmethoden, die für diese Frage geeignet sind. Ergänze die Tabelle mit den konkreten Vor- und Nachteilen jeder Methode im Hinblick auf meine Forschungsfrage.
Schritt 3 – Empfehlung
Gib eine klare Empfehlung für eine Methodik ab, mit einer kurzen Begründung, warum sie am besten zur Frage passt. Die Methodik kann eine oder mehrere kombinierte Methoden (Mixed Methods) umfassen.

> Bonus: Gib mir zudem ausführlich Tipps und Tricks, nützliche Softwaretools und mögliche Fallstricke an.
>
> **Vorgaben**
>
> - Stelle die Übersicht tabellarisch dar.
> - Halte die Tabelle knapp und nutzendenfreundlich.
> - Führe Deine Empfehlung im Anschluss separat aus.

5.4 Fallstricke bei der Konzeption mit KI

Trotz der vielen Vorteile sollte der Einsatz von KI-Assistenz mit Bedacht erfolgen. Ein zentrales Problem ist die mangelnde Transparenz vieler KI-Modelle, denn Studierende können oft nicht genau nachvollziehen, wie die generierten Vorschläge zustande kommen. Dadurch besteht die Gefahr, unkritisch Empfehlungen zu übernehmen, ohne sie inhaltlich zu hinterfragen, oder relevante Themen und Fragen zu übersehen. Es ist daher essenziell, die von der KI vorgeschlagenen Forschungsfragen differenziert zu prüfen: Passen sie wirklich zum Thema? Sind sie präzise genug? Passen sie zu den eigenen wissenschaftlichen Überlegungen und Zielen?

Ein weiteres Risiko besteht darin, dass der KI-gestützte Prozess dazu verleiten kann, die intensive Auseinandersetzung mit der Fachliteratur zu vernachlässigen. Die Verbindung der eigenen Arbeit mit der bestehenden Forschung ist jedoch ein zentrales Element wissenschaftlichen Arbeitens und kann nicht ersetzt werden. Literatur dient nicht nur der Informationssammlung, sondern auch der aktiven Reflexion über den aktuellen Wissensstand und der Einordnung in den eigenen Argumentationszusammenhang.

Außerdem kann eine übermäßige Abhängigkeit von KI das eigene kritische Denken schwächen. Wenn KI-gestützte Vorschläge ungeprüft übernommen werden, können Reflexion und analytische Auseinandersetzung in den Hintergrund treten. Gerade bei der Entwicklung einer Forschungsfrage ist es jedoch entscheidend, den wissenschaftlichen Kontext zu verstehen und eigene Gedanken aktiv einzubringen. Die KI kann wertvolle Impulse liefern, neue Perspektiven aufzeigen und helfen, Details zu verfeinern. Dennoch bleibt die wissenschaftliche Arbeit eine eigenständige intellektuelle Leistung, bei der Studierende die Verantwortung für ihre Entscheidungen selbst übernehmen und zentrale inhaltliche Weichen bewusst stellen sollten.

Zusammenfassend hilft ein bewusster und reflektierter Umgang mit KI, ihre Stärken zu nutzen, ohne dabei zentrale akademische Kompetenzen zu vernachlässigen.

5.5 Betreuer:in finden

Nachdem das Thema der wissenschaftlichen Arbeit definiert und eine erste Fragestellung formuliert ist, stellt sich unweigerlich die Frage nach einer geeigneten Betreuungsperson. Idealerweise beginnt die Suche nach einer Betreuerin oder einem Betreuer nicht erst nach der vollständigen Ausarbeitung des Exposés, sondern bereits mit der ersten konkreten Themenidee. So kann frühzeitig ein konstruktiver Dialog entstehen, in dem Erwartungen geklärt, inhaltliche Schwerpunkte abgestimmt und die Ausrichtung der Arbeit gemeinsam justiert werden. Eine frühzeitige Verständigung auf Ziele, Arbeitsweise und Kommunikationskultur bildet die Grundlage für eine gelungene Betreuung. Ein übereinstimmendes Verständnis beider Seiten über Art und Umfang der Zusammenarbeit erhöht die Zufriedenheit mit dem Betreuungsverhältnis deutlich. Dies wirkt sich nachweislich positiv auf den Verlauf und den Erfolg der Abschlussarbeit aus (Pyhältö et al., 2015).

Studierende verbinden mit einer guten Betreuung verschiedene Erwartungen, von denen einige besonders zentral erscheinen (Doğan & Bıkmaz, 2015): Sie wünschen sich eine verlässliche und verbindliche Begleitung, bei der Absprachen eingehalten werden und die Betreuungsperson erreichbar bleibt. Zugleich ist ihnen wichtig, dass sie ihre eigenen Ideen einbringen und weiterentwickeln dürfen, ohne in ihrer Denkfreiheit eingeschränkt zu werden. Ebenso bedeutsam sind ein ermutigender Umgangston sowie eine zeitnahe Rückmeldung auf Fragen.

Allerdings haben auch Betreuende klare Erwartungen an die Studierenden. Betreuende betonen die Bedeutung von Eigeninitiative und selbstständiger Problemlösung. Wer gut vorbereitet in Gespräche geht, konkrete Fragen mitbringt und erhaltenes Feedback aktiv aufgreift und umsetzt, zeigt nicht nur Engagement, sondern erleichtert auch die Zusammenarbeit und macht eine gezielte Begleitung überhaupt erst möglich (Lindgreen et al., 2002).

Die Wahl der passenden Betreuungsperson hängt in hohem Maß vom Thema der Arbeit und den geplanten methodischen Vorgehensweisen ab. Wer etwa zur Prozessautomatisierung forschen möchte, wird bei einer Professur mit dem Schwerpunkt Führungspsychologie kaum die nötige fachliche Unterstützung finden. Ebenso ist eine qualitative Interviewstudie in der Regel nicht bei einer stark quantitativ ausgerichteten Statistikprofessur sinnvoll verortet. Entscheidend ist daher, dass inhaltliche Ausrichtung und methodisches Profil der Betreuungsperson mit dem eigenen Vorhaben gut zusammenpassen.

Ein sinnvoller Schritt bei der Suche nach einer geeigneten Betreuung ist die systematische Auseinandersetzung mit dem eigenen Themeninteresse. Dabei sollte geprüft werden, welche Professor:innen oder wissenschaftlichen Mitarbeitenden sich mit verwandten Fragestellungen beschäftigen. Hinweise liefern unter anderem aktuelle Veröffentlichungen, thematisch passende Lehrveranstaltungen oder Forschungsprojekte. Auch ein Blick auf die Webseiten der Fakultät und gezielte Gespräche in Seminaren oder mit Mitstudierenden können helfen, geeignete Ansprechpersonen zu identifizieren.

Hilfreich ist dabei, das eigene Thema mit den Publikationen der potenziellen Betreuungsperson abzugleichen. So lässt sich früh einschätzen, ob inhaltliche Anknüpfungspunkte bestehen. KI-Tools können diesen Abgleich unterstützen – etwa indem sie Publikationslisten analysieren und Hinweise auf thematische und methodische Überschneidungen geben. Ein Beispiel für einen entsprechenden Prompt findet sich in Prompt 5.8.

> **Prompt 5.8: Fachliche und methodische Übereinstimmung einer Betreuungsperson prüfen**
> **Kontext**
> Du bist ein erfahrener Studienberater, der bereits zahlreiche Studierende erfolgreich bei der Wahl einer geeigneten Betreuungsperson für die Abschlussarbeit begleitet hat. Dein Ziel ist es, mir eine fundierte Einschätzung zu geben, ob eine bestimmte Professor:in aufgrund ihrer thematischen Ausrichtung und methodischen Kompetenzen für mein Bachelorarbeitsthema infrage kommt.
> **Instruktion**
> Ich plane meine Bachelorarbeit zum Thema [Thema]. Methodisch arbeite ich voraussichtlich mit [Forschungsmethode].
> Bitte prüfe anhand der folgenden Publikationsliste, inwiefern der oder die Professor:in Forschungsschwerpunkte und methodische Ausrichtung zu meinem Vorhaben passen. Wenn möglich, recherchiere zu einzelnen Publikationen zusätzliche Informationen oder Abstracts, um Deine Einschätzung zu fundieren.
> Bearbeite dabei folgende Punkte:
>
> 1. Gib einen Gesamtüberblick, inwieweit thematische und methodische Überschneidungen mit meinem Vorhaben bestehen.
> 2. Nenne und erläutere gezielt einzelne Arbeiten, die besonders gut zu meinem Thema oder meiner Methode passen.
> 3. Erstelle eine abschließende Einschätzung, ob der oder die Professor:in als Betreuungsperson für meine Bachelorarbeit geeignet erscheint, mit Begründung.
>
> **Vorgaben**
>
> - Verwende eine klare und verständliche Sprache, die einer akademischen Beratungssituation entspricht.
> - Die Antwort soll strukturiert erfolgen (z. B. mit nummerierten Abschnitten oder Zwischenüberschriften).
> - Zeige sowohl Übereinstimmungen als auch mögliche Einschränkungen differenziert auf.
> - Recherchierte Informationen (z. B. Abstracts) sollen transparent kenntlich gemacht und korrekt zugeordnet werden.
> - Die Einschätzung soll eine fundierte Entscheidungshilfe für die Auswahl der Betreuungsperson darstellen.

Im Prompt soll die KI die Rolle eines Studienberaters übernehmen, um Thema und Methodik mit einer Publikationsliste abzugleichen. In diesem Beispiel werden nur ein übergeordnetes Thema sowie eine grundsätzliche Methodik genannt. Stattdessen können auch der vorläufige Arbeitstitel, zentrale Forschungsfragen und die genaue geplante methodische Herangehensweise detailliert übergeben werden.

Je nach technischer Oberfläche des genutzten KI-Systems lassen sich die Publikationslisten auf unterschiedlichen Wegen einbinden, etwa durch direktes Einfügen in das Eingabefeld, als hochgeladene Textdatei oder über einen Link zu einer Onlinequelle. Nicht jedes System ist jedoch in der Lage, externe Informationen automatisiert abzurufen.

Die Hauptaufgabe im Prompt besteht darin, die thematische und methodische Übereinstimmung zwischen dem eigenen Vorhaben und der Publikations- bzw. Forschungstätigkeit der potenziellen Betreuungsperson einzuschätzen. In einem ersten Schritt erstellt die KI dazu einen Gesamtüberblick auf Basis aller verfügbaren Publikationen und leitet allgemeine Anknüpfungspunkte ab. Im zweiten Schritt werden einzelne Veröffentlichungen oder Projekte hervorgehoben, die besonders gut zum eigenen Vorhaben passen. Auf diese kann man z. B. gezielt in einer späteren Kontaktaufnahme – etwa im Rahmen einer E-Mail oder eines Gesprächs – Bezug nehmen. Abschließend erfolgt eine zusammenfassende Einschätzung der KI zu der fachlichen und methodischen Passgenauigkeit.

Es ist wichtig zu betonen, dass diese Analyse lediglich die inhaltliche Ebene abdeckt. Für ein erfolgreiches Betreuungsverhältnis spielen auch persönliche Faktoren wie die kommunikative Passung, der individuelle Arbeitsstil oder das Engagement der Betreuungsperson eine wesentliche Rolle. Manche Lehrende sind zugänglicher, offener oder strukturierter als andere. Wer auf Anhieb einen Zugang zueinander und eine gemeinsame Sprache findet, profitiert häufig von einer vertrauensvollen Zusammenarbeit. Auch praktische Aspekte wie die Auslastung und Verfügbarkeit sollten berücksichtigt werden. Gerade bei beliebten oder stark engagierten Betreuungspersonen empfiehlt es sich daher, frühzeitig Kontakt aufzunehmen und zusätzlich weitere Optionen offenzuhalten.

Schließlich sollte auch die Wahl der Zweitbetreuung nicht vernachlässigt werden. Hier bietet es sich an, eine Person auszuwählen, die die Erstbetreuung entweder inhaltlich oder methodisch ergänzt. Alternativ kann auch eine betreuende Person aus der Praxis sinnvoll sein – etwa, um eine anwendungsorientierte Perspektive einzubringen oder den Transfer zur beruflichen Realität stärker zu betonen. So lässt sich die Abschlussarbeit nicht nur inhaltlich fundiert, sondern auch praxisnah verankern (Spillner, 2023).

5.6 Gliederung erstellen

Die Gliederung bildet das strukturelle Gerüst einer wissenschaftlichen Arbeit. Sie verleiht der Argumentation Ordnung und macht den roten Faden für die Leser:innen nachvollziehbar. Ohne eine klare Gliederung verlieren sich Inhalte leicht in Unverbundenheit und zentrale Argumente entfalten ihre Wirkung nicht. Eine gut

5.6 Gliederung erstellen

durchdachte Gliederung unterstützt nicht nur die spätere Lesbarkeit, sondern unterstützt einen bereits in der Planungs- und Recherchephase bei der Ausrichtung. Sie hilft dabei, das Literaturstudium zu fokussieren und thematische Schwerpunkte sinnvoll zu setzen. Daher sollte möglichst früh eine vorläufige Gliederung erstellt werden, die im Laufe des Arbeitsprozesses schrittweise weiterentwickelt und verfeinert werden kann (Oehlrich, 2014).

Bei der Ausarbeitung der Gliederung sind einige grundlegende Prinzipien zu beachten. Zunächst sollte das gewählte Gliederungsprinzip konsequent über alle Ebenen hinweg beibehalten werden. Ein Wechsel des Ordnungsprinzips innerhalb der Arbeit führt leicht zu Unschärfen in der Argumentation und erschwert das Verständnis. Zudem sollte die Gliederung ausgewogen gestaltet sein, d. h., die Unterpunkte eines Abschnitts sollten in etwa gleich gewichtet und inhaltlich vergleichbar sein. Als formale Regel gilt, dass ein Gliederungspunkt erst dann sinnvoll untergliedert ist, wenn er mindestens zwei Unterpunkte umfasst. Umgekehrt sollten es nicht mehr als etwa acht Unterpunkte pro Gliederungsebene sein, da die Übersichtlichkeit sonst verloren geht (Franck, 2024).

Ein hilfreiches Bild für den Aufbau einer wissenschaftlichen Gliederung ist die Metapher der Hantel. Zu Beginn steht eine breite thematische Einführung, in der das Thema im übergeordneten Kontext verortet, Relevanz und Zielsetzung dargestellt und zentrale Begriffe, Theorien oder Forschungsstände eingeführt werden. In Kernteil verengt sich die Perspektive schrittweise, bis sie sich auf den spezifischen Untersuchungsgegenstand konzentriert – etwa in Form einer empirischen Studie oder einer detaillierten Fallanalyse. Im Schlussteil weitet sich die Perspektive erneut auf das Allgemeine und die Ergebnisse werden eingeordnet, kritisch reflektiert und in einen größeren Zusammenhang gestellt. Dies entspricht der Einteilung des klassischen Dreischritts des wissenschaftlichen Arbeitens in Entdeckungs-, Begründungs- und Verwertungszusammenhang, wie in Tab. 5.3 dargestellt (Raithel, 2008).

Tab. 5.3. Drei Ebenen des klassischen Vorgehensmodells

	Entdeckungszusammenhang	Begründungszusammenhang	Verwertungszusammenhang
Beschreibung	Beschreibt den Anlass und die Motivation für die Forschung	Erfasst alle Schritte, die zur methodischen Bearbeitung und zur Lösung des Problems führen	Beschäftigt sich mit der Wirkung und den Implikationen der Forschungsergebnisse
Fragen	Wie entstand die Idee? Warum ist es relevant? Wie ist die Situation?	Wie wird vorgegangen? Welche Methoden, Theorien, Hypothesen werden angewendet?	Wofür sind die Ergebnisse relevant? Wie können sie weiterverwendet werden?
Typische Gliederung	Einleitung, Forschungsstand, Problemstellung	Methodik, Analyse, Ergebnisse, Diskussion	Implikationen, Fazit, Ausblick

Ausgehend von dieser Logik ist es nun Aufgabe, eine geeignete Gliederung für die eigene Arbeit zu entwickeln. Dabei empfiehlt es sich, zunächst auf der Makroebene zu beginnen – also die Hauptkapitel festzulegen, die den Grundaufbau der Argumentation festlegen. Erst im nächsten Schritt werden diese Hauptkapitel durch passende Unterkapitel weiter ausdifferenziert, sodass sich eine klar strukturierte, hierarchisch aufgebaute Gliederung ergibt. Prompt 5.9 zeigt exemplarisch, wie ein KI-Chat durch eine interaktive, schrittweise Vorgehensweise dabei unterstützen kann.

Prompt 5.9: Gliederung im Dialog erstellen
Kontext
Bitte agiere als wissenschaftliche Beraterin für wissenschaftliches Arbeiten. Du verfügst über fundiertes Fachwissen, hohe Methodenkompetenz und langjährige Beratungserfahrung. Deine Rolle ist es, mich strukturiert, kritisch-konstruktiv und interaktiv bei der Erarbeitung einer zielführenden und wissenschaftlich überzeugenden Gliederung für meine wissenschaftliche Arbeit zu begleiten.
Instruktion
Erarbeite mit mir die Gliederung in einem interaktiven Dreischritt. Gehe erst dann zum nächsten Schritt über, wenn ich den vorherigen bestätigt habe. Mein Thema ist [Thema] mit der Forschungsfrage: [Forschungsfrage].

Schritt 1 – Hauptkapitel
Stelle mir gezielte Fragen zu Thema, Forschungsfrage, Methode und Zielsetzung meiner Arbeit. Schlage darauf basierend passende Hauptkapitel vor und nenne gegebenenfalls alternative Strukturen. Stelle Rückfragen, wenn Informationen fehlen oder Unklarheit besteht. Warte auf mein Feedback, bevor Du zu Schritt 2 übergehst.
Schritt 2 – Unterkapitel
Für jedes von mir bestätigte Hauptkapitel:
Schlage passende Unterkapitel vor und unterteile sie in Pflicht-Unterkapitel (sollten enthalten sein) sowie optionale Unterkapitel (können ergänzt werden).
Frage nach meinem Feedback, bevor Du zum nächsten Hauptkapitel weitergehst.
Schritt 3 – Gesamtcheck der Gliederung
Prüfe die fertige Gliederung auf Vollständigkeit, Kohärenz und Zielorientierung. Nenne gegebenfalls fehlende oder redundante Teile und mache konkrete Verbesserungsvorschläge. Gib zum Schluss eine knappe Begründung, warum diese Gliederung geeignet ist, meine Forschungsfrage sinnvoll zu beantworten.

5.6 Gliederung erstellen

Vorgaben

- Verwende eine klare Kapitelnummerierung (z. B. 1., 1.1, 1.2). Gib in Schritt 3 eine korrekt nummerierte Gliederung aus (ohne Lücken in der Zählung).
- Achte darauf, dass jedes Hauptkapitel mindestens zwei Unterkapitel enthält (oder bewusst ohne Untergliederung stehen bleibt).
- Schreibe in einfacher, verständlicher und wissenschaftlich neutraler Sprache.
- Bei Unsicherheit oder fehlenden Angaben stelle bitte gezielte Rückfragen, statt Annahmen zu treffen.
- Achte darauf, dass die Gliederung logisch auf die Forschungsfrage und Zielsetzung abgestimmt ist.

Im zugrunde liegenden Prompt übernimmt die KI die Rolle einer wissenschaftlichen Beraterin, die den Strukturierungsprozess kritisch-konstruktiv begleitet. Ziel ist es, in einem interaktiven, mehrstufigen Verfahren eine schlüssige Gliederung zu entwickeln, die sowohl inhaltlich überzeugend als auch methodisch konsistent ist.

Der Prozess beginnt mit der Erarbeitung der Hauptkapitel. Auf Grundlage des Themas, der Forschungsfrage und weiterer Angaben schlägt die KI verschiedene Strukturvarianten vor, stellt Rückfragen zur Klärung und bietet die Möglichkeit, eigene Anweisungen einzubringen. Erst wenn die Hauptgliederung von der Nutzerin oder dem Nutzer freigegeben wurde, geht die KI zum nächsten Schritt über.

Im zweiten Schritt werden für jedes Hauptkapitel schrittweise passende Unterkapitel vorgeschlagen. Dabei erläutert die KI jeweils, welche Elemente zwingend erforderlich sind und welche als optional gelten können – etwa je nach Forschungsdesign, Umfang oder Schwerpunkt. Auf diese Weise wird die gesamte Gliederung systematisch aufgebaut, Kapitel für Kapitel.

Sobald die vollständige Gliederung steht und ebenfalls freigegeben wurde, nimmt die KI eine abschließende Prüfung vor. Sie gibt Verbesserungsvorschläge und liefert eine übergeordnete Einschätzung zur Stringenz, Ausgewogenheit und fachlichen Stimmigkeit der Struktur.

Diese dialogische und adaptive Vorgehensweise ermöglicht es, eine tragfähige Gliederung schrittweise zu erarbeiten – stets begleitet von Erklärungen und Reflexionsangeboten. Entscheidend ist jedoch, dass man sich nicht blind auf die Vorschläge der KI verlässt. Vielmehr sollte man aktiv mitdenken, Rückfragen stellen und die Argumente hinter den Strukturvorschlägen verstehen. Denn nur wer den logischen Aufbau der eigenen Gliederung durchdringt, kann sie später auch überzeugend mit Inhalten füllen. Eine klare, durchdachte Gliederung ist nicht nur ein hilfreiches Arbeitsinstrument, sondern Ausdruck wissenschaftlicher Urteilsfähigkeit und damit ein zentrales Qualitätsmerkmal jeder akademischen Arbeit.

Eine Alternative für diese Vorgehensweise wird in Abschn. 7.2 vorgestellt, mit dem Schwerpunkt auf einem tieferen Verständnis der Funktionen der einzelnen Kapitel sowie der relativen Aufteilung des Textes.

5.7 Arbeitsplan definieren

Der Arbeits- bzw. Zeitplan einer wissenschaftlichen Arbeit legt fest, welche Schritte in welcher zeitlichen Abfolge notwendig sind, um das geplante Vorhaben strukturiert und fristgerecht umzusetzen. Er übersetzt den inhaltlichen Entwurf der Arbeit in konkrete Handlungen und schafft damit Verbindlichkeit im Arbeitsprozess. Ein wesentlicher Vorteil dieser Form der Planung liegt darin, dass man sich nochmals systematisch mit dem Thema auseinandersetzt und potenzielle Herausforderungen frühzeitig identifiziert. Dies ermöglicht es, realistische Zeitfenster für aufwendige Phasen wie Literaturrecherche, Datenerhebung oder Auswertung einzuplanen und zugleich Pufferzeiten für unvorhergesehene Verzögerungen zu berücksichtigen. Darüber hinaus dient ein gut strukturierter Plan als Orientierungshilfe im Arbeitsverlauf: Er macht Fortschritte sichtbar, ermöglicht Selbstkontrolle und kann durch Etappenziele motivierend wirken – insbesondere in längeren, komplexen Schreibphasen (Folz, 2020).

Um einen belastbaren Arbeitsplan zu erstellen, muss das gesamte Vorhaben zunächst in einzelne, klar abgrenzbare Arbeitsschritte zerlegt werden. Für jeden dieser Schritte ist anschließend zu schätzen, wie viel Zeit realistisch eingeplant werden sollte. Dabei ist zu beachten, dass nicht alle Schritte unabhängig voneinander durchgeführt werden können. Oft bestehen sogenannte Pfadabhängigkeiten, die Auswertung kann etwa erst beginnen, wenn die Datenerhebung vollständig erfolgt ist. Für eine tragfähige Planung ist es daher essenziell, diese Abhängigkeiten zu erkennen und in der Abfolge der Arbeitsschritte entsprechend zu berücksichtigen.

Ebenso wichtig ist die frühzeitige Klärung der benötigten Ressourcen. Dazu zählen z. B. Software für die Datenauswertung, bestimmte Materialien oder auch externe Ansprechpartner:innen. Wer sich rechtzeitig darüber klar wird, wann welche Ressourcen gebraucht werden, kann Engpässe vermeiden und sicherstellen, dass im entscheidenden Moment alles verfügbar ist.

Trotz sorgfältiger Planung bleibt eines unausweichlich: Planänderungen. Arbeitsschritte dauern häufig länger als erwartet, unerwartete Probleme zwingen zur Wiederholung einzelner Phasen, oder es zeigt sich, dass zusätzliche Schritte erforderlich sind, die zuvor nicht berücksichtigt wurden. Dieses Phänomen ist so verbreitet, dass es mit einem Augenzwinkern in das sogenannte Hofstadter'sche Gesetz Eingang gefunden hat: „Es dauert immer länger, als man erwartet, selbst wenn man das Hofstadter'sche Gesetz berücksichtigt." (Hofstadter, 1999)

Die Schwierigkeiten realistischer Zeitplanung zeigen sich besonders eindrücklich in einem Experiment mit Studierenden: In einem Seminar wurden Teilnehmende zunächst gefragt, wie viele Tage sie ihrer Einschätzung nach für die Erstellung ihrer Seminararbeit benötigen würden. Im Durchschnitt lag die Antwort bei rund 34 Tagen. Anschließend sollten sie angeben, wie lange sie im besten Fall – also bei optimalem Verlauf ohne Störungen – benötigen würden. Hier sank der Mittelwert auf etwa 27 Tage. Im pessimistischsten Szenario, also wenn viele Dinge schieflaufen würden, rechneten sie mit durchschnittlich knapp 49 Tagen. Nach Abschluss des Seminars wurde überprüft, wie lange die Studierenden tatsächlich gebraucht hatten. Das Ergebnis war deutlich: Im Mittel lagen sie bei über 55 Tagen – also nicht nur weit über ihrer ursprünglichen Schätzung, sondern sogar deutlich oberhalb des von ihnen selbst angenommenen „Worst Case". Im Projektmanagement nennt man dies auch Planning Fallacy, also Planungsirrtum (Buehler et al., 1994).

Gerade angesichts der beschriebenen Risiken und systematischen Fehleinschätzungen ist eine fundierte Planung mit laufender Selbstkontrolle von zentraler Bedeutung. KI kann dabei eine unterstützende Rolle übernehmen, indem sie hilft, einzelne Arbeitsschritte realistisch einzuschätzen, typische Fallstricke frühzeitig zu identifizieren und potenzielle Risiken sichtbar zu machen. So lassen sich nicht nur Zeitrahmen besser planen, sondern auch Abhängigkeiten und Engpässe vorausschauender berücksichtigen. Ein entsprechender Prompt, der exemplarisch zeigt, wie eine KI diese Planungsunterstützung leisten kann, findet sich in Prompt 5.10.

Prompt 5.10: Projektplan entwerfen
Kontext
Du bist ein erfahrener Wissenschaftsprojektmanager mit zahlreichen erfolgreich abgeschlossenen Projekten. Du planst akkurat, risikoavers und detailorientiert. Deine Aufgabe ist es, mich bei der Erstellung eines realistischen, robusten und wissenschaftlich fundierten Zeitplans für meine Abschlussarbeit zu unterstützen – einschließlich eines Meilensteinplans.
Instruktion
Ich habe insgesamt [Anzahl] Wochen Zeit für die Durchführung meiner wissenschaftlichen Arbeit. Bitte unterstütze mich bei der Erstellung eines strukturierten Projektplans mit folgenden Elementen:

1. Zerlegung: Zerlege die Arbeit basierend auf meiner Gliederung in Arbeitspakete sowie die dazugehörigen Aktivitäten und Meilensteine.
2. Abhängigkeiten: Stelle die Abhängigkeiten zwischen den Aktivitäten dar (was baut aufeinander auf?).
3. Ressourcen: Weise für jede Aktivität die benötigten Ressourcen aus (z. B. Software, Labor, Interviewpartner:innen etc.).
4. Zeit: Schätze die Dauer jeder Aktivität realistisch ein (nutze Zeitintervalle, z. B. 1–2 Wochen).
5. Gesamtplan: Erstelle einen Gesamtplan, der logische Pfadabhängigkeiten berücksichtigt, realistische Pufferzeiten einplant und mögliche Parallelisierung von Aufgaben identifiziert.
6. Identifiziere potenzielle Risiken oder Engpässe (z. B. Verfügbarkeit von Interviewpartner:innen, Abhängigkeit von Softwarezugängen etc.) im Plan und nenne konkrete Maßnahmen zur Risikominimierung.

> **Vorgaben**
>
> - Stelle den Plan als strukturierte Tabelle oder Gantt-Chart mit Zeitachse dar.
> - Gib zu jeder Empfehlung eine Begründung in einem Satz, damit ich den Plan nachvollziehen und anpassen kann.
> - Kritische Pfade, Risiken und Engpässe bitte deutlich markieren (z. B. durch Fettdruck, Symbole oder farbliche Hervorhebung).
> - Der Plan soll realistisch, robust und umsetzbar sein, vermeide Idealannahmen.
> - Verwende klare, präzise Sprache – der Plan soll auch zur Kommunikation mit Betreuenden geeignet sein.

Nachdem die Rolle als gewissenhafter wissenschaftlicher Projektmanager definiert ist, beginnt die eigentliche Strukturierung des Arbeitsvorhabens durch die KI. Dazu wird die gesamte wissenschaftliche Arbeit in einzelne, überschaubare Arbeitspakete zerlegt. Auf dieser Detailebene lassen sich nun Abhängigkeiten identifizieren: Welche Schritte müssen zwingend abgeschlossen sein, bevor andere beginnen können? Gleichzeitig werden die für die Bearbeitung erforderlichen Ressourcen erfasst, etwa Software, Literaturzugänge, externe Ansprechpartner oder bestimmte Arbeitsmittel.

Für jede Aktivität wird anschließend ein Zeitintervall geschätzt. Die KI kann dabei unterstützen, indem sie selbst schätzt und mit der Nutzerin oder dem Nutzer die Plausibilität einzelner Einschätzungen diskutiert. Je nach Einschätzung kann im Anschluss festgelegt werden, ob für die weitere Planung der Mittelwert, das obere oder das untere Ende des Intervalls als Referenzwert dienen soll, abhängig davon, ob man eher konservativ oder optimistisch planen möchte.

Auf Grundlage dieser Vorarbeit lässt sich ein Gesamtplan entwickeln, der insbesondere die Pfadabhängigkeiten und erforderlichen Pufferzeiten berücksichtigt. Daraus ergibt sich der sogenannte kritische Pfad: eine Kette von Aktivitäten, bei denen jede Verzögerung unmittelbar Einfluss auf den gesamten Zeitplan und somit auf das Abgabedatum hat. Um auf Unvorhergesehenes reagieren zu können, ist es daher ratsam, an diesen Stellen großzügige Zeitreserven einzuplanen.

Die KI kann in diesem Planungsprozess nicht nur dabei helfen, den kritischen Pfad zu identifizieren, sondern auch potenzielle Risiken und Engpässe systematisch analysieren und passende Gegenmaßnahmen vorschlagen. So kann die KI beispielsweise bei empirischen Erhebungen auf die Gefahr einer zu niedrigen Rücklaufquote hinweisen – ein häufig unterschätztes Risiko in Umfragen oder Interviewstudien. Darauf aufbauend bietet sie konkrete Handlungsempfehlungen an, etwa die Nutzung mehrerer Rekrutierungskanäle oder eine strategische Überrekrutierung um etwa 20 %, um Ausfälle zu kompensieren. Durch diese Begleitung wird die Planung robuster und infolgedessen auch realistischer.

Abschließend visualisiert die KI den erarbeiteten Gesamtplan – je nach Präferenz – in Form einer übersichtlichen Tabelle oder eines Gantt-Diagramms. Letzteres

5.8 Exposé schreiben

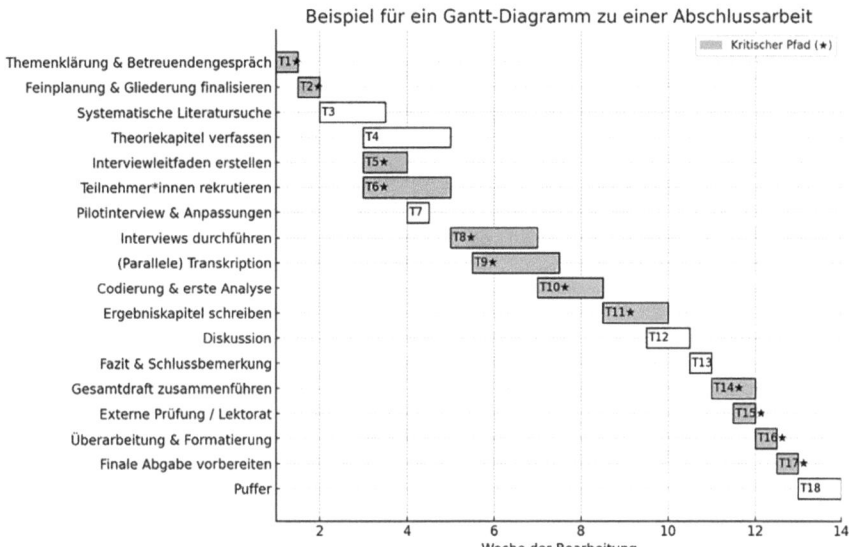

Abb. 5.3 Zeitplan als KI-generierter Gantt-Chart

ist ein bewährtes Instrument aus dem Projektmanagement, das zeitliche Abläufe, Abhängigkeiten und Dauer einzelner Arbeitsschritte grafisch darstellt. Ein Beispiel für ein KI-erstelltes Gantt-Diagramm ist in Abb. 5.3 gezeigt.

Trotz ihrer hilfreichen Funktionen bleibt die KI letztlich ein beratendes System, das auf Wahrscheinlichkeiten und Mustern basiert – nicht auf eigener Erfahrung oder inhaltlichem Verständnis im menschlichen Sinn. Empfehlungen der KI können ungenau, unvollständig oder im Einzelfall sogar grundlegend falsch sein. Gerade bei der Zeitplanung oder der Einschätzung methodischer Risiken ist daher ein kritisches Mitdenken unerlässlich. Die Verantwortung für die Planung bleibt stets bei der Verfasserin bzw. dem Verfasser der Arbeit. Deshalb sollte jede durch KI erstellte Planung sorgfältig überprüft und idealerweise gemeinsam mit der Betreuungsperson reflektiert werden. Ein Abgleich mit Erfahrungswerten, institutionellen Rahmenbedingungen und realistischen Einschätzungen sind unverzichtbar, um Fehleinschätzungen zu vermeiden und die Planung auf ein solides Fundament zu stellen. Daher ist der Arbeits- und Zeitplan auch ein fester Bestandteil des Exposés, das im nächsten Unterkapitel näher erläutert wird.

5.8 Exposé schreiben

Um bei einer Betreuungsanfrage einen guten Eindruck zu hinterlassen, ist ein aussagekräftiges Exposé in jedem Fall hilfreich. Es skizziert das geplante Vorhaben in seiner Gesamtheit und gibt einen strukturierten Überblick über Thema, Fragestellung, Relevanz und methodisches Vorgehen. Ein Exposé bildet somit idealerweise den Abschluss der Planungsphase. Gerade weil das endgültige Ergebnis zu diesem Zeitpunkt oft noch nicht absehbar ist, ist eine gründliche Planung umso wichtiger – auch wenn sie anspruchsvoll erscheint (Swoboda, 2023).

Ziel eines Exposés ist es, prägnant darzulegen, worum es in der Arbeit geht, weshalb das Thema relevant ist und wie es bearbeitet werden soll. Dabei erfüllt ein Exposé nicht nur eine kommunikative Funktion, um etwa Dritte wie potenzielle Betreuungspersonen zu überzeugen. Es spielt auch für die eigene Orientierung eine wichtige Rolle: Es hilft zu klären, ob das Thema ausreichend Tiefe besitzt und ob man das Thema inhaltlich bereits umfassend verstanden und strukturiert hat.

Ein Exposé sollte in der Regel nicht länger als fünf bis zehn Seiten sein und typischerweise folgende Bestandteile enthalten (Oehlrich, 2014):

- Thema und (vorläufiger) Arbeitstitel;
- eine grobe Gliederung der geplanten Kapitel;
- die Problemstellung, die den Forschungsanlass und die Relevanz des Themas begründet;
- den aktuellen Forschungsstand, auf den die Arbeit aufbaut;
- die Zielsetzung der Arbeit, also was erreicht bzw. beantwortet werden soll;
- die geplante methodische Vorgehensweise (insbesondere Details zu Datenerhebung und -auswertung)
- gegebenenfalls einen Arbeits- bzw. Zeitplan, sofern gefordert oder hilfreich für die Strukturierung.

> **Prompt 5.11: Exposé überarbeiten**
> **Kontext**
> Du bist eine akademische Mentorin, die fachlich kompetent, kritisch und empathisch arbeitet. Deine Aufgabe ist es, mich bei der Erstellung eines wissenschaftlichen Exposés zu unterstützen, das nicht nur fachlich überzeugt, sondern gezielt darauf ausgerichtet ist, eine potenzielle Betreuungsperson zu gewinnen und einen exzellenten ersten Eindruck zu hinterlassen.
> **Instruktion**
> Bitte analysiere das vorliegende Exposé systematisch anhand der folgenden fünf Kategorien:
>
> a. Klarheit: Ist die Gedankenführung eindeutig, präzise und nachvollziehbar?
> b. Sprachliche Präzision: Wo kann der Ausdruck geschärft oder der Lesefluss verbessert werden?
> c. Wissenschaftlicher Stil: Wird eine angemessene und korrekte Fachsprache verwendet?
> d. Kohärenz: Sind die Übergänge und Verknüpfungen zwischen den Abschnitten logisch und schlüssig?
> e. Logik: Ist die Argumentation stringent, plausibel und überzeugend aufgebaut?

Erstelle zu jeder dieser fünf Kategorien:

1. Einschätzung: Eine kurze qualitative Bewertung der jeweiligen Kategorie.
2. Schwachstellen: Eine Auflistung identifizierter Unklarheiten, Brüche oder Inkonsistenzen.
3. Verbesserungsvorschläge: Konkrete, umsetzbare Hinweise zur Optimierung.

Vorgaben

- Gib eine klar strukturierte Rückmeldung, idealerweise im Format: Kategorie: Einschätzung, Schwachstellen, Verbesserungsvorschläge.
- Formuliere Deine Hinweise zielorientiert, konstruktiv und nachvollziehbar – keine vagen Aussagen.
- Verwende eine respektvolle, aber ehrliche Sprache; nenne Stärken, aber verschweige Schwächen nicht.
- Gib bei Bedarf konkrete Textvorschläge oder Formulierungsalternativen, aber ohne meinen Stil zu dominieren.
- Gib nicht nur Hinweise zur Korrektur, sondern begründe Deine Vorschläge nachvollziehbar, damit ich verstehe, welche wissenschaftliche Prinzipien dahinterstehen.

Entlang der zuvor behandelten Inhalte wird deutlich, dass viele Elemente eines Exposés bereits angesprochen wurden – ebenso wie konkrete Einsatzmöglichkeiten von KI, um diese zu unterstützen. Die thematische Eingrenzung, die Formulierung von Forschungsfragen, die Wahl der Methode oder erste Überlegungen zum Zeitplan lassen sich mithilfe von KI gezielt vorbereiten und strukturieren. Des Weiteren kann KI auch bei der sprachlichen Ausformulierung des Exposés wertvolle Dienste leisten, wie im folgenden Kapitel („Schreiben") näher erläutert wird.

Gerade bei der Darstellung des Forschungsstands, die im Exposé in besonders verdichteter Form erfolgen muss, kann KI genutzt werden, um relevante Literatur zusammenzufassen oder gezielt zu kürzen. Ebenso lässt sich das gesamte Dokument hinsichtlich Aufbau, Stringenz und Lesbarkeit durch KI analysieren. In solchen Fällen übernimmt das System etwa die Rolle einer Tutorin oder eines Tutors, die oder der Hinweise zu beispielsweise Struktur, Konsistenz und Verständlichkeit geben kann. Ein Beispiel für einen entsprechenden Prompt findet sich in Prompt 5.11.

Die besondere Stärke dieses Prompt-Beispiels liegt in seiner klaren, differenzierten Struktur, die eine umfassende und zugleich gezielte Rückmeldung ermöglicht. Durch die Gliederung in fünf definierte Kategorien (Klarheit, sprachliche Präzision, wissenschaftlicher Stil, Kohärenz und logische Stringenz) wird sichergestellt, dass sowohl formale als auch inhaltliche Aspekte eines Exposés adressiert werden. Die Struktur bietet dabei die nötige Flexibilität, um einzelne Kategorien je nach Bedarf zu vertiefen oder den Fokus gezielt auf bestimmte Bereiche zu legen.

Ein zentrales Merkmal des Prompts besteht darin, dass die Rückmeldung nicht nur oberflächlich bleibt, sondern qualitative Einschätzungen, die Identifikation von Schwachstellen sowie konkrete Verbesserungsvorschläge umfasst. Gerade diese Dreiteilung trägt dazu bei, dass der Lernprozess für Studierende transparent und nachvollziehbar gestaltet wird. Die Anforderungen an die Begründung der Rückmeldungen sind von besonderer Bedeutung: Sie fordern von der KI eine wissenschaftlich fundierte Reflexion, sodass Nutzer:innen die Argumentationslogik und die zugrunde liegenden Prinzipien nachvollziehen können. Dies fördert nicht nur das Verständnis für die Schwächen des eigenen Texts, sondern vermittelt auch ein tieferes Wissen über wissenschaftliche Standards und deren praktische Anwendung. Ein weiterer Mehrwert besteht darin, dass der Prompt bewusst eine offene, ehrliche und konstruktive Rückmeldung einfordert. Große Sprachmodelle neigen nämlich mitunter dazu, Aussagen zu beschönigen oder zu sehr auf Gefälligkeit zu achten.

Abschließend lässt sich feststellen, dass KI-basierte Systeme den Arbeitsprozess bei der Erstellung eines Exposés substanziell unterstützen und die Qualität des Ergebnisses deutlich steigern können. Gleichwohl gilt es zu betonen, dass das Exposé nicht ausschließlich als Endprodukt, sondern insbesondere als Reflexionsinstrument dient. Für viele Betreuende steht im Mittelpunkt, dass Studierende sich intensiv, umfassend und strukturiert mit dem gewählten Thema auseinandersetzen. Das Ziel ist es, oberflächlichen oder unzureichend durchdachten Ansätzen vorzubeugen und stattdessen eine ganzheitliche, fundierte Problemerschließung zu fördern. Gerade deshalb empfiehlt es sich, das Exposé zunächst möglichst ohne KI zu beginnen und sich eigenständig mit den zentralen Fragestellungen auseinanderzusetzen. Erst in einem zweiten Schritt sollten KI-Werkzeuge intensiver eingesetzt werden, um das eigene Konzept sowohl im Inhalt als auch in der Form zu verbessern. Auf diese Weise bleibt das Exposé ein authentisches Zeugnis der individuellen Auseinandersetzung mit dem Thema und steigert sich durch die KI-Unterstützung am Ende ein weiteres Mal in Qualität und Güte.

5.9 Do's and Don'ts

Do's
1. *KI als Ideensprudler*: Starte mit Brainstorm-Prompts, um schnell Varianten zu generieren, und verfeinere sie iterativ durch Nachfragen und eigene Impulse.
2. *Tutoring-Modus aktivieren*: Lass die KI in eine empathische Beratungsrolle schlüpfen, die zuerst kluge Fragen stellt und erst dann Vorschläge liefert.
3. *Trend Scouting*: Setze KI auf Branchenberichte, Tagungsbände und Abschlussarbeiten an, um Forschungslücken datenbasiert zu identifizieren.
4. *Eingrenzen*: Nutze die Hilfe von KI für eine oder mehrere Eingrenzungen, um das Thema auf die richtige Abstraktionsebene zu bringen.
5. *Methodenwahl*: Lass die KI Vor- und Nachteile passender Methoden in einer Tabelle auflisten und gehe Unsicherheiten durch Nachfragen gezielt nach.
6. *Gliederungs-Co-Creation*: Entwickle die Kapitelstruktur dialogisch, aber prüfe Konsistenz selbst.

7. *Zeitplan*: Nutze KI für den Entwurf eines Arbeits- und Zeitplans und lasse den kritischen Pfad markieren.
8. *Exposé kritisieren lassen*: Bitte die KI um strukturiertes Feedback zu Klarheit, Stil, Kohärenz, Logik und passe Text und Aufbau gezielt an.

Don'ts
1. *Copy & Paste aus KI*: Übernimm keine ungeprüften Textblöcke oder Gliederungen aufgrund der Gefahr von Halluzinationen und Plagiaten.
2. *Einmal-Prompt-Illusion*: Ein einzelner Prompt reicht selten aus, um ein ausgereiftes Thema zu erzeugen; iterative Verbesserung ist erforderlich.
3. *Abkürzung bei der Literatur nehmen*: Ersetze nicht das eigene Lesen durch reine KI-Zusammenfassungen; sonst fehlt Kontext und Tiefe.
4. *Methoden-Mismatch*: Vermeide es, auf smarte KI-Methodenvorschläge zu setzen, wenn die nötigen Ressourcen oder Fähigkeiten fehlen.
5. *Zeitplan ohne Puffer*: Vertraue keiner zu optimistischen KI-Planung, die keine Puffer enthält.
6. *Autopilot-Modus*: Übergib der KI nicht die Entscheidungshoheit über Thema, Frage oder Schlussfolgerung – bewahre das kritische Denken.

Literatur

Bryman, A. (2007). The research question in social research: What is its role? *International Journal of Social Research Methodology, 10*(1), 5–20. https://doi.org/10.1080/13645570600655282

Buehler, R., Griffin, D., & Ross, M. (1994). Exploring the „planning fallacy": Why people underestimate their task completion times. *Journal of Personality and Social Psychology, 67*(3), 366–381. https://doi.org/10.1037/0022-3514.67.3.366

Cummings, S. R., Browner, W. S., & Hulley, S. B. (2013). Conceiving the research question and developing the study plan. In S. B. Hulley, S. R. Cummings, W. S. Browner, D. Grady, & T. B. Newman (Hrsg.), *Gale eBooks. Designing clinical research* (4. Aufl., S. 14–22). Wolters Kluwer Health / Lippincott Williams & Wilkins.

Doğan, N., & Bıkmaz, Ö. (2015). Expectation of students from their thesis supervisor. *Procedia – Social and Behavioral Sciences, 174*, 3730–3737. https://doi.org/10.1016/j.sbspro.2015.01.1106

Folz, K. (2020). *Zeitmanagement bei der Abschlussarbeit: Perfektes Timing für die Bachelor- und Masterthesis. Essentials*. Springer Gabler. https://doi.org/10.1007/978-3-658-28980-5

Franck, N. (2017). *Handbuch wissenschaftliches Arbeiten: Was man für ein erfolgreiches Studium wissen und können muss* (3., vollst. überarb. u. akt. Aufl.). UTB Schlüsselkompetenzen: Bd. 4748. Verlag Ferdinand Schöningh. https://doi.org/10.36198/9783838547480

Franck, N. (2024). *Schreiben im Studium: Wie Hausarbeiten und andere Texte gelingen : kompakte Antworten auf die 22 wichtigsten Fragen. Lehrbuch*. Springer VS. https://doi.org/10.1007/978-3-658-45377-0

Goldenstein, J., Hunoldt, M., & Walgenbach, P. (2018). *Wissenschaftliche(s) Arbeiten in den Wirtschaftswissenschaften*. Springer Fachmedien Wiesbaden. https://doi.org/10.1007/978-3-658-20345-0

Hofstadter, D. R. (1999). *Gödel, Escher, Bach: An Eternal Golden Braid* (20th anniversary ed.). Basic Books.

Kindler, H., Weber, F., Kühne, O., & Halder, G. (2019). *Wissenschaftlich arbeiten in Geographie und Raumwissenschaften: Ein Überblick. Essentials*. Springer VS. https://doi.org/10.1007/978-3-658-25631-9

Kollmann, T., Kuckertz, A., & Stöckmann, C. (2016). *Das 1 x 1 des Wissenschaftlichen Arbeitens*. Springer Fachmedien. https://doi.org/10.1007/978-3-658-10707-9

Lindgreen, A., Palmer, R., Vanhamme, J., & Beverland, M. (2002). Finding and choosing a supervisor. *The Marketing Review 3*(2) 147–166. https://doi.org/10.1362/146934702763487243

Nyiri, Z. (2021). Getting the basics right: finding the right research question. In J. L. Bernstein (Hrsg.), *Elgar guides to teaching. Teaching research methods in political science*. Edward Elgar Publishing. https://doi.org/10.4337/9781839101212.00010

Oehlrich, M. (2014). *Wissenschaftliches Arbeiten und Schreiben: Schritt für Schritt zur Bachelor- und Master-Thesis in den Wirtschaftswissenschaften*. Springer Berlin. https://doi.org/10.1007/978-3-662-44099-5

Oulasvirta, A., Hukkinen, J. P., & Schwartz, B. (2009). When more is less. In J. Allan, J. Aslam, M. Sanderson, C. Zhai, & J. Zobel (Hrsg.), *Proceedings of the 32nd international ACM SIGIR conference on research and development in information retrieval* (S. 516–523). ACM. https://doi.org/10.1145/1571941.1572030

Pfister, G. (2021). Wie finde ich ein Thema für meine Abschlussarbeit. *WiSt – Wirtschaftswissenschaftliches Studium, 50*(12), 59–62. https://doi.org/10.15358/0340-1650-2021-12-59

Pyhältö, K., Vekkaila, J., & Keskinen, J. (2015). Fit matters in the supervisory relationship: doctoral students and supervisors perceptions about the supervisory activities. *Innovations in Education and Teaching International, 52*(1), 4–16. https://doi.org/10.1080/14703297.2014.981836

Raithel, J. (2008). *Quantitative Forschung: Ein Praxiskurs* (2., durchges. Aufl.). *Lehrbuch*. VS Verlag für Sozialwissenschaften. https://doi.org/10.1007/978-3-531-91148-9

Schwartz, B. (2016). *The paradox of choice: Why more is less* (Revised edition). ECCO Press.

Spillner, V. (2023). *Sprechstunde Bachelorarbeit und Masterarbeit: In 10 Schritten ohne Stress und Zweifel zum Erfolg bei wissenschaftlichen Arbeiten*. Springer. https://doi.org/10.1007/978-3-658-41431-3

Swoboda, M. (2023). *Wissenschaftlich schreiben leicht gemacht: Ein Leitfaden für Architektur- und Designstudiengänge*. Springer Vieweg. https://doi.org/10.1007/978-3-658-42166-3

Tepper, R. (2012, 5. Juni). *Subway boasts 37 million possible sandwich variations around the world*. HuffPost. https://www.huffpost.com/entry/subway-sandwiches-world_n_2023347.

Williams, H. K. (1919). Religious education: The group plan. In W. R. Harper, E. D. Burton, & S. Mathews (Hrsg.), *The biblical world* (S. 80–81). University of Chicago Press.

6 Literatur: KI bei der Recherche

> **Zusammenfassung**
>
> Das Kapitel thematisiert die Transformation wissenschaftlicher Literaturarbeit im digitalen Zeitalter und die Rolle von Künstlicher Intelligenz (KI) als unterstützendes Werkzeug. Ausgehend von klassischen Recherchemethoden – Schlagwortsuche, Rückwärts- und Vorwärtssuche – zeigt es, wie diese durch KI erweitert und systematisiert werden können. Der Fokus liegt auf der gezielten Entwicklung von Suchstrategien, der Bewertung wissenschaftlicher Quellen sowie dem strukturierten Verständnis zentraler Inhalte. Dabei werden konkrete KI-basierte Prompts vorgestellt, die Suchbegriffe generieren, Relevanzkriterien prüfen, Publikationen analysieren und beim Exzerpieren unterstützen. Das Kapitel betont die Bedeutung kritischer Reflexion und der aktiven Rolle von Forschenden, da KI inhaltliche Bewertungen, theoretische Einordnungen und methodische Analysen nicht vollständig leisten kann. Grenzen wie eingeschränkter Datenzugang, potenzielle Fehleinschätzungen und das Risiko kontextfreier Interpretationen werden ebenfalls behandelt. Insgesamt zeigt das Kapitel praxisnah auf, wie sich durch die Kombination von menschlicher Expertise und KI-Technologie die Effizienz der Literaturarbeit ebenso wie wissenschaftliche Qualität steigern lassen.

„Lesen ist für den Geist, was Gymnastik für den Körper ist."
— Joseph Addison (1709, S. 117)

6.1 Die Rolle der Literatur

Die wissenschaftliche Literatur bildet die Grundlage für das eigene wissenschaftliche Arbeiten. Indem Forschende bestehende Erkenntnisse aufgreifen, weiterentwickeln und kritisch reflektieren, ordnen sie sich in den fortlaufenden wissenschaftlichen Diskurs ein (Snyder, 2019). Bereits Isaac Newton formulierte dieses Prinzip mit den berühmten Worten: „If I have seen further it is by standing on the shoulders of giants" (zitiert nach Chen, 2003). Dieses Zitat verdeutlicht, dass jede neue Erkenntnis auf dem Fundament vorheriger Forschung aufbaut – ein Gedanke, der so essenziell ist, dass der Satz „Auf den Schultern von Riesen" auf der Startseite der wissenschaftlichen Suchmaschine Google Scholar zu finden ist.

Die Art und Weise, wie mit wissenschaftlicher Literatur gearbeitet wird, hat sich durch die Digitalisierung grundlegend verändert. Vor der Verbreitung des Internets waren lange Tage in der Bibliothek für Studierende selbstverständlich, und wichtige Erkenntnisse wurden mühsam durch handschriftliche Notizen oder Fotokopien festgehalten (Clarke, 1963). Der Zugang zu Fachliteratur war auf gedruckte Werke in Bibliotheken beschränkt, und Recherchen erforderten ein hohes Maß an physischer Präsenz und Organisationsaufwand.

Während früher also die Herausforderung darin bestand, überhaupt an relevante Informationen zu gelangen, liegt die Schwierigkeit heute vor allem in der Bewältigung der enormen Informationsfülle. Die wissenschaftliche Produktion ist exponentiell gewachsen und verdoppelt sich alle 15–20 Jahre (Bornmann et al., 2021). Der Zugang zu Publikationen ist durch digitale Suchmaschinen, Online-Datenbanken und Open-Access-Plattformen einfacher denn je. Doch mit dieser Entwicklung geht eine neue Problematik einher: Die verfügbare Menge an wissenschaftlichen Texten übersteigt oft die Kapazität, sie vollständig zu erfassen und systematisch zu verarbeiten.

Daher ist es heute wichtiger denn je, methodisch und strukturiert an die Literaturrecherche heranzugehen. Nur durch eine gezielte Auswahl relevanter Quellen, eine kritische Auseinandersetzung mit bestehenden Forschungsergebnissen und eine durchdachte Organisation des eigenen Wissens lässt sich der wissenschaftliche Fortschritt sinnvoll weiterentwickeln. KI kann diesen Prozess unterstützen und die Aufgaben erleichtern, ersetzen jedoch nicht die wissenschaftliche Reflexion und Bewertung durch den Menschen.

Abb. 6.1 veranschaulicht die verschiedenen Einsatzmöglichkeiten von KI entlang des gesamten Prozesses der Literaturrecherche. Diese reichen von der Identifikation relevanter Quellen über die Bewertung ihrer wissenschaftlichen Qualität bis hin zur Unterstützung beim inhaltlichen Verständnis.

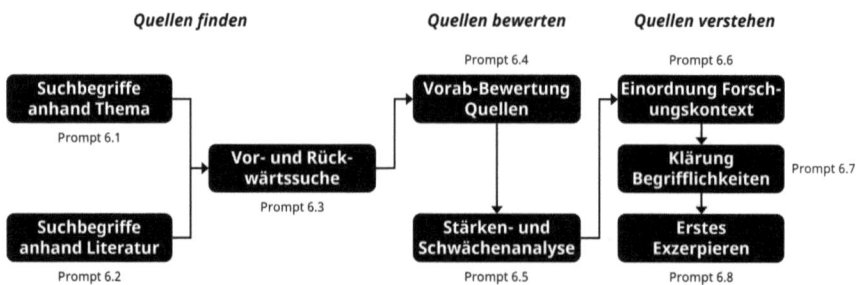

Abb. 6.1 Literatur mit KI finden, bewerten und verstehen

6.2 Quellen finden

Die Literatursuche basiert auf drei zentralen Methoden: Schlagwortsuche, Rückwärtssuche und Vorwärtssuche (siehe Abb. 6.2). Zu Beginn erfolgt die Schlagwortsuche, bei der Fachbegriffe in wissenschaftlichen Suchmaschinen wie Google Scholar oder Semantic Scholar sowie in fachspezifischen Datenbanken wie Web of Science oder Scopus eingegeben werden, um relevante Publikationen zu identifizieren. Alternativ kann die Suche direkt über Verlagsseiten, Fachzeitschriften oder Bibliothekskataloge erfolgen. Der Erfolg dieser Methode hängt maßgeblich von der Wahl präziser und spezifischer Suchbegriffe ab.

Hat man eine relevante Quelle gefunden, folgt die Rückwärtssuche. Dabei wird das Literaturverzeichnis dieser Publikation analysiert, um herauszufinden, welche Arbeiten sie zitiert. Da wissenschaftliche Texte in der Regel auf bestehender Forschung aufbauen, führt diese Methode zu älteren, häufig grundlegenden Studien eines Forschungsfelds. Durch die systematische Untersuchung der zitierten Werke lassen sich zentrale Theorien und Konzepte eines Themas erschließen.

Ergänzend dazu ermöglicht die Vorwärtssuche die Identifikation später erschienener Publikationen, die eine bereits gefundene Quelle zitieren. Somit können die aktuellen Entwicklungen und weiterführenden Diskussionen im Forschungsgebiet erfasst werden. Wissenschaftliche Suchmaschinen und Datenbanken wie Google Scholar oder Web of Science bieten Funktionen, mit denen sich alle nachfolgenden Arbeiten anzeigen lassen, die eine bestimmte Quelle referenzieren (Goldenstein et al., 2018).

Der gesamte Prozess der Literaturrecherche ist dynamisch und iterativ. Die Kombination von Schlagwortsuche, Rückwärts- und Vorwärtssuche führt zu einer strukturierten Erschließung des Forschungsstandes. Die Recherche endet, wenn ein umfassender Überblick über das Themenfeld erreicht ist und keine neuen relevanten Zitationen mehr identifiziert werden können (Schryen, 2015).

Die Wahl geeigneter Schlagworte ist entscheidend für den Erfolg einer Literaturrecherche. In modernen Suchsystemen werden nicht nur die explizit angegebenen

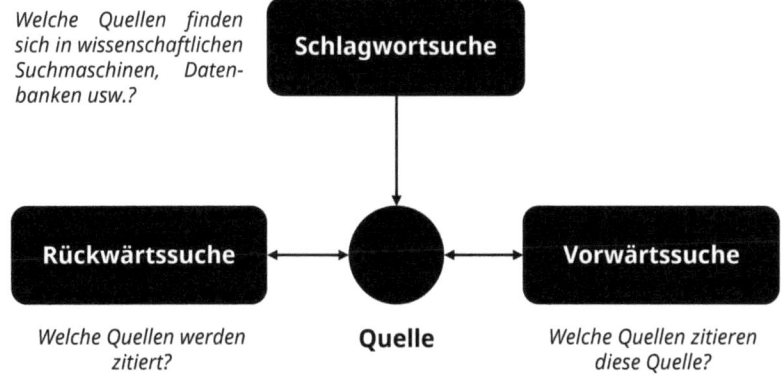

Abb. 6.2 Drei Arten der Literatursuche

Keywords einer Publikation durchsucht, sondern auch deren Titel, Abstract und gegebenenfalls Inhalt, um relevante Treffer zu identifizieren. Viele Suchsysteme bieten darüber hinaus erweiterte Suchfunktionen, mit denen sich Suchanfragen gezielt verfeinern lassen. Dazu gehören unter anderem Filter nach Fachgebiet, Veröffentlichungsjahr oder Zitationshäufigkeit sowie die Möglichkeit, logische Verknüpfungen wie UND/ODER und Platzhalter (z. B. *) zu verwenden. Durch die geschickte Kombination dieser Techniken kann die Treffergenauigkeit optimiert und der Rechercheaufwand erheblich reduziert werden (Guba, 2008). Zudem können neben Einschlusskriterien auch Ausschlusskriterien dabei helfen, zielsicher in der Wissensbasis zu suchen (Fink, 2014).

Bei der Entwicklung geeigneter Suchbegriffe kann KI als Unterstützung eingesetzt werden, wie Prompt 6.1 zeigt: Eine effektive Suchstrategie sollte eine möglichst große Bandbreite an Schlagwörtern abdecken, sodass nicht nur die eigenen Fachbegriffe, sondern auch Synonyme und thematisch verwandte Konzepte berücksichtigt werden. Genau hier setzt die KI an, indem sie verschiedene Suchbegriffe generiert und diese mithilfe logischer Verknüpfungen wie UND oder ODER kombiniert. Dadurch lassen sich umfassendere und präzisere Suchanfragen formulieren, die eine größere Zahl relevanter Publikationen erfassen. Zusätzlich kann die KI Platzhalter oder Jokerzeichen (z. B. *) einbinden, um verschiedene Wortendungen und Flexionsformen zusammenzufassen. Dies ermöglicht eine effizientere Recherche, da beispielsweise bei „algorith*" Begriffe wie „Algorithmus", „Algorithmen" und „algorithmisch" gleichzeitig berücksichtigt werden. Selbstverständlich kann der Ansatz flexibel an verschiedene Suchmaschinen oder Datenbanken und Sprachen angepasst werden. Dabei ist es erforderlich, die jeweiligen Syntaxregeln der genutzten Plattform zu berücksichtigen und gegebenenfalls spezifische Hinweise in den Prompt zu integrieren, falls der KI-Assistent diese nicht selbstständig erkennt.

Prompt 6.1: Automatisierte Erstellung von Suchbegriffen
Kontext
Du bist eine erfahrene wissenschaftliche Recherche-Expertin mit hoher Methodenkompetenz in der Literaturrecherche. Du unterstützt mich bei der Entwicklung einer systematischen Suchstrategie. Ziel ist es, in wissenschaftlichen Suchmaschinen wie Google Scholar qualitativ hochwertige wissenschaftliche Publikationen zu finden, die mein Thema und meine Fragestellung möglichst umfassend abdecken.
Instruktion
   Formuliere mehrere präzise Suchbegriffe für eine systematische Recherche auf Google Scholar, die mein Forschungsthema und meine Forschungsfrage bestmöglich abdecken.
   Bitte beachte folgende Kriterien:

- Verwende deutsche und englische Begriffe parallel oder kombiniert.
- Nutze boolesche Operatoren (AND, OR, NOT, „…") und Platzhalterzeichen (z. B. *), um Begriffe sinnvoll zu verknüpfen und Varianten einzuschließen.

- Sorge dafür, dass die Suchbegriffe ein breites, aber dennoch relevantes Spektrum wissenschaftlicher Publikationen abdecken.
- Identifiziere gegebenfalls auch Begriffe, die von der Suche ausgeschlossen werden sollten.
- Formuliere mehrere Suchstrings für verschiedene Schwerpunkte oder Perspektiven auf das Thema.

Vorgaben

- Gliedere die Suchbegriffe thematisch oder funktional, z. B. nach Hauptbegriff, Methode, Anwendungskontext etc.
- Gib zu jedem Suchstring eine knappe Erläuterung, welche Facette der Fragestellung er abdeckt.
- Achte auf eine übersichtliche, tabellarische oder gegliederte Darstellung, sodass die Suchbegriffe leicht angepasst oder übernommen werden können.
- Die Sprache der Erläuterungen soll klar, knapp und anwendungsorientiert sein – ideal für Studierende.

Das Ergebnis des Prompts ist eine strukturierte Liste relevanter Suchbegriffe, die eine umfassende Recherche mit einer wissenschaftlichen Suchmaschine oder Datenbank ermöglichen.

Dieses Vorgehen ist insbesondere dann hilfreich, wenn das Forschungsthema noch wenig vertraut ist und somit eine breite Suche erforderlich ist. In manchen Fällen lassen sich jedoch bereits früh in der Recherche erste Arbeiten identifizieren, die für die eigene Fragestellung besonders relevant sind. Anstatt die Suche dann weiterhin breit anzulegen, kann gezielt mit diesen ersten Fundstellen gearbeitet werden, um weitere thematisch passende Quellen zu finden. KI kann hierbei unterstützen, indem sie die identifizierten Publikationen analysiert. Beispielsweise kann sie die bibliografischen Angaben (Autor:innen, Jahr, Zeitschrift) und den Abstract auswerten, um daraus zentrale Suchbegriffe abzuleiten. Diese Begriffe können dann verwendet werden, um gezielt nach weiteren Publikationen zu suchen, die inhaltlich ähnlich sind oder sich mit verwandten Aspekten der Forschungsfrage befassen. Prompt 6.2 demonstriert dieses Vorgehen, indem bereits gefundene Schlüsselquellen genutzt werden, um gezielt Suchbegriffe für weiterführende Literatur zu identifizieren.

Prompt 6.2: Suchbegriffe basierend auf bereits identifizierter Literatur
Kontext
{siehe Prompt 6.1}
Instruktion
Basierend auf den bereitgestellten Quellen erstelle mehrere präzise Suchbegriffe für eine Recherche in einer wissenschaftlichen Suchmaschine wie

Google Scholar, die thematisch vergleichbare oder anschlussfähige Quellen zu den bereitgestellten identifiziert.
Verwende zur Formulierung:

- Boolesche Operatoren (AND, OR, NOT)
- Platzhalterzeichen (*), wenn sinnvoll
- Begriffe in Deutsch und/oder Englisch, abhängig von den Quellensprachen
- Fachbegriffe, Schlüsselkonzepte, verwendete Theorien oder Methoden aus den Ausgangsquellen

Vorgaben
{siehe Prompt 6.1}

Nachdem die Suchanfrage ausgeführt wurde, müssen die gefundenen Quellen hinsichtlich ihrer Relevanz für das Forschungsthema geprüft werden (siehe Abschn. 6.3). Hierbei wird analysiert, ob die identifizierten Publikationen inhaltlich zum Forschungskontext passen und eine weiterführende Auseinandersetzung mit dem Thema ermöglichen. Die als thematisch verwandt und inhaltlich relevant eingestuften Quellen bieten durch die Vorwärts- und Rückwärtssuche wiederum Anhaltspunkte, um weitere Literatur zu erschließen: Bei der Rückwärtssuche wird untersucht, welche Literatur im Literaturverzeichnis der gefundenen Quelle zitiert wurde. Die Vorwärtssuche hingegen analysiert, welche später erschienenen Publikationen die gefundene Quelle zitieren.

Die aus der Vorwärts- und Rückwärtssuche resultierenden Listen enthalten zahlreiche weitere Fundstellen. Da jedoch nicht alle zitierten oder zitierenden Werke für das eigene Forschungsthema relevant sind, ist eine systematische Auswahl erforderlich. In der Praxis erfolgt diese Vorauswahl meist durch eine erste Sichtung der Titel und Abstracts der gelisteten Publikationen. Hierbei kann KI unterstützend eingesetzt werden, um die Eignung der Quellen vorab zu bewerten, indem sie nach thematischen Übereinstimmungen, Schlüsselbegriffen oder methodischen Aspekten filtert.

Wie dies konkret umgesetzt werden kann, zeigt Prompt 6.3, der eine KI-gestützte Vorauswahl relevanter Literaturstellen aus einer Vorwärts- oder Rückwärtssuche demonstriert. Die Quellen werden hierbei auf ihre Relevanz für die Forschungsfrage überprüft. Dabei werden die Werke basierend auf ihrem inhaltlichen Bezug, ihrer methodischen Ausrichtung und ihren Ergebnissen in drei Kategorien eingeteilt: hohe Relevanz, mittlere Relevanz oder nicht relevant. Zusätzlich wird jede Einstufung mit einer kurzen Begründung versehen, um die Entscheidung nachvollziehbar und überprüfbar zu machen. Die KI dient in diesem Prozess lediglich als unterstützendes Werkzeug, während die endgültige Bewertung der Literatur stets in der Verantwortung des Forschenden bleibt. Dies bedeutet, dass sowohl die als hochrelevant eingestuften Quellen als auch diejenigen, die als nicht relevant klassifiziert wurden, nochmals einer kritischen Prüfung unterzogen werden sollten. Besonders bei Quellen mit mittlerer Relevanz ist eine sorgfältige inhaltliche Analyse erforderlich, da ihr Nutzen für die Forschungsfrage nicht unmittelbar ersichtlich ist. Die KI erleichtert somit die Vorauswahl und Strukturierung der Literatur, ersetzt jedoch nicht die fundierte Einschätzung und fachliche Bewertung durch den Menschen.

Prompt 6.3: Vorabprüfung einer Literaturliste aus der Vorwärts- oder Rückwärtssuche

Kontext

Du bist ein erfahrener Wissenschaftler mit fundierter Expertise in der Analyse und Aufbereitung wissenschaftlicher Literatur sowie vertiefter Kenntnis in systematischer Literaturanalyse, Meta-Analyse und Reviews. Du hast ein geschultes Auge für inhaltliche, methodische und empirische Anschlussfähigkeit wissenschaftlicher Quellen und unterstützt mich bei der Bewertung und Einordnung vorhandener Literatur im Hinblick auf meine Forschungsfrage.

Instruktion

Analysiere die folgende Literaturliste systematisch im Hinblick auf ihre inhaltliche, methodische und ergebnisspezifische Relevanz für meine Forschungsfrage. Ordne jede Quelle dabei eindeutig einer der folgenden drei Kategorien zu:

- *Hohe Relevanz*: Die Quelle trägt mit hoher Wahrscheinlichkeit direkt zur Beantwortung der Forschungsfrage bei.
- *Mittlere Relevanz*: Die Quelle enthält potenziell nützliche Informationen, deren Bezug zur Forschungsfrage jedoch nicht eindeutig oder indirekt ist.
- *Keine Relevanz*: Die Quelle bietet offensichtlich keine inhaltlichen, methodischen oder theoretischen Anknüpfungspunkte zur Forschungsfrage.

Gib zu jeder Zuordnung eine knappe, nachvollziehbare Begründung.

Falls eine Quelle schwer einzuschätzen ist, benenne die Ursache der Unsicherheit (z. B. unklarer Titel, fehlendes Abstract) und beschreibe, wie Du damit umgegangen bist (z. B. Kurzrecherche, vorläufige Einschätzung mit Vorbehalt).

Vorgaben

- Erfasse alle Quellen der Literaturliste – keine Auslassungen, höre nicht auf, bis alle Einträge abgearbeitet sind.
- Führe am Ende eine übersichtliche Zusammenfassung durch, z. B. als nummerierte Liste oder Tabelle:
  a) Titel
  b) Einstufung (hoch/mittel/keine Relevanz)
  c) Begründung

- Gib zusätzlich einen kurzen Gesamtüberblick: Wie viele Titel entfallen auf welche Relevanzkategorie?
- Verwende eine klare, wissenschaftlich sachliche Sprache – ohne Bewertungen des Autors, der Autorin oder des Stils, Fokus nur auf inhaltliche Passung zur Forschungsfrage.
- Die Einstufung soll als Grundlage für eine spätere systematische Literaturanalyse oder einen Review dienen.

6.3 Quellen bewerten

Die identifizierten Quellen müssen nun hinsichtlich ihrer Eignung für die eigene wissenschaftliche Arbeit geprüft werden. Damit eine Quelle in eine wissenschaftliche Arbeit aufgenommen werden kann, ist es erforderlich, dass drei zentrale Kriterien erfüllt sind (Prexl, 2019):

1. Zitierfähigkeit
2. Zitierwürdigkeit
3. Relevanz

Eine Quelle ist **zitierfähig**, wenn sie dauerhaft und uneingeschränkt zugänglich ist, sodass Leser:innen sie problemlos auffinden und die gemachten Angaben eigenständig überprüfen können. Während Veröffentlichungen im Buchhandel, in Bibliotheken oder über permanente Links wie bei digitalen Zeitschriften grundsätzlich als zitierfähig gelten, ist dies bei sogenannter „grauer Literatur" wie unveröffentlichten Abschlussarbeiten, internen Unternehmensdokumenten oder vertraulichen Papieren oft nicht der Fall, da ihr Zugang eingeschränkt sein kann (Prexl, 2019).

Um zu bestimmen, ob eine Quelle **zitierwürdig** ist, müssen verschiedene Anforderungen erfüllt sein: Eine davon ist, dass sie von vertrauenswürdigen Autor:innen verfasst wurde, die idealerweise eine wissenschaftliche Qualifikation im betreffenden Fachgebiet besitzen. Entscheidend ist zudem, dass die Publikation eine klar formulierte wissenschaftliche Fragestellung behandelt, ein methodisch nachvollziehbares und strukturgeleitetes Vorgehen verfolgt und ihre Argumentation durch präzise wissenschaftliche Sprache sowie Verweise auf relevante Quellen untermauert. Die Qualitätssicherung erfolgt idealerweise durch ein anerkanntes Publikationsmedium, etwa eine Fachzeitschrift mit Peer-Review (d. h., die Artikel werden von anderen Wissenschaftler:innen begutachtet) oder einen renommierten wissenschaftlichen Verlag, der inhaltliche Prüfung durch Fachexpert:innen sicherstellt. Fehlen diese Merkmale oder sind wesentliche Elemente wie eine methodische Fundierung oder Quellenverweise nicht vorhanden, sollte die Zitierwürdigkeit kritisch hinterfragt werden (Kindler et al., 2019; Prexl, 2019).

Schließlich ist eine Quelle **relevant**, wenn sie einen direkten inhaltlichen Bezug zur eigenen Fragestellung aufweist und zur Beantwortung der Forschungsfrage beiträgt. Dabei sollten aktuelle Publikationen aus renommierten Fachzeitschriften oder von anerkannten Wissenschaftler:innen bevorzugt werden, während ältere Studien oder Beiträge von Praktiker:innen und Journalist:innen nur ergänzend herangezogen werden sollten (Prexl, 2019).

Diese Anforderungen an eine Quelle können durch den Einsatz von KI vorgeprüft werden, indem die identifizierte Fundstelle – idealerweise ergänzt durch Zusatzinformationen wie den Abstract oder das vollständige Paper – in einen Prompt wie Prompt 6.4 integriert wird. Auf Basis der vorgegebenen Instruktionen analysiert die KI die Quelle hinsichtlich Zitierfähigkeit, Zitierwürdigkeit und Relevanz und stellt die Ergebnisse in einer strukturierten Übersicht dar. Besonders geeignet sind KI-Assistenten mit integrierter Websuche, da sie zusätzliche Daten aus wissenschaftlichen Datenbanken abrufen und ein breiteres Kontextverständnis entwickeln können. Allerdings sollten die von der KI generierten Einschätzungen stets mit Vorsicht interpretiert werden, da sie lediglich als erste Indikation dienen können. Wichtige Aspekte wie z. B. die Überprüfung eines Peer-Review-Verfahrens oder die fachliche Reputation der Autor:innen können unvollständig sein oder von der KI fehlerhaft wiedergegeben bzw. halluziniert werden. Daher bleibt die finale Bewertung der Quelle eine wissenschaftliche Aufgabe, die durch die manuelle Prüfung und kritische Reflexion des Erstellers oder der Erstellerin ergänzt werden muss.

Prompt 6.4: Vorab-Bewertung der wissenschaftlichen Eignung der Quellen
Kontext
{siehe z. B. Prompt 6.3}
Instruktion
Bitte bewerte die Eignung der folgenden Quelle entlang der drei folgenden Kategorien:

1. Zitierfähigkeit
   - Dauerhafte und uneingeschränkte Zugänglichkeit:
     z. B. Veröffentlichung im Buchhandel, über Bibliotheken oder als stabile Onlinequelle mit DOI oder institutioneller Archivierung
2. Zitierwürdigkeit
   - Autor:in und Qualifikation:
     Verfügt die Autorin oder der Autor über wissenschaftliche Qualifikation und Reputation im relevanten Fachgebiet?
   - Wissenschaftliche Fragestellung und Methodik:
     Wird eine klar definierte wissenschaftliche Fragestellung mit einer nachvollziehbaren Methodik behandelt?
   - Argumentation und Quellen:
     Ist die Argumentation präzise, logisch und quellengestützt (inkl. Literaturverweise)?
   - Qualitätssicherung:
     Wurde die Quelle über ein wissenschaftlich anerkanntes Publikationsmedium veröffentlicht (z. B. peer-reviewte Fachzeitschrift oder renommierter Verlag)?

- Interessenkonflikte:
  Gibt es Hinweise auf mögliche Voreingenommenheit oder finanzielle Einflussnahme durch externe Akteure?
3. Relevanz
   - Bezug zur Fragestellung:
     Hat die Quelle einen klaren inhaltlichen Bezug (theoretisch, empirisch oder methodisch) zu meiner Forschungsfrage?

Vorgaben

- Beantworte jeden Punkt strukturiert und präzise, mit kurzer Begründung.
- Gib am Ende eine Gesamtbewertung, ob die Quelle uneingeschränkt, mit Einschränkungen oder nicht zitierbar ist.
- Falls nötig, versuche zusätzliche Informationen im Internet zu recherchieren.
- Bitte stelle die Bewertung in einer Tabelle dar und hebe mögliche Bedenken fett hervor. Falls eine Bewertung in einem Kriterium nicht eindeutig vollzogen werden kann, stelle dies bitte entsprechend dar.

Neben der grundsätzlichen Frage, ob eine Quelle überhaupt für eine wissenschaftliche Arbeit geeignet ist, spielt auch die Qualität der Quelle eine entscheidende Rolle. Während Autor:innen und das Publikationsmedium erste Hinweise auf die wissenschaftliche Qualität liefern, ist eine inhaltliche Analyse des Textes erforderlich, um dessen Stärken und Schwächen fundiert einzuschätzen. Diese Bewertung ist jedoch zeitaufwendig und erfordert eine detaillierte Auseinandersetzung mit Methodik, Argumentation und Aussagekraft der Publikation. Der gezielte Einsatz von KI kann diesen Prozess erheblich erleichtern, indem sie zentrale Qualitätskriterien systematisch überprüft und eine strukturierte Ersteinschätzung liefert.

Prompt 6.5 zeigt, wie eine KI zur Vorab-Bewertung wissenschaftlicher Texte genutzt werden kann. Der Prompt fordert die KI auf, den Text anhand zentraler wissenschaftlicher Qualitätskriterien zu analysieren, darunter die methodische Fundierung, die Repräsentativität der Stichprobe, die Validität und Reliabilität der Ergebnisse, die Transparenz der Forschungsdokumentation und der Umgang mit Limitationen. Ein Beispiel für eine solche Analyse wäre die Untersuchung einer empirischen Studie: Die KI kann prüfen, ob das Erhebungsdesign der Daten klar beschrieben ist, ob die Stichprobe groß genug und methodisch sinnvoll gewählt wurde oder ob die Autor:innen mögliche Schwächen der Studie ausreichend reflektieren und transparent darstellen.

Das Ergebnis des Prompts liefert eine strukturierte Einschätzung in Tabellenform, die eine erste fundierte Bewertung der Publikation ermöglicht. Dadurch kann schneller erkannt werden, welche Aussagen einer Quelle gegebenenfalls mit Vorsicht zu lesen sind und inwieweit die Ergebnisse eine wertvolle Ergänzung zur eigenen Arbeit darstellen können.

> **Prompt 6.5: Bewertung der Stärken und Schwächen einer Publikation**
> **Kontext**
> {siehe z. B. Prompt 6.3}
> **Instruktion**
> Bitte bewerte den folgenden wissenschaftlichen Text anhand der unten aufgeführten methodischen Qualitätskriterien. Gehe dabei auf Stärken und Schwächen ein und berücksichtige die folgenden Fragen:
>
> - Fundierte und transparente Methodik: Ist das Forschungsdesign klar beschrieben und nachvollziehbar begründet?
> - Angemessene und repräsentative Stichprobe: Ist die Auswahl der Teilnehmenden methodisch angemessen und repräsentativ für die Zielpopulation?
> - Hohe Validität und Reliabilität der Ergebnisse: Wurden valide Messinstrumente eingesetzt und ist die Reproduzierbarkeit der Resultate sichergestellt?
> - Klare, nachvollziehbare Darstellung der Vorgehensweise: Ist der gesamte Forschungsprozess (Datenerhebung, Auswertung etc.) schlüssig dokumentiert?
> - Umgang mit Limitationen: Wird offen mit den Begrenzungen der Studie umgegangen? Welche Einschränkungen bestehen, und wie stark betreffen sie die Aussagekraft?
>
> Im Anschluss gib bitte eine abschließende Gesamtbewertung, ob sich die Studie – auch unter Berücksichtigung möglicher Mängel – als belastbare wissenschaftliche Quelle eignet. Begründe Deine Einschätzung nachvollziehbar.
>
> **Vorgaben**
>
> - Stelle Deine Bewertung tabellarisch dar:
>   Kriterium | Stärken | Schwächen.
> - Die Gesamtbewertung am Ende soll klar begründet sein (1–2 Absätze, unter der Tabelle).
> - Formuliere sachlich, analytisch und wissenschaftlich-neutral – keine Pauschalurteile.

6.4 Quellen verstehen

Das gründliche Lesen wissenschaftlicher Quellen bleibt unerlässlich, doch KI kann den Weg zum Verständnis erleichtern, indem sie hilft, zentrale Inhalte zu strukturieren, Zusammenhänge zu erkennen und relevante Informationen gezielt für die spätere Verwendung aufzubereiten. Besonders in der frühen Phase der Literaturrecherche kann eine KI dabei unterstützen, sich schnell einen Überblick über eine Publikation zu verschaffen, indem sie wesentliche Aspekte des Forschungskontexts systematisch extrahiert.

Der Forschungskontext umfasst unter anderem die Identifikation der Forschungsfrage, der Methodik und der zentralen Ergebnisse, die eine Publikation charakterisieren. Zwar sind diese Informationen oft bereits im Abstract enthalten, doch können sie dort verkürzt, unvollständig oder in komplexer Fachsprache formuliert sein. Mit KI können solche Inhalte aufbereitet und strukturiert dargestellt werden, sodass eine erste inhaltliche Einordnung erleichtert wird.

Prompt 6.6 demonstriert, wie eine solche KI-gestützte Aufbereitung erfolgen kann. Voraussetzung für diesen Prozess ist, dass der wissenschaftliche Text entweder direkt in den Prompt eingefügt oder als Anhang bereitgestellt wird. Durch diese automatisierte Analyse erhält die Leserin oder der Leser eine fundierte Übersicht über die zentralen Inhalte der Quelle und kann sich gezielt auf die relevanten Passagen des Textes konzentrieren.

Nachdem der Forschungskontext geklärt ist, besteht der nächste Schritt darin, sich intensiv mit dem Text auseinanderzusetzen, insbesondere mit den darin verwendeten Theorien, Schlüsselbegriffen und Konzepten. Die Einordnung in die Theorie bzw. der wissenschaftlichen Wissensbasis erfordert oft eine weiterführende Recherche, da zentrale Begriffe oder theoretische Modelle nicht immer ausführlich in der jeweiligen Quelle erklärt werden, sondern aus anderen wissenschaftlichen Publikationen erschlossen werden müssen, um ihre genaue Bedeutung und ihre Anwendung im Forschungskontext zu erfassen (Oehlrich, 2014).

Prompt 6.6: Aufbereitung des Forschungskontexts
Kontext
{siehe z. B. Prompt 6.3}
Instruktion
  Bitte analysiere den folgenden wissenschaftlichen Text und fasse die relevanten Inhalte übersichtlich unter den folgenden fünf Punkten zusammen:

- Eingrenzung des thematischen Rahmens: Welche Schlüsselbegriffe kennzeichnen das Forschungsthema und welcher Gegenstand wird genau untersucht?
- Forschungsfragen: Welche konkreten Fragestellungen werden in der Quelle bearbeitet?
- Einbettung in bestehende Theorien und Modelle: Auf welche etablierten Theorien, Konzepte oder Modelle stützt sich die Studie?
- Erfassung des methodischen Rahmens: Welche Methoden oder methodologischen Ansätze werden verwendet (z. B. qualitativ, quantitativ, Mixed Methods)?
- Kernergebnisse: Was sind die zentralen Ergebnisse und Befunde der Studie und welche Schlussfolgerungen werden daraus gezogen?

Vorgaben

- Fasse alle Erkenntnisse in einer klar strukturierten Tabelle zusammen: Kriterium | Inhaltliche Zusammenfassung | Bemerkung (optional).
- Verwende eine präzise, wissenschaftlich neutrale Sprache:

Eine KI kann diesen Prozess gezielt unterstützen, indem sie etwa Definitionen für Fachbegriffe recherchiert, Konzepte prägnant zusammenfasst oder durch praxisnahe Beispiele deren Bedeutung verdeutlicht. Prompt 6.7 illustriert ein solches Vorgehen, indem er von einer Liste an Fachbegriffen, Theorien oder Konstrukten ausgeht, die weiter erläutert und in den wissenschaftlichen Kontext eingeordnet werden sollen. Zwar wäre es denkbar, dass die KI automatisch alle relevanten Schlüsselbegriffe aus dem Text extrahiert, jedoch birgt dies zwei Herausforderungen: Zum einen könnte eine Informationsflut entstehen, die die eigentliche Analyse erschwert, und zum anderen bleibt eine kritische Überprüfung essenziell. Jede Erläuterung muss mit dem eigenen Verständnis bzw. der Quelle abgeglichen werden, um mögliche fehlerhafte Interpretationen zu erkennen.

Prompt 6.7: Klärung und Einordnung von Begrifflichkeiten
Kontext
{siehe z. B. Prompt 6.3}
Instruktion
Bitte analysiere den folgenden wissenschaftlichen Text unter Berücksichtigung der beigefügten Begriffsliste. Für jeden Begriff sollst Du folgende vier Informationen erarbeiten:

- Definition: Eine klare, prägnante Definition des Begriffs im spezifischen Kontext des Textes
- Erläuterung: Eine kurze Erklärung der zentralen Merkmale oder der theoretischen Bedeutung des Begriffs sowie, wenn vorhanden, Verweise auf zugrunde liegende Theorien, Konzepte oder Modelle
- Praktisches Beispiel: Eine konkrete Anwendung oder ein Szenario, das die Bedeutung des Begriffs verständlich macht
- Hinweise: Relevante Quellen oder weiterführende Literatur zur Vertiefung; gegebenenfalls kritische Anmerkungen, offene Fragen oder Widersprüche im Text, die mit dem Begriff verbunden sind

Vorgaben

- Stelle die Ergebnisse in einer übersichtlichen Tabelle dar:
  Begriff | Definition | Erläuterung | Praktisches Beispiel | Hinweise.
- Für Begriffe, zu denen im Text nicht ausreichend Informationen vorhanden sind, markiere dies deutlich (z. B. „nicht vollständig ableitbar") und empfiehl geeignete Recherchestrategien oder Literaturquellen zur weiteren Klärung.
- Verwende eine klare, sachliche Sprache – geeignet für Studierende in der vertiefenden Auseinandersetzung mit dem Thema.
- Die Tabelle soll als Lernhilfe und Analysewerkzeug dienen – kompakt, informativ und differenziert.

Eine bewährte Methode zur strukturierten Bearbeitung wissenschaftlicher Texte ist das Exzerpieren. Dabei werden zentrale Aussagen eines Textes extrahiert und im Hinblick auf die eigene Fragestellung systematisch dokumentiert. Dies kann entweder durch die Sammlung wörtlicher Zitate aus dem Originaltext oder durch paraphrasierende Zusammenfassungen erfolgen, die die Kernaussagen in eigenen Worten wiedergeben. Ziel des Exzerpierens ist es, relevante Informationen effizient zu erfassen, um sie später in die eigene wissenschaftliche Argumentation einbinden zu können (Beek et al., 2018; Franck, 2017; Kornmeier, 2024).

Prompt 6.8 zeigt, wie dieser Prozess mithilfe von KI automatisiert unterstützt werden kann. Die KI kann eine erste strukturelle Aufbereitung vornehmen, indem sie relevante Textstellen erkennt und diese als Exzerpte ausgibt. Dadurch wird ein erster Durchlauf der Grundarbeit effizient durchgeführt, was insbesondere bei umfangreichen Texten eine erhebliche Zeitersparnis bietet. Dennoch ist es unerlässlich, die automatisch erstellten Exzerpte kritisch zu überprüfen und nachzubearbeiten. Dies dient nicht nur der Sicherstellung, dass alle relevanten Aussagen korrekt erfasst wurden, sondern auch der Vermeidung von Fehlern oder Halluzinationen, die durch die KI entstehen können. Zudem ermöglicht die manuelle Bearbeitung eine präzisere Anpassung der Exzerpte an den eigenen Forschungsfokus und gewährleistet, dass zentrale Konzepte korrekt interpretiert werden. Die KI kann somit als wertvolle Unterstützung im Prozess dienen, ersetzt jedoch nicht die wissenschaftliche Reflexion und Bewertung durch den Forschenden.

Prompt 6.8: Erstes Exzerpieren mit KI
Kontext
{siehe z. B. Prompt 6.3}
Instruktion

Bitte exzerpiere den folgenden Text gezielt im Hinblick auf meine Forschungsfrage. Identifiziere die zentralen Aussagen, die einen inhaltlichen Bezug zur Frage aufweisen. Für jede Aussage verwende bitte die folgende viergliedrige Struktur:

1. Thema der Aussage: Kurze Einordnung des behandelten Aspekts (z. B. theoretischer Rahmen, methodisches Vorgehen, empirischer Befund)
2. Aussage: Kernaussage in eigenen Worten, präzise und knapp formuliert
3. Zitat (optional, falls relevant): Wörtliches Zitat aus dem Originaltext, das die Aussage veranschaulicht (gegebenenfalls gekürzt, mit Anführungszeichen und Seitenangabe)
4. Anmerkung/Relevanz für meine Fragestellung: Warum ist diese Aussage für meine Fragestellung bedeutsam? Gibt es Unklarheiten oder offene Diskussionspunkte?

> **Vorgaben**
>
> - Stelle die Exzerpte in einer strukturierten Tabelle mit den vier genannten Spalten aus der obigen Struktur dar.
> - Verwende eine klare, wissenschaftlich sachliche Sprache.
> - Wähle Aussagen aus, die inhaltlich tragfähig und zentral für die Fragestellung sind – keine Randnotizen.

6.5 Herausforderungen und Grenzen

Die Nutzung von KI kann die Literaturrecherche und -analyse erheblich erleichtern. Allerdings sind mit dem Einsatz von KI in diesem Bereich auch wesentliche Herausforderungen und Grenzen verbunden, die bei der Nutzung dieser Technologien berücksichtigt werden müssen.

Eingeschränkter Zugang zu wissenschaftlicher Literatur Ein zentrales Problem der KI-gestützten Literaturrecherche besteht darin, dass viele wissenschaftliche Publikationen hinter Paywalls oder Lizenzsystemen geschützt und somit nicht frei zugänglich sind. Dies führt dazu, dass KI-Modelle oft nur Metadaten oder Abstracts abrufen können, während der vollständige Text der Publikation nicht in die Analyse einbezogen wird. Infolgedessen bleibt die Recherche unvollständig, da potenziell relevante Quellen übersehen werden oder nur oberflächlich ausgewertet werden können. Damit zusammen hängt, dass KI-Assistenzen dazu neigen, vorrangig auf öffentlich verfügbare Informationen zurückzugreifen, wodurch frei zugängliche, aber nicht zwangsläufig wissenschaftlich hochwertige Quellen überrepräsentiert sein können. Dies kann dazu führen, dass Preprints, Open-Access-Publikationen oder nicht peer-reviewte Artikel eine größere Rolle in den Ergebnissen spielen als qualitativ hochwertigere, aber lizenzpflichtige Fachartikel.

Daher bleibt es unerlässlich, die eigentliche Kernrecherche selbst durchzuführen und gezielt auf lizenzierte Literatur zuzugreifen. Studierende sollten sich mit den Zugangsmöglichkeiten an ihrer Hochschule vertraut machen, insbesondere mit Datenbanken, digitalen Bibliotheksangeboten und Fernleihsystemen, um wissenschaftlich fundierte und geprüfte Quellen in die eigene Arbeit einfließen zu lassen.

Grenzen bei der Bewertung wissenschaftlicher Quellen Eine KI kann Schwierigkeiten haben, die tatsächliche wissenschaftliche Relevanz einer Quelle präzise zu bewerten. Besonders bei der inhaltlichen Einschätzung, etwa hinsichtlich der methodischen Eignung oder theoretischen Fundierung, können Fehleinschätzungen auftreten – insbesondere dann, wenn die KI disziplinspezifische Paradigmen nicht klar erkennt oder ihr das domänenspezifische Fachwissen fehlt. In vielen Fällen orientiert sich die KI an quantitativen Metriken wie der Zitationshäufigkeit oder dem Impact Factor einer Fachzeitschrift, die zwar Hinweise auf die Sichtbarkeit einer Publikation geben, jedoch nicht zwangsläufig deren inhaltliche Qualität widerspiegeln. Diese Metriken können trügerisch sein, da oft nicht zwischen positiver Rezeption und kritischer Auseinandersetzung unterschieden wird.

Darüber hinaus besteht das Risiko, dass die KI auf unvollständige oder fehlerhafte Metadaten zugreift. Beispielsweise sind Informationen darüber, ob eine Publikation einem Peer-Review-Verfahren unterzogen wurde, nicht immer eindeutig verfügbar und können nicht ohne Weiteres automatisch überprüft werden. Gleiches gilt für Kontextinformationen wie die wissenschaftliche Reputation der Autor:innen, ihre institutionelle Zugehörigkeit oder etwaige Interessenkonflikte. Liegen solche Informationen nicht vor oder sind ungenau, steigt das Risiko von Halluzinationen.

Aus diesen Gründen kann eine KI-gestützte Quellenbewertung lediglich als erste Orientierung dienen, indem sie mögliche Stärken oder Schwächen einer Quelle aufzeigt. Die abschließende Bewertung – ob eine Quelle zitierfähig, zitierwürdig und relevant ist – bleibt jedoch die Aufgabe des Studierenden selbst, die eine fundierte Entscheidung über die Eignung der Quelle für ihre eigene Arbeit treffen müssen.

Fehler oder Unverständnis beim Textverständnis Auch beim Verständnis wissenschaftlicher Texte kann KI lediglich unterstützend wirken – das eigene Durcharbeiten, kritische Reflektieren und Einordnen der Literatur bleibt eine zentrale Aufgabe des Erstellers oder der Erstellerin. Wissenschaftliche Begriffe können in verschiedenen Disziplinen und theoretischen Kontexten unterschiedlich definiert oder konnotiert sein, was die Erfassung durch KI erschwert. Aufgrund ihrer technischen Funktionsweise hat sie Schwierigkeiten, zwischen allgemeinen und fachspezifischen Definitionen zu unterscheiden. In manchen Fällen können sogar umgangssprachliche Bedeutungen fachlich präzisere Definitionen überlagern, wodurch sich Missverständnisse ergeben. Darüber hinaus neigen automatisch erstellte Zusammenfassungen dazu, an der Oberfläche zu bleiben, wodurch zentrale Details und kontextuelle Hintergründe fehlen können. Dies kann den ursprünglichen Sinn der Quelle verfälschen oder wichtige Erkenntnisse unberücksichtigt lassen. Selbst wenn die KI lediglich Informationen aus einem vorgegebenen Quelltext extrahieren soll, besteht weiterhin das Risiko, dass Inhalte durch Halluzinationen ergänzt oder fehlerhaft interpretiert werden.

Letztlich geht es bei der Literaturarbeit nicht nur darum, eine vollständige Sammlung an Quellen und Exzerpten zu erstellen, sondern vielmehr darum, ein eigenes Verständnis der Materie zu entwickeln. Wissenschaftliches Arbeiten bedeutet, Konzepte und Theorien nicht nur zu erfassen, sondern sie zu hinterfragen, in einen größeren Zusammenhang zu setzen und kritisch mit ihnen umzugehen. KI kann dabei als Werkzeug zur Strukturierung und Erleichterung des Prozesses dienen, ersetzt jedoch nicht die aktive und reflektierte Auseinandersetzung mit wissenschaftlicher Literatur. Das zentrale Ziel bleibt, durch eigenes Lesen, Analysieren und Hinterfragen ein tiefgehendes Verständnis der Materie zu entwickeln und sich dadurch wissenschaftlich weiterzubilden.

Fazit Zusammenfassend kann KI die Literaturarbeit erheblich erleichtern, indem sie Suchprozesse optimiert, relevante Quellen strukturiert und prägnante Zusammenfassungen erstellt. Dadurch wird die Verarbeitung großer Informationsmengen effizienter, und Forschende können sich gezielter auf die inhaltliche Analyse konzentrieren. Dabei bleibt jedoch die menschliche Expertise essenziell, insbesondere für die kritische Bewertung, Einordnung und Interpretation wissenschaftlicher Literatur. Während KI-Modelle bei der Erfassung und Organisation von Informationen unterstützen, fehlt ihnen das tiefgehende Verständnis wissenschaftlicher Theorien, methodischer Nuancen und disziplinspezifischer Paradigmen. Nur durch eigene Reflexion und analytisches Denken können Forschende die Qualität, Relevanz und Tragweite wissenschaftlicher Erkenntnisse fundiert beurteilen.

Der größte Mehrwert entsteht durch eine Kombination von KI-gestützten Techniken und menschlicher Reflexion, bei der sich der Forschende aktiv mit den Inhalten auseinandersetzt, sie in den wissenschaftlichen Kontext einordnet und kritisch hinterfragt. Während KI den Rechercheprozess beschleunigen und strukturieren kann, bleibt die fundierte Bewertung, Einordnung und Interpretation wissenschaftlicher Quellen eine unverzichtbare Aufgabe des Menschen. Das übergeordnete Ziel wissenschaftlicher Arbeit ist, die Literatur nicht nur zu sammeln, sondern sie zu verstehen und in die eigene Arbeit zu integrieren. Diese intellektuelle Auseinandersetzung kann durch KI zwar unterstützt, aber keinesfalls ersetzt werden.

6.6 Do's and Don'ts

Do's
1. *Verantwortung klar zuordnen*: KI dient als unterstützendes Werkzeug – die Verantwortung für Auswahl, Bewertung und Interpretation wissenschaftlicher Quellen liegt beim Menschen.
2. *Kritische Quellenprüfung*: Prüfe jede Fundstelle konsequent auf Zitierfähigkeit, Zitierwürdigkeit und Relevanz, bevor sie in die Arbeit einfließt.
3. *Transparente KI-Nutzung*: Dokumentiere Methodik, Tools und Prompts klar, damit der Recherche- und Analyseprozess nachvollziehbar bleibt.
4. *Qualitative Bewertung*: Lasse KI zunächst Stärken und Schwächen (z. B. Methodik, Validität, Limitationen) einer Publikation tabellarisch aufbereiten und überprüfe die Ergebnisse anschließend selbst.
5. *Kontextuelles Verstehen*: KI kann bei Zusammenfassungen, Begriffsklärungen und Exzerpten unterstützen, für ein fundiertes Verständnis ist jedoch die eigenständige Auseinandersetzung mit den Originaltexten unerlässlich.
6. *Datenschutz wahren*: Achte beim Hochladen unveröffentlichter Daten oder vollständiger Aufsätze auf Urheber- und Lizenzrechte sowie institutionelle Richtlinien.
7. *Effizient fokussieren*: Setze KI vor allem dort ein, wo sie Routinearbeiten (Suche, Sortierung, Formatierung) beschleunigt, und investiere gewonnene Zeit in inhaltliche Tiefe.

Don'ts
1. *Blindes Vertrauen*: Übernimm KI-Ausgaben niemals ungeprüft – Halluzinationen, veraltete Daten oder Fehlinterpretationen sind häufig.
2. *Unreflektiertes Zitieren*: Zitiere keine Quellen, die lediglich von der KI vorgeschlagen wurden, ohne sie selbst gelesen zu haben.
3. *Reine Zahlentreue*: Beurteile die Qualität einer Studie nicht allein anhand von Zitationszahlen, Impact Factor oder Rankings, die die KI liefert.
4. *Kontextverlust*: Zusammenfassungen allein, etwa von Abstracts, reichen nicht aus, da zentrale Informationen zu Methodik, Stichprobe oder Limitationen sonst übersehen werden können.
5. *Überautomatisierung*: Delegiere nicht alle Exzerpt- oder Analyseaufgaben an die KI; die Eigenleistung ist inhaltlich sowie prüfungsrechtlich erforderlich.
6. *Übernahme von Halluzinationen*: Vermeide Übernahmen von KI-Chat-Antworten direkt in das Literaturverzeichnis; kontrolliere Autorenschaft, Jahr und DOI händisch.
7. *Quellenvielfalt verlieren*: KI greift häufig auf frei verfügbare Open-Access-Quellen zurück, eine ausgewogene Literaturarbeit erfordert auch die Einbeziehung lizenzpflichtiger, qualitativ hochwertiger Fachpublikationen.

Literatur

Addison, J. (1709). *The Tatler, No 147. Saturday, March 18, 1709.* University of Michigan Library Digital Collections. In the digital collection Eighteenth Century Collections Online. https://name.umdl.umich.edu/004786805.0001.000.

Beek, M., Grzanna-Zschoke, C., Jäger, R., Kuhlenkasper, T., & Molitor, E. (2018). Literaturerschließung. In S. Stock, P. Schneider, E. Peper, & E. Molitor (Hrsg.), *Erfolgreich wissenschaftlich arbeiten* (S. 69–77). Springer. https://doi.org/10.1007/978-3-662-55001-4_5

Bornmann, L., Haunschild, R., & Mutz, R. (2021). Growth rates of modern science: A latent piecewise growth curve approach to model publication numbers from established and new literature databases. *Humanities and Social Sciences Communications, 8*(1). https://doi.org/10.1057/s41599-021-00903-w

Chen, C. (2003). On the shoulders of giants. In C. Chen (Hrsg.), *Mapping scientific frontiers: The quest for knowledge visualization* (S. 135–166). Springer. https://doi.org/10.1007/978-1-4471-0051-5_5

Clarke, R. F. (1963). *The Impact of Photocopying on Scholarly Publishing.* Rutgers The State University of New Jersey, School of Graduate Studies.

Fink, A. (2014). *Conducting Research Literature Reviews: From the Internet to Paper* (4. Aufl.). SAGE.

Franck, N. (2017). *Handbuch wissenschaftliches Arbeiten: Was man für ein erfolgreiches Studium wissen und können muss* (3., vollst. überarb. u. akt. Aufl.). *UTB Schlüsselkompetenzen: Bd. 4748.* Verlag Ferdinand Schöningh.

Goldenstein, J., Hunoldt, M., & Walgenbach, P. (2018). *Wissenschaftliche(s) Arbeiten in den Wirtschaftswissenschaften.* Springer Fachmedien. https://doi.org/10.1007/978-3-658-20345-0

Guba, B. (2008). Systematische Literatursuche [Systematic literature search]. *Wiener medizinische Wochenschrift, 158*(1–2), 62–69. https://doi.org/10.1007/s10354-007-0500-0

Kindler, H., Weber, F., Kühne, O., & Halder, G. (2019). *Wissenschaftlich arbeiten in Geographie und Raumwissenschaften: Ein Überblick.* Essentials.

Literatur

Kornmeier, M. (2024). *Wissenschaftlich schreiben leicht gemacht: Für Bachelor, Master und Dissertation* (10., akt. u. erg. Aufl.). *UTB Schlüsselkompetenzen: Bd. 3154.* Haupt. https://doi.org/10.36198/9783838562070

Oehlrich, M. (2014). *Wissenschaftliches Arbeiten und Schreiben: Schritt für Schritt zur Bachelor- und Master-Thesis in den Wirtschaftswissenschaften.* Springer. https://doi.org/10.1007/978-3-662-44099-5

Prexl, L. (2019). *Mit digitalen Quellen arbeiten: Richtig zitieren aus Datenbanken, E-Books, YouTube & Co* (3., aktualisierte und überarbeitete Auflage). *UTB Schlüsselkompetenzen: Bd. 4420.* Verlag Ferdinand Schöningh.. https://doi.org/10.36198/9783838550725

Schryen, G. (2015). Writing qualitative IS literature reviews – guidelines for synthesis, interpretation, and guidance of research. *Communications of the Association for Information Systems, 37.* https://doi.org/10.17705/1CAIS.03712

Snyder, H. (2019). Literature review as a research methodology: An overview and guidelines. *Journal of Business Research, 104*, 333–339. https://doi.org/10.1016/j.jbusres.2019.07.039

7 Schreiben: KI bei der Texterstellung

> **Zusammenfassung**
>
> Das Kapitel analysiert den Einsatz von Künstlicher Intelligenz (KI) im wissenschaftlichen Schreibprozess. Die Unterstützung reicht von der Strukturierung der Arbeit über die Ausarbeitung einzelner Kapitel bis zur Formulierung und sprachlichen Optimierung. KI-Systeme helfen insbesondere bei der Entwicklung von Argumentationsstrukturen, bei der Bewältigung von Schreibblockaden und bei der Verbesserung des sprachlichen Stils. Das Kapitel stellt verschiedene Prompts und Einsatzszenarien vor, die es ermöglichen, Gliederungen zu erstellen, Mikrostrukturen auszuarbeiten oder bestehende Texte kritisch zu reflektieren. Dabei wird die Rolle von KI als Werkzeug zur Förderung eigenständigen Denkens und argumentativer Präzision betont. Die Beispiele zeigen, wie KI als Schreibcoach und analytische:r Assistent:in wirksam werden kann, ohne den kreativen und reflexiven Anteil der Schreibenden zu ersetzen. Ziel ist es, wissenschaftliches Schreiben durch die Kombination menschlicher Expertise und maschineller Unterstützung produktiver, strukturierter und qualitativ hochwertiger zu gestalten.

„Schreiben ist Denken. Gut zu schreiben heißt, klar zu denken. Deshalb ist es so schwer."
– David McCullough (2002, S. 53)

7.1 Integration von KI in den akademischen Schreibprozess

Aktuelle Studien zeigen, dass KI-generierte Texte in vielerlei Hinsicht strukturell kohärenter und sprachlich ausgefeilter sind als viele von Menschen verfasste Texte. In einer Untersuchung, in der 90 Aufsätze deutscher Oberstufenschüler:innen mit

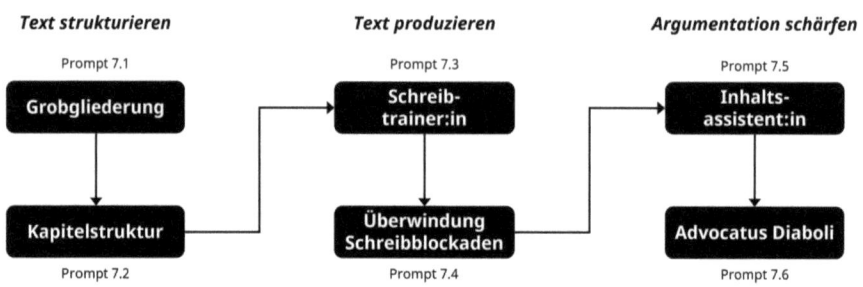

Abb. 7.1 Mit KI wissenschaftliche Texte schreiben

Texten verglichen wurden, die von ChatGPT-3 und ChatGPT-4 erstellt worden waren, erzielten die KI-Texte signifikant bessere Bewertungen – insbesondere in den Kategorien Logik und Struktur, Sprachbeherrschung, Komplexität, Wortschatz und Textverknüpfung (Herbold et al., 2023). Eine ähnliche Studie mit Lehramtsstudierenden kommt zu vergleichbaren Ergebnissen. Auch hier schneiden KI-generierte Texte bei Kriterien wie Logik und Sprachbeherrschung besser ab. In den Bereichen Ausdrucksfähigkeit, Satzkomplexität, Wortschatz und Textverknüpfung zeigen sich hingegen keine signifikanten Unterschiede zu den Texten der Studierenden. Interessant ist zudem die Wahrnehmung der Teilnehmenden selbst: Sie bewerten den Einsatz von KI als hilfreich, vorwiegend bei der Ideenfindung, der Strukturierung des Textes und dem Aufbau einer schlüssigen Argumentation. Ebenso wird die KI als nützlich erlebt, um Schreibblockaden zu überwinden. Als weniger effektiv wird sie hingegen bei der Vermeidung von Fehlern und beim präzisen Formulieren einzelner Aussagen eingeschätzt (Tengler & Brandhofer, 2025).

In der akademischen Praxis wird die KI daher zunehmend als Ergänzung zum menschlichen Schreiben verstanden – nicht als Ersatz, sondern als unterstützendes Werkzeug zur Verbesserung von Stil, Struktur und Argumentationslogik. Abb. 7.1 zeigt, wie KI an diesen Stellen den Schreibprozess unterstützen kann – von der ersten Gliederung bis zur kritischen Reflexion.

7.2 Strukturierung

Eine in sich geschlossene Argumentation ist ein zentraler Erfolgsfaktor wissenschaftlicher Arbeiten. Sie sorgt dafür, dass Gedanken nachvollziehbar entwickelt und überzeugend dargestellt werden können. Damit das gelingt, müssen die Inhalte klar geordnet und in eine Struktur gebracht werden, die sich konsequent durch die gesamte Arbeit zieht. Diese äußere Struktur zeigt sich meist in der Gliederung. Sie bietet einen Rahmen, innerhalb dessen sich die Argumentation entfalten kann, und hilft der Leserschaft, den roten Faden zu erkennen. Innerhalb dieses Rahmens entsteht die sogenannte innere Struktur – der eigentliche Text, in dem die Gedanken im Detail ausgeführt und miteinander verknüpft werden. Erst durch das Zusammenspiel von äußerer Ordnung und innerer Argumentation entsteht eine Arbeit, die sowohl verständlich als auch fachlich überzeugend ist (Kornmeier, 2024).

7.2 Strukturierung

Die Gliederung sollte nicht als starres Konstrukt verstanden werden. Vielmehr entwickelt sie sich im Laufe der Bearbeitung – parallel zur inhaltlichen Auseinandersetzung mit dem Thema – weiter. Neue Erkenntnisse, Perspektivwechsel oder Schärfungen der Fragestellung können es erforderlich machen, bestehende Kapitel umzustrukturieren oder ergänzende Abschnitte einzufügen. Eine gute Gliederung ist daher nicht nur durchdacht, sondern auch flexibel genug, um neue Erkenntnisse angemessen abzubilden (Oehlrich, 2014).

Die Gliederung einer wissenschaftlichen Arbeit übernimmt eine doppelte Funktion: Sie ist nicht nur Ausdruck der Argumentationsstruktur, sondern zugleich auch ein konkreter Plan für den Schreibprozess. Bereits in einem frühen Stadium der Themenbearbeitung liefert sie erste Orientierungspunkte hinsichtlich der inhaltlichen Schwerpunktsetzung. Genau hier stehen viele Studierende vor einer Herausforderung: Wie sollen die zur Verfügung stehenden Seiten sinnvoll auf die einzelnen Kapitel verteilt werden? Diese Frage lässt sich nicht pauschal beantworten, denn die Gewichtung einzelner Abschnitte hängt von mehreren Faktoren ab. Neben disziplinspezifischen Gepflogenheiten spielen auch die Anforderungen der betreuenden Lehrpersonen sowie die Art der Arbeit und der jeweilige Studiengang eine Rolle. So liegt in einer Seminararbeit der Fokus stärker auf der kompakten Darstellung des Themas, während in einer Bachelorarbeit mehr Eigenleistung in Form von Schlussfolgerungen erwartet wird. In der Masterarbeit wiederum gewinnen häufig methodische Aspekte an Bedeutung, während formelle Vorgaben etwas in den Hintergrund rücken (Winter, 2009).

Gerade bei der Entwicklung einer ersten Grobgliederung kann der Einsatz von KI-Tools hilfreich sein. Mit einem geeigneten Prompt lassen sich nicht nur Gliederungsvorschläge erzeugen, sondern auch erste Einschätzungen zur relativen Gewichtung der Kapitel erhalten. Eine dialogbasierte Vorgehensweise, um eine fachliche Gliederung zu erstellen, wurde bereits in Abschn. 5.6 erläutert.

Eine Alternative zu dieser Vorgehensweise zeigt Prompt 7.1, der dazu dient, eine erste Kapitelstruktur zu entwerfen, diese inhaltlich besser zu verstehen und ein Gespür für die Aufteilung der verfügbaren Seiten zu entwickeln. Die KI schlüpft dabei in die Rolle eines erfahrenen Experten für wissenschaftliches Arbeiten und berücksichtigt sowohl thematische als auch methodische Anforderungen. Auf Basis der angegebenen Forschungsfrage und des geplanten Seitenumfangs erstellt sie eine Gliederung in nummerierter Form, ergänzt um kurze Erläuterungen zur Funktion und Inhalt jedes Kapitels. Zusätzlich gibt sie prozentuale Empfehlungen zur Verteilung des Gesamtumfangs auf die einzelnen Abschnitte. Der Prompt fördert so ein besseres Verständnis für Aufbau, Gewichtung und Argumentationslogik wissenschaftlicher Texte.

Prompt 7.1: Grobgliederung und erste Schätzung zum Umfang der Kapitel
Kontext
Du bist ein erfahrener Experte für wissenschaftliches Arbeiten und die Strukturierung akademischer Texte. Deine Aufgabe ist es, Studierende bei der Erstellung einer fundierten und ausgewogenen Kapitelstruktur zu unterstützen.

> Ziel ist es, eine Struktur zu entwickeln, die den Gesamtumfang einer wissenschaftlichen Arbeit sinnvoll verteilt und die inhaltliche Relevanz für die Forschungsfrage berücksichtigt.
>
> **Instruktion**
>
> Entwickle eine Kapitelstruktur für eine wissenschaftliche Arbeit mit einem Gesamtumfang von ca. [Anzahl der Seiten] Seiten. Die Kapitel sollen so gestaltet sein, dass sie die Inhalte thematisch und methodisch sinnvoll gliedern, die Forschungsfrage klar strukturieren und die Leseführung erleichtern.
>
> Die zugrunde liegende Forschungsfrage lautet: [Forschungsfrage]
>
> **Vorgaben**
>
> - Stelle die Kapitel in nummerierter Reihenfolge dar (z. B. 1. Einleitung, 2. Theoretischer Hintergrund etc.).
> - Gib zu jedem Kapitel die empfohlene Seitenzahl als Prozentsatz des Gesamtumfangs an (z. B. 10 % bei 50 Seiten = 5 Seiten).
> - Ergänze zu jedem Kapitel eine kurze Beschreibung, die die Funktion des Kapitels, die Art der Inhalte sowie Kernaspekte, die zu beachten sind, erläutern.
> - Verwende eine übersichtliche Formatierung wie Bullet Points oder nummerierte Listen für bessere Lesbarkeit.

Das Ergebnis eines solchen Prompts sollte jedoch stets als erster Entwurf verstanden werden. Die automatisch generierte Struktur bedarf einer kritischen Überprüfung und Weiterentwicklung auf Basis der eigenen Überlegungen, ersten Literaturanalysen und inhaltlichen Schwerpunktsetzungen. Auch die vorgeschlagene Aufteilung der Seitenzahlen auf die Kapitel sollte keinesfalls unreflektiert übernommen werden. Vielmehr ist zu prüfen, ob diese Verteilung den Anforderungen der eigenen Arbeit gerecht wird. Eine Rücksprache mit der betreuenden Person ist in diesem Zusammenhang häufig sinnvoll, um deren Erfahrungen und Erwartungen gezielt in die Ausarbeitung einfließen zu lassen. Auf diese Weise wird aus einem KI-gestützten Entwurf ein durchdachter, fachlich fundierter Aufbau, der die Grundlage für einen überzeugenden wissenschaftlichen Bericht bildet.

Nachdem mit der Grobgliederung der grundlegende Aufbau der Arbeit festgelegt und damit ein roter Faden vorbereitet ist, richtet sich der Fokus auf die Mikrostruktur innerhalb der einzelnen Kapitel. In diesem nächsten Schritt geht es darum, die inhaltliche Ausgestaltung der Kapitel im Detail zu planen: Wie soll ein Thema eingeführt werden? Wo verorte ich Hypothesen? Welche Bestandteile gehören in ein Kapitel, und wo sollen inhaltliche Schwerpunkte gesetzt werden (Gansel et al., 2018)? Diese Fragen sind entscheidend für die Kohärenz und Überzeugungskraft der gesamten Arbeit. Dabei ist zu überlegen, welche – je nach Kapitel – theoretischen Grundlagen, empirischen Befunde oder methodischen Überlegungen in welcher Reihenfolge dargestellt werden, um der Leserschaft eine logische und gut

7.2 Strukturierung

nachvollziehbare Gedankenführung zu ermöglichen. Eine große Hilfe beim Aufbau der Mikrostruktur kann das Arbeiten mit Notizen und Exzerpten sein. Sie ermöglichen es, Gedanken zu ordnen, zentrale Argumente herauszufiltern und erste Zusammenhänge zu erkennen. Vor allem in der Phase des Schreibbeginns erleichtern sie den Einstieg und helfen dabei, die inhaltliche Richtung innerhalb eines Kapitels zu bestimmen (Wymann & Neff, 2018).

Ein beispielhafter Prompt, um mithilfe von KI einen ersten Entwurf für die Mikrostruktur eines Kapitels zu entwickeln, ist in Prompt 7.2 dargestellt. Basierend auf der jeweiligen Forschungsfrage sowie vorhandenen Notizen und Exzerpten schlägt die KI einen möglichen Aufbau für das Kapitel vor. Dieser Aufbau enthält Vorschläge, welche thematischen Abschnitte sinnvoll ins Kapitel gehören, wozu jeder Abschnitt dient und wie viel Raum er ungefähr einnehmen sollte. Besonders hilfreich ist dieser Ansatz, um bereits gesammelte Informationen thematisch zu ordnen, in eine logische Reihenfolge zu bringen und dadurch einen roten Faden innerhalb des Kapitels zu entwickeln. Der Entwurf kann so den Einstieg in das Schreiben erleichtern und strukturelle Klarheit schaffen.

Analog zur Grobgliederung als Makrostruktur ist es jedoch auch bei der Mikrostruktur erforderlich, den KI-generierten Vorschlag kritisch zu hinterfragen. Zentrale Fragen sind dabei: Entspricht die vorgeschlagene Struktur den wissenschaftlichen Standards des Fachgebiets? Deckt sie alle inhaltlich relevanten Aspekte ab? Und ist die Reihenfolge der Abschnitte logisch konsistent? Nur wenn diese Punkte sorgfältig geprüft und gegebenenfalls durch weitere KI-Unterstützung oder eigene Überarbeitung angepasst werden, entsteht eine schlüssige, fachlich angemessene Argumentationslinie. So wird die KI nicht zur Ersatzlösung, sondern zu einem produktiven Impulsgeber im Schreibprozess.

> **Prompt 7.2: Strukturidee für ein Kapitel**
> **Kontext**
> Du bist ein wissenschaftlicher Berater mit ausgewiesener Expertise im akademischen Schreiben und der Strukturierung von Kapiteln. Ziel ist es, eine bewährte Strukturvorlage für das Kapitel [Kapitelname] zu entwickeln. Die Struktur soll sich an wissenschaftlichen Publikationen orientieren, eine logische Abfolge sicherstellen und die Forschungsfrage [Forschungsfrage] klar integrieren. Das Kapitel soll sich sinnvoll in die Gesamtgliederung der Arbeit einfügen: [vollständige Gliederung].
> **Instruktion**
>   Entwickle ein detailliertes Struktur-Template für das Kapitel [Kapitelname], das die zentralen Abschnitte dieses Kapitels abdeckt. Die Inhalte sollen logisch aufeinander aufbauen und eine kohärente Argumentationslinie verfolgen.
>   Berücksichtige dabei die folgenden Notizen und/oder Exzerpte:
> [Notizen oder Exzerpte]

> **Vorgaben**
> - Gliedere das Kapitel in klar abgegrenzte Abschnitte mit spezifischer Funktion.
> - Gib zu jedem Abschnitt eine kurze Beschreibung seiner Funktion und seines Inhalts.
> - Schätze die Länge jedes Abschnitts als Prozentsatz des gesamten Kapitelumfangs.
> - Verwende eine übersichtliche und prägnante Darstellungsform, z. B. Bullet Points oder nummerierte Listen.

7.3 Textproduktion

Wenn es an das eigentliche Schreiben des Forschungsberichts geht, ist es meist hilfreich, den Perfektionismus zunächst bewusst zurückzustellen. Zu Beginn sollte der Fokus weniger auf sprachliche Feinheiten oder inhaltliche Details gelegt werden, sondern vielmehr auf den Schreibfluss. Ziel dieser Textphase ist es, Gedanken möglichst ungefiltert festzuhalten – auch solche, die spontan entstehen oder durch vorherige Lektüre angeregt wurden. Das produktive Sammeln und Formulieren steht somit im Vordergrund, nicht die sofortige Ausformulierung eines druckreifen Textes. In einem zweiten Schritt erfolgt dann die gezielte Überarbeitung, um die Argumentation zu schärfen, gedankliche Brüche zu erkennen und Widersprüche zu klären. Übergänge werden dabei geglättet, zentrale Aussagen gestärkt und inhaltliche Relevanz kritisch geprüft. Auch die Konsistenz – also die Logik und Stringenz innerhalb und zwischen den Abschnitten – wird in dieser Phase systematisch sichergestellt. Auf diese Weise entsteht schrittweise ein wissenschaftlicher Text, der nicht nur fachlich fundiert, sondern auch überzeugend und gut lesbar ist. (Wymann & Neff, 2018).

Sind die Inhalte im Text stimmig aufeinander abgestimmt und logisch aufgebaut, richtet sich der Fokus im nächsten Schritt auf die sprachliche Ausgestaltung. Nun geht es darum, die Argumente in einer wissenschaftlich angemessenen Sprache zu formulieren. Der Stil ist dabei häufig auch durch die Gepflogenheiten und den Fachjargon der jeweiligen Disziplin geprägt. Wissenschaftliches Schreiben folgt übergreifenden Qualitätsmerkmalen, die nicht nur formaler Natur sind, sondern dem Ziel dienen, Inhalte klar und überzeugend zu vermitteln.

Ein guter wissenschaftlicher Stil zeichnet sich dadurch aus, dass Leserinnen und Leser nicht mit überflüssigen Worten, Binsenweisheiten oder Allgemeinplätzen belastet werden. Auf umständliche und künstlich aufgeblähte Formulierungen wird ebenso verzichtet wie auf eine Sprache, die entweder durch Fachjargon überfrachtet oder durch sprachliche Einfachheit verflacht ist. Zudem gilt es, Stilbrüche zu vermeiden und modische Begriffe oder umgangssprachliche Wendungen außen vorzulassen (Esselborn-Krumbiegel, 2022; Franck, 2017). Ziel ist ein präziser, klarer und zugleich differenzierter Ausdruck, der sowohl der Sache als auch dem Lesepublikum gerecht wird. Ein solcher Stil ist kein Selbstzweck, sondern eine notwendige Voraussetzung dafür, dass wissenschaftliche Gedanken nachvollziehbar, überzeugend und wirksam kommuniziert werden.

7.3 Textproduktion

Zur Optimierung der sprachlichen Qualität kann KI gezielt eingesetzt werden, wie der beispielhafte Schreibtrainer in Prompt 7.3 exemplarisch zeigt. Das Ziel ist dabei nicht nur, den konkreten Text zu verbessern, sondern auch den eigenen wissenschaftlichen Schreibstil langfristig weiterzuentwickeln.

Prompt 7.3: Schreibtrainer

Kontext
Du bist ein Schreibtrainer mit ausgewiesener Expertise in sprachlicher Präzision, fachsprachlichem Stil und akademischem Schreiben. Ziel ist es, Texte so zu optimieren, dass sie präzise, verständlich und stilistisch an den jeweiligen Fachbereich angepasst sind. Gleichzeitig sollen unnötig komplexe Formulierungen vereinfacht werden, ohne dabei die inhaltliche Tiefe oder fachliche Genauigkeit zu verlieren. Die Optimierung soll zudem dazu beitragen, dass ich langfristig selbst besser akademisch schreiben kann.

Instruktion
Optimiere den vorliegenden Text durch Vorschläge für präzisere Formulierungen und passe den Stil an die Anforderungen eines fachlichen Publikums an. Identifiziere übermäßig komplexe Sätze und reduziere deren Komplexität, ohne den fachlichen Anspruch oder die Aussagekraft zu beeinträchtigen. Ergänze bei Bedarf Hinweise zu stilistischen Anpassungen, die für den jeweiligen Fachbereich relevant sind.

Vorgaben

1. Präzisere Formulierungen
   - Liste alternative Formulierungen auf, die präziser und klarer sind.
   - Stelle die Originalformulierung und die überarbeitete Version gegenüber.
2. Fachspezifischer Stilrat
   - Gib Hinweise, wie der Stil an den jeweiligen Fachbereich angepasst werden kann (z. B. Tonalität, Fachbegriffe, Vermeidung von Umgangssprache).
   - Begründe stilistische Anpassungen mit Bezug auf typische Konventionen des jeweiligen Fachgebiets.
3. Komplexitätsreduktion
   - Identifiziere übermäßig komplexe oder verschachtelte Sätze.
   - Schlage vereinfachte Versionen vor, die inhaltlich gleichwertig bleiben.
   - Erkläre bei Bedarf, warum die Vereinfachung sinnvoll ist (z. B. bessere Lesbarkeit, klarere Argumentation).

Der Output soll in klar gegliederter und übersichtlicher Form dargestellt werden, z. B. mithilfe von nummerierten Listen oder Abschnitten mit Überschriften.

Alle Änderungen oder Vorschläge sollen nachvollziehbar und begründet sein. Ziel ist es, dass ich erkenne, wo und warum Verbesserungsbedarf besteht, um daraus zu lernen.

Die KI unterstützt diesen Prozess, indem sie präzisere Formulierungen vorschlägt, übermäßige Komplexität reduziert und den Stil an die sprachlichen Konventionen des jeweiligen Fachgebiets anpasst. Dabei achtet sie darauf, dass die inhaltliche Tiefe und fachliche Genauigkeit erhalten bleiben, während gleichzeitig die Lesbarkeit und argumentative Klarheit verbessert werden. Zu allen Änderungen liefert die KI nachvollziehbare und didaktisch aufbereitete Begründungen. Auf diese Weise erhalten Studierende nicht nur eine konkrete Hilfestellung für ihren aktuellen Text, sondern entwickeln zugleich ein besseres Verständnis für sprachliche Wirkung, fachgerechte Ausdrucksweise und stilistische Feinheiten.

Um beim wissenschaftlichen Schreiben produktiv zu bleiben, ist es entscheidend, in einen kontinuierlichen Schreibfluss – auch als Flow bezeichnet – zu kommen. Dieses Flow-Erlebnis ist eng mit drei zentralen Bedingungen verknüpft, die das Schreiben nicht nur effizienter, sondern auch als bereichernde Erfahrung erlebbar machen (Esselborn-Krumbiegel, 2015; Swoboda, 2023):

Erstens setzt der Schreibfluss eine angemessene Passung zwischen den Anforderungen der Schreibaufgabe und den eigenen Fähigkeiten voraus. Sind die Anforderungen zu hoch, kann dies zur Überforderung führen, wodurch der Schreibprozess ins Stocken gerät. Umgekehrt drohen bei zu geringen Anforderungen Langeweile und ein Mangel an geistiger Aktivierung, was Konzentration und inhaltliche Tiefe beeinträchtigt. In beiden Fällen können Schreibblockaden entstehen – also das Gefühl, nicht mehr weiterschreiben zu können oder keinen geeigneten Einstieg zu finden. Zweitens ist das Setzen klarer Ziele entscheidend. Wer weiß, was genau verlangt wird, welche Regeln einzuhalten sind und worauf es fachlich ankommt, kann zielgerichteter arbeiten. Rückmeldungen – etwa durch Lehrende oder durch die Analyse gelungener Beispielarbeiten – helfen dabei, die eigenen Ziele zu schärfen und den Text zu kalibrieren. Drittens spielt die wahrgenommene Kontrolle über den Schreibprozess eine zentrale Rolle. Wer das Gefühl hat, den Prozess im Griff zu haben, schreibt mit mehr Selbstvertrauen und innerer Ruhe. Bei drohender Überforderung helfen einfache Strategien: etwa das Erstellen von Strukturskizzen, die Reduktion des verwendeten Materials oder die Aufteilung komplexer Aufgaben in kleinere, handhabbare Arbeitsschritte.

Treten Schreibblockaden auf, kann der Einsatz von KI dabei helfen, die Ursachen gezielt zu reflektieren und passende Strategien zur Überwindung zu entwickeln, um den Schreibfluss wiederherzustellen. Durch gezielte Prompts lassen sich etwa Denkblockaden analysieren, strukturierende Vorschläge erarbeiten oder alternative Einstiege in den Text finden. Prompt 7.4 zeigt exemplarisch, wie KI in solchen Situationen als dialogischer Schreibcoach fungieren kann.

Prompt 7.4: Überwindung von Schreibblockaden
Kontext
Du bist Expertin für wissenschaftliches Schreiben mit Schwerpunkt auf Schreibprozesse, Denkblockaden und individuelle Strategien zur Textentwicklung. Ziel ist es, gemeinsam mit der betroffenen Person die Art der Blockade zu erkennen und eine maßgeschneiderte Lösung zu entwickeln – Schritt für Schritt und orientiert an der konkreten Schreibsituation.

> **Instruktion**
> Begleite die schreibende Person dabei, ihre Schreibblockade gezielt zu analysieren und individuelle Lösungsstrategien zu entwickeln. Starte mit einer kurzen Problemklärung: Stelle bis zu fünf präzise Reflexionsfragen, um herauszufinden, in welcher Phase des Schreibens die Blockade auftritt (z. B. beim Einstieg, beim Strukturieren oder Formulieren), wie sie sich konkret zeigt, welche Gedanken oder Emotionen damit verbunden sind, was bereits ausprobiert wurde und was in der Vergangenheit hilfreich war. Ziel ist es, typische Denkmuster oder äußere Bedingungen zu identifizieren, die den Schreibfluss behindern.
> Entwickle auf dieser Basis eine maßgeschneiderte Strategie zur Überwindung der Blockade. Die Empfehlungen sollen konkret, praxistauglich und auf die genannte Situation abgestimmt sein. Wähle passende Methoden wie Freewriting bei Einstiegshürden, Mindmaps zur Strukturierung, bewusst unperfektes Schreiben bei Perfektionismus oder Schreibverabredungen bei Aufschiebeverhalten. Ergänze bei Bedarf unterstützende Elemente wie Rituale, mentale Schreibverträge oder einfache Übungen zur Aktivierung des Schreibprozesses.
> **Vorgaben**
>
> - Verwende klare Sprache, kurze Absätze, Listen und Zwischenüberschriften.
> - Sprich direkt an (Du-Form), motivierend und lösungsorientiert.
> - Biete keine allgemeine Theorie, sondern individuelle Begleitung auf Augenhöhe.

Dabei greift die KI auf bewährte Prinzipien der Schreibberatung zurück: Durch gezielte Reflexionsfragen hilft sie, die individuelle Blockade einzuordnen – etwa nach ihrer Entstehungsphase, typischen Denkmustern oder begleitenden Emotionen. Auf dieser Grundlage entwickelt sie eine passgenaue Strategie zur Überwindung, die auf konkrete Methoden wie Freewriting, Mindmapping oder bewusst entlastendes Schreiben zurückgreifen kann. Der dialogische Charakter des Prompts unterstützt dabei nicht nur die Problemlösung, sondern fördert auch das eigenständige Nachdenken über den eigenen Schreibprozess.

Die Möglichkeiten zur KI-Unterstützung beim Schreiben sind ausgesprochen vielfältig. Bereits auf Ebene einzelner Sätze oder Begriffe lassen sich durch gezielte Impulse Verbesserungen erzielen, die sich positiv auf Verständlichkeit, Stil und Überzeugungskraft eines Textes auswirken. Gerade diese feinen Anpassungen – von der Wortwahl über Übergänge bis hin zur Satzstruktur – machen im Ergebnis oft einen großen Unterschied. Tab. 7.1 gibt einen Überblick über weiterführende Einsatzmöglichkeiten von KI im Schreibprozess. Die dort aufgeführten Ideen reichen von stilistischen Feinjustierungen bis zur strukturellen Optimierung ganzer Abschnitte und zeigen, wie differenziert und zugleich praxisnah KI-Tools eingesetzt werden können, um wissenschaftliche Texte gezielt zu verbessern.

Tab. 7.1 Weitere Ansätze für die Schreibhilfe durch KI

Schreibhilfe	Beschreibung
Ausgewogene Satzlängen entwickeln	Die KI analysiert Textpassagen auf unausgewogene Satzstrukturen und macht Vorschläge zur Kürzung oder Erweiterung, um den Lesefluss zu verbessern und Monotonie zu vermeiden
Flüssige Übergänge gestalten	Die KI liefert passende Formulierungen für Übergänge zwischen Abschnitten oder Argumentationsschritten, um die Kohärenz im Text zu stärken und Gedankensprünge zu vermeiden
Präzisen Wortschatz erweitern	Die KI schlägt kontextgerechte Alternativen zu häufig verwendeten Wörtern vor und hilft so, den Wortschatz zu variieren, ohne an Genauigkeit einzubüßen
Stilistisch passende Formulierungen finden	Die KI bietet alternative Ausdrucksmöglichkeiten für bestehende Sätze – etwa bei sperrigen Wendungen, passiven Konstruktionen oder sprachlicher Unschärfe
Wiederholungen gezielt vermeiden	Die KI erkennt doppelte Begriffe oder Formulierungen und schlägt sprachlich abwechslungsreiche Alternativen vor, um stilistische Redundanz zu vermeiden
Stilistische Konsistenz sichern	Die KI prüft, ob der Schreibstil innerhalb eines Textes einheitlich bleibt – etwa in Bezug auf Tonalität, Fachsprachlichkeit oder Satzstruktur – und macht gezielte Hinweise auf Brüche oder Inkonsistenzen

7.4 Argumentation

Schreiben ist weit mehr als das Festhalten bereits fertiger Gedanken – es ist ein aktiver Prozess des Denkens. Erst durch das Schreiben nehmen Gedanken Form an, werden Zusammenhänge erkennbar und eigene Standpunkte klarer. Die Entwicklung einer stimmigen Argumentation geschieht daher nicht nur im Voraus, sondern oft erst während des Schreibens selbst.

Im Unterschied zur gesprochenen Sprache, die stark an den Moment und die sprechende Person gebunden ist, stehen geschriebene Sätze für sich selbst. Sie können unabhängig vom Verfassenden gelesen, verstanden und kritisch hinterfragt werden. Diese Unabhängigkeit erlaubt ein höheres Maß an Abstraktion und theoretischem Denken. Zudem entlastet das Schreiben das Kurzzeitgedächtnis: Ideen müssen nicht gleichzeitig erinnert, bewertet und formuliert werden, sondern können nacheinander bearbeitet, überdacht und weiterentwickelt werden. So wird es möglich, Argumente neu zu ordnen, verschiedene Gedanken zu vergleichen oder Formulierungen gezielt zu verbessern (Menary, 2007).

Wer schreibt, denkt – und wer bewusst schreibt, schärft dabei seine Argumente. Genau deshalb ist die inhaltliche Reflexion für das Schreiben so wertvoll. Schreiben ist damit nicht nur ein Mittel zur Darstellung, sondern ein Werkzeug zur Klärung und Weiterentwicklung eigener Gedanken.

Insofern sollte auch der Einsatz von KI in diesem Zusammenhang vor allem dazu beitragen, die eigenen Analysefähigkeiten weiterzuentwickeln und den Text kritisch zu hinterfragen. Besonders in der inhaltlichen Auseinandersetzung kann ein intelligenter Schreibassistent dabei helfen, Argumente zu prüfen, gedankliche Lücken zu erkennen oder neue Perspektiven zu erschließen. Prompt 7.5 zeigt exemplarisch,

7.4 Argumentation

wie die KI in dieser Rolle eingesetzt werden kann – nicht als automatisierter Ersatz für eigene Überlegungen, sondern als Impulsgeber für reflektiertes und argumentativ fundiertes Schreiben.

Prompt 7.5: Schreibassistent für die inhaltliche Auseinandersetzung

Kontext

Du bist ein Schreibassistent mit ausgewiesener Expertise in der kritischen Analyse und Synthese wissenschaftlicher Texte. Ziel ist es, den Text systematisch zu durchdringen, zentrale Aussagen zu erfassen und durch gezielte Selbstreflexion die eigene Interpretation kritisch zu überprüfen.

Instruktion

Hilf bei der Analyse eines vorliegenden Textes, indem Du:

1. Fragen zur Selbstreflexion entwickelst, die zur kritischen Auseinandersetzung mit dem Text anregen (z. B. Argumentationsstärke, fehlende Aspekte) und die eigene Haltung sowie Interpretation hinterfragen (z. B. „Inwieweit beeinflussen meine Vorerfahrungen mein Textverständnis?").
2. Kernaussagen des Textes extrahierst und in prägnanter Form zusammenfasst. Begründe jeweils, warum diese Aussagen zentral für das Textverständnis sind.
3. eine Text-Synthese formulierst, die die wesentlichen Inhalte bündelt. Vergleiche diese mit den Kernaussagen, um sicherzustellen, dass alle wichtigen Punkte berücksichtigt wurden.

Vorgaben

- Stelle die Analyse klar strukturiert und übersichtlich dar, z. B. mithilfe von nummerierten Listen oder Abschnitten mit Zwischenüberschriften.
- Die Inhalte sollen präzise formuliert und leicht nachvollziehbar sein, sodass sie sich direkt für die eigene Reflexion und Textauswertung nutzen lassen.
- Die Arbeitsschritte sollen so gestaltet sein, dass sie nicht nur den konkreten Text erschließen, sondern auch zur Stärkung der eigenen Analysekompetenz beitragen.

Die KI agiert in diesem Prompt als analytischer Schreibassistent, der dabei unterstützt, zentrale Aussagen des eigenen Textes zu erkennen, präzise zu formulieren und kritisch zu reflektieren. Durch gezielte Fragen zur Selbstreflexion werden Schreibende dazu angeregt, die Argumentationsstruktur, mögliche Leerstellen sowie die eigene Interpretation systematisch zu hinterfragen. Eine abschließende Synthese fasst die wesentlichen Aussagen kompakt zusammen und bietet so einen klaren Überblick über den Text. Auf dieser Grundlage lässt sich prüfen, ob die eigenen Gedanken vollständig, ausgewogen und in der gewünschten Gewichtung im Text abgebildet sind.

Eine wirkungsvolle Strategie, um die eigenen Gedanken auf Konsistenz und Überzeugungskraft zu überprüfen, ist das sogenannte Prinzip des Advocatus Diaboli (Anwalt des Teufels) – das Denken in Gegenpositionen. In diesem Gedankenexperiment versetzt man sich bewusst in die Rolle eines kritischen Gegenübers und sucht gezielt nach Einwänden, Schwachstellen und alternativen Sichtweisen. Durch diese kontroverse Auseinandersetzung gewinnt man neue Perspektiven auf die eigene Argumentation, kann diese gezielt weiterentwickeln und frühzeitig auf mögliche Gegenargumente reagieren. So stärkt man nicht nur die argumentative Tiefe des eigenen Textes, sondern auch dessen Widerstandsfähigkeit im wissenschaftlichen Diskurs. In Prompt 7.6 simuliert die KI die Rolle eines Advocatus Diaboli: Die KI entwickelt potenzielle Einwände, antizipiert kritische Perspektiven unterschiedlicher Gruppen und hilft dabei, überzeugende Gegenstrategien zu formulieren. Hierdurch wird nicht nur die argumentative Tiefe verbessert, sondern auch die Fähigkeit gefördert, sich kritisch und reflektiert mit dem eigenen Text auseinanderzusetzen.

> **Prompt 7.6: Advocatus Diaboli**
> **Kontext**
> Du übernimmst die Rolle eines Advocatus Diaboli, um eine bestehende Argumentation gezielt zu hinterfragen. Ziel ist es, dass Du potenzielle Schwachstellen identifizierst, kritische Perspektiven antizipierst und durchdachte Gegenstrategien entwickelst. So kann die argumentative Substanz vertieft und auf mögliche Einwände vorbereitet werden.
> **Instruktion**
>   Unterstütze die Analyse einer bestehenden Argumentation, indem Du:
>
> 1. mögliche Einwände generierst.
>   - Liste Gegenargumente auf, die auf unterschiedlichen Ebenen (logisch, ethisch, emotional, praktisch) gegen die vertretene Position sprechen könnten.
>   - Ergänze kurze Beispiele oder Szenarien, die diese Einwände plausibel veranschaulichen.
> 2. kritische Perspektiven antizipierst.
>   - Beschreibe, welche Personengruppen oder gesellschaftlichen Akteure diese Einwände typischerweise vertreten könnten (z. B. Fachexpert:innen, politische Gruppen, betroffene Zielgruppen).
>   - Gib Hinweise, wie diese Perspektiven den Diskurs beeinflussen oder dominieren könnten.
> 3. Strategien zur Stärkung der eigenen Position entwickelst.
>   - Formuliere klare und überzeugende Entgegnungen auf die genannten Einwände.
>   - Gib Empfehlungen, wie die Argumentation durch zusätzliche Fakten, Beispiele, Vergleiche oder rhetorische Techniken gestärkt werden kann.

Vorgaben

- Der Output soll strukturiert und übersichtlich dargestellt werden, z. B. durch nummerierte Listen oder Abschnitte mit Zwischenüberschriften.
- Die Inhalte sollen präzise formuliert und leicht nachvollziehbar sein.
- Argumente, Beispiele und Gegenstrategien sollen inhaltlich nachvollziehbar und logisch aufgebaut sein.
- Optional: Hervorhebungen (z. B. Fettungen) können genutzt werden, um zentrale Punkte oder Kontraste deutlich zu machen.

7.5 Do's and Don'ts

Do's

1. *Eigenverantwortung bewahren*: Behandle jede KI-Ausgabe als Rohmaterial und übernimm die Verantwortung für Inhalt, Form und Quellen.
2. *Kritisch prüfen*: Prüfe Logik, Fachtermini, Zitate und Fakten jeder KI-Passage, bevor sie in die Arbeit wandert.
3. *Struktur als Startpunkt nutzen*: Verwende KI-Gliederungen als Einstieg; justiere Aufbau, Gewichtung und Reihenfolge anhand eigener Literaturarbeit.
4. *Iterativ überarbeiten*: Wechsle zwischen Rohtext, KI-Optimierung und eigener Revision, bis Kohärenz und Stringenz stimmig sind.
5. *Sprachliche Präzision schärfen*: Bitte die KI um Alternativen, Kürzungen oder Vereinfachungen, um Fachsprache klar, knapp und konsistent zu halten.
6. *Argumente testen*: Lass einen „Advocatus Diaboli" Einwände formulieren und stärke so Begründungstiefe und Diskussionsfähigkeit.
7. *Blockaden auflösen*: Setze KI als dialogischen Schreibcoach ein, um Flow und Motivation zu sichern.

Don'ts

1. *Ungeprüftes Übernehmen:* Übernimm keine KI-Abschnitte eins zu eins ohne eigene Prüfung; vertraue nicht auf vermeintliche Studien, Zitate oder Zahlen, die die KI nennt.
2. *Denken outsourcen:* Nutze KI nicht als Ersatz für eigene Analyse, Interpretation oder Argumentationsaufbau, sondern nur als Ergänzung und Impuls.
3. *Einmal-Durchgang erwarten:* Gehe nicht davon aus, dass der erste KI-Output druckreif ist; Überarbeitungsschleifen, auch manuelle, sind Pflicht.
4. *Menschliches Feedback auslassen:* Verzichte nicht auf Rückmeldung durch Kommiliton:innen und Betreuer:innen – KI ersetzt keine fachkundige Kritik.

Literatur

Esselborn-Krumbiegel, H. (2015). *Tipps und Tricks bei Schreibblockaden. Stark fürs Studium: Bd. 4318.* Verlag Ferdinand Schöningh. https://doi.org/10.36198/9783838555690

Esselborn-Krumbiegel, H. (2022). *Richtig wissenschaftlich schreiben: Wissenschaftssprache in Regeln und Übungen* (7., akt. Aufl.). *Uni Tipps: Bd. 3429.* Verlag Ferdinand Schöningh. https://doi.org/10.36198/9783838558639

Franck, N. (2017). *Handbuch wissenschaftliches Arbeiten: Was man für ein erfolgreiches Studium wissen und können muss* (3., vollst. überarb. u. akt. Aufl.). *UTB Schlüsselkompetenzen: Bd. 4748.* Verlag Ferdinand Schöningh. https://doi.org/10.36198/9783838547480

Gansel, C., Jesan, I., Kovtunova, E., Nefedov, S., Ros, G., & Schäfer, P. (2018). Textorganisation. In C. Gansel & S. T. Nefedov (Hrsg.), *Wissenschaftliches Schreiben: Ein Handbuch.* Ernst-Moritz-Arndt-Universität.

Herbold, S., Hautli-Janisz, A., Heuer, U., Kikteva, Z., & Trautsch, A. (2023). A large-scale comparison of human-written versus ChatGPT-generated essays. *Scientific Reports, 13*(1), 18617. https://doi.org/10.1038/s41598-023-45644-9

Kornmeier, M. (2024). *Wissenschaftlich schreiben leicht gemacht: Für Bachelor, Master und Dissertation* (10., aktual. u. erg. Aufl.). *UTB Schlüsselkompetenzen: Bd. 3154.* Haupt. https://doi.org/10.36198/9783838562070

McCullough, D. (2002). The danger of historical amnesia. *Humanities, 23*(4) (Interview mit Bruce Cole).

Menary, R. (2007). Writing as thinking. *Language Sciences, 29*(5), 621–632. https://doi.org/10.1016/j.langsci.2007.01.005

Oehlrich, M. (2014). *Wissenschaftliches Arbeiten und Schreiben: Schritt für Schritt zur Bachelor- und Master-Thesis in den Wirtschaftswissenschaften.* Springer. https://doi.org/10.1007/978-3-662-44099-5

Swoboda, M. (2023). *Wissenschaftlich schreiben leicht gemacht: Ein Leitfaden für Architektur- und Designstudiengänge.* Springer Vieweg. https://doi.org/10.1007/978-3-658-42166-3

Tengler, K., & Brandhofer, G. (2025). KI oder nicht KI? *Medienimpulse, 63*(1) https://doi.org/10.21243/MI-01-25-11

Winter, W. (2009). *Wissenschaftliche Arbeiten schreiben: Hausarbeiten; Seminar- und Projektarbeiten; Bachelor- und Masterarbeiten; Dissertationen* (*New Business Line Arbeitstechniken*, 3. Aufl.). REDLINE-Verlag.

Wymann, C., & Neff, F. (2018). *Checkliste Schreibprozess: Ihr Weg zum guten Text: Punkt für Punkt. UTB Schlüsselkompetenzen: Bd. 4960.* Verlag Barbara Budrich. https://doi.org/10.36198/9783838549606

Daten: KI bei der Analyse 8

> **Zusammenfassung**
>
> Das Kapitel untersucht, wie Künstliche Intelligenz (KI) in Form von großen Sprachmodellen im Prozess der empirischen Datenanalyse unterstützend eingesetzt werden kann. Im Fokus stehen drei zentrale Schritte: die Auswahl geeigneter Methoden, die Auswertung und Interpretation der Daten sowie die Visualisierung der Ergebnisse. Es wird dargestellt, wie KI bei der Methodenwahl fundierte Vorschläge liefern kann – sowohl bei qualitativen als auch bei quantitativen Daten –, dabei aber auch Risiken wie Halluzinationen oder methodische Abweichungen berücksichtigt werden müssen. Im zweiten Teil zeigt das Kapitel, wie KI bei der praktischen Durchführung und Reflexion analytischer Verfahren unterstützen kann, ohne die notwendige wissenschaftliche Eigenverantwortung zu ersetzen. Abschließend werden Möglichkeiten aufgezeigt, wie KI bei der Erstellung wissenschaftlicher Visualisierungen – etwa über Codegenerierung für grafische Tools – zur Anwendung kommen kann. Ziel des Kapitels ist, die methodische Kompetenz von Studierenden zu stärken und die Qualität empirischer Arbeiten durch gezielte KI-Nutzung zu fördern. Zahlreiche Prompts veranschaulichen praxisnah, wie dieser Ansatz konkret umgesetzt werden kann.

„Ohne Daten ist man nur eine weitere Person mit einer Meinung."
– W. Edwards Deming (zitiert nach Kolasa et al., 2020, S. 147)

8.1 KI-gestützte Datenanalyse

Zwar vermitteln Lehrbücher und Online-Tutorials wertvolle Grundlagen, doch der Übergang von der Theorie zur passenden Methode für den eigenen Datensatz bleibt für viele Studierende eine Herausforderung. Der Einsatz von KI zur Datenauswertung wird aus diesem Grund immer beliebter – sowohl für qualitative Daten, die textbasiert und subjektiv-interpretativ analysiert werden (z. B. Interviews, Kommentare), als auch für quantitative Daten, die numerisch, messbar und strukturiert sind (z. B. Umfragen, Kennzahlen) (Ray, 2023).

Während klassische Statistiksoftware ihre Stärken vor allem in der Auswertung quantitativer Daten entfaltet, zeigt sich bei großen Sprachmodellen ein umgekehrtes Bild: Diese Modelle wurden primär darauf trainiert, Sprache zu verarbeiten, zu verstehen und zu generieren. Entsprechend sind sie besonders gut geeignet, bei der Auswertung qualitativer Daten zu unterstützen, etwa durch Hilfe bei der Formulierung von Kategoriensystemen, dem Verfassen von Memos oder der Reflexion von Interpretationen.

Bei quantitativen Fragestellungen hingegen stößt die KI in ihrer rein sprachbasierten Anwendung zunächst an Grenzen. Da ein Sprachmodell darauf ausgelegt ist, den wahrscheinlichsten nächsten Ausdruck vorherzusagen, kann es bei mathematischen Berechnungen oder Zählaufgaben zu systematischen Fehlern kommen. Ein häufig genanntes Beispiel ist die Frage nach der Anzahl der Buchstaben „r" im englischen Wort „Strawberry". Selbst bei mehrfacher Nachfrage liefern Sprachmodelle mitunter falsche Antworten – teilweise mit erstaunlicher Beharrlichkeit. Ein Grund dafür ist, dass Sprachmodelle mit Tokens, d. h. häufigen Buchstabenfolgen, anstelle von Einzelbuchstaben arbeiten (Conde et al., 2025).

Trotz dieser Schwächen bei numerischen Aufgaben sind KI-Modelle bei quantitativen Fragestellungen keineswegs nutzlos – im Gegenteil. Ihre Stärke liegt in der Fähigkeit, Code zu schreiben und auszuführen, z. B. in der weit verbreiteten Programmiersprache Python, die im Bereich von Data Science eine zentrale Rolle spielt. Wenn eine sprachliche Antwort falsch ist, kann eine gezielte Aufforderung, die Aufgabe per Code zu lösen, häufig zur korrekten Lösung führen. Auf diese Weise lassen sich Schwächen des Sprachmodells durch seine Rechenfähigkeit in Form von Code kompensieren.

Das Verhalten von KI kollidiert in verschiedener Hinsicht mit den Anforderungen der Wissenschaft. Etwa dass die Antworten von KI stark variieren können, erschwert es, wissenschaftliche Analysen zuverlässig zu wiederholen. Außerdem sind viele KI-Modelle eine sogenannte „Black Box", d. h., der genaue Entscheidungsweg bleibt undurchsichtig. Dadurch wird die Transparenz bei methodischen Entscheidungen eingeschränkt. Hinzu kommt, dass versteckte Verzerrungen (Biases) im Modell oder in den Daten die Integrität der Forschungsergebnisse gefährden können (Perkins & Roe, 2024). Diese Faktoren stehen im Widerspruch zu zentralen Prinzipien guter wissenschaftlicher Praxis und machen deutlich, dass KI-Systeme im Forschungskontext nicht unkritisch oder ungeprüft eingesetzt werden dürfen. Gerade in der empirischen Forschung ist es von elementarer Bedeutung, dass die Forschenden nachvollziehen und verstehen, was genau analysiert wurde und wie die jeweiligen Analyseschritte zustande gekommen sind.

Dementsprechend sollte die Rolle der KI in der Datenanalyse primär unterstützender Natur sein. Sprachmodelle können dazu beitragen, methodische Konzepte zu erläutern, typische Fehler zu identifizieren oder Vorschläge für alternative Analysepfade zu machen. Sie fördern damit das methodische Verständnis, ersetzen

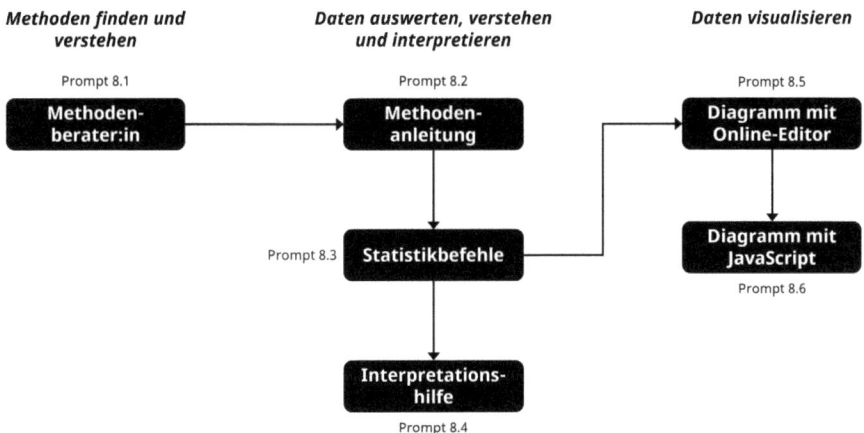

Abb. 8.1 Datenauswertung mit KI

aber nicht die notwendige methodische Selbstverantwortung, also die Fähigkeit, Entscheidungen im Forschungsprozess bewusst, reflektiert und auf Grundlage fachlicher Standards zu treffen. Werden KI-Tools lediglich als automatische Problemlöser genutzt, ohne eigenes methodisches Urteilsvermögen einzubringen, untergräbt dies die wissenschaftliche Qualität der Arbeit. Werden sie hingegen als Lern- und Reflexionsinstrumente eingesetzt, können sie dazu beitragen, die wissenschaftliche Urteilskraft zu schärfen, analytische Kompetenzen auszubauen und die Qualität empirischer Forschung gezielt zu verbessern (Karras et al., 2024).

Dieses Kapitel widmet sich der Frage, wie KI sinnvoll in den empirischen Forschungsprozess integriert werden kann. Im Fokus stehen die folgenden drei Teilbereiche: 1. Auswahl und Verständnis geeigneter Methoden, 2. Auswertung, Interpretation und Reflexion von Daten und 3. die Visualisierung von Ergebnissen. Abb. 8.1 zeigt den Zusammenhang der Prompts in diesem Kapitel.

8.2 Methoden finden und verstehen

Empirische Daten liefern nur dann Erkenntnisgewinn, wenn sie mit der passenden methodischen Vorgehensweise ausgewertet werden. Studierende greifen bei dieser Entscheidung häufig auf klassische Hilfsmittel zurück – etwa auf Statistiklehrbücher, Methodenliteratur oder Online-Tutorials. Hilfreich für statistische Methoden ist in diesem Zusammenhang unter anderem der Entscheidungsbaum der Methodenberatung der Universität Zürich (Schwarz, 2025), der Schritt für Schritt zur passenden Auswertungsmethode führt. Dennoch bleibt die Auswahl geeigneter Verfahren für viele eine Herausforderung. Lehrbücher vermitteln häufig eher theoretisch-abstrakte Inhalte, die in der Praxis schwer anwendbar erscheinen. Die konkrete Umsetzung, also die Brücke zwischen Theorie und empirischer Anwendung, bleibt dabei oft unklar.

Künstliche Intelligenz kann diesen Entscheidungsprozess spürbar erleichtern, indem sie fundierte Vorschläge zur Auswahl und Anwendung geeigneter Analyseverfahren macht. Dabei geht es zum einen um die inhaltliche Passung – also darum, dass das vorgeschlagene Verfahren zum Forschungsziel, zur Art der Daten und zur Fragestellung passt. Zum anderen ist entscheidend, dass das Verfahren methodisch korrekt umgesetzt wird, also alle notwendigen Annahmen beachtet und die Schritte fehlerfrei durchgeführt werden. Diese Unterstützung ist sowohl bei quantitativen als auch bei qualitativen Daten möglich. Gleichzeitig müssen auch hier mögliche Risiken berücksichtigt werden. Wie bei allen generativen KI-Anwendungen besteht die Gefahr der Halluzinationen, etwa wenn Methoden oder Aussagen darüber gar nicht existieren. Dieses Risiko ist bei Standardverfahren gering, da diese Methoden in der wissenschaftlichen Literatur gut dokumentiert und in Trainingsdaten umfassend repräsentiert sind. Dennoch empfiehlt es sich, beim Chat die LLM-Temperatur zu verändern. Die Temperatur eines LLM steuert, wie kreativ oder konservativ die Antwort ist. Ein Wert von 0 sorgt für präzise und vorhersehbare Antworten.

Ein subtileres Risiko besteht darin, dass die KI zwar formal korrekte, jedoch unübliche Verfahren vorschlägt, die nicht dem anerkannten Standard innerhalb einer bestimmten Fachcommunity entsprechen. Auch wenn solche Verfahren nicht grundsätzlich falsch sind, kann ihre Anwendung irritieren oder eine ausführliche Begründung erfordern, um gegenüber Gutachter:innen oder Betreuer:innen nachvollziehbar zu sein. In der akademischen Praxis ist es häufig ratsam, etablierte Verfahren zu nutzen, da diese innerhalb der jeweiligen Disziplin besser verstanden und akzeptiert werden (Watson et al., 2025). Daher sollte die durch KI unterstützte Methodenauswahl stets kritisch hinterfragt werden. Studierende sollten sich aktiv mit den vorgeschlagenen Verfahren auseinandersetzen – nicht nur zur Überprüfung ihrer Plausibilität, sondern auch, um ein tieferes Verständnis für die methodische Logik und die Anforderungen an eine korrekte Anwendung zu entwickeln. Denn auch hier gilt: KI ist ein Werkzeug, das die wissenschaftliche Arbeit unterstützt, aber das kritische Denken im Forschungsprozess nicht ersetzt.

Ein exemplarischer Prompt, der bei der Auswahl geeigneter Verfahren hilft, ist in Prompt 8.1 dargestellt. Er zeigt, wie ein virtueller Methodenberater konfiguriert werden kann, der auf Basis des Forschungsziels, der Forschungsfrage und der Datenstruktur passende Methoden empfiehlt.

Prompt 8.1: Methodenberater:in zur Datenauswertung
Kontext
Du bist ein erfahrener Professor, dessen Ziel es ist, Studierende bei ihrer Abschlussarbeit kompetent, verständlich und praxisnah zu beraten. Im Mittelpunkt steht dabei die Auswahl geeigneter statistischer Methoden, die sowohl wissenschaftlich fundiert als auch für Studierende nachvollziehbar anwendbar sind.
Instruktion
Meine Forschungsfrage lautet: Ob und wie stark senkt Sport den Blutzucker?

8.2 Methoden finden und verstehen

> Berate mich bei der Auswahl einer geeigneten Methode zur statistischen Auswertung eines Datensatzes. Der Datensatz umfasst Messungen des Blutzuckerspiegels von 100 Personen – 50 davon haben nach der ersten Messung 30 min lang eine Sportübung absolviert, die anderen 50 haben in dieser Zeit geruht. Danach wurde bei allen erneut der Blutzucker gemessen. Zusätzlich stehen folgende Variablen zur Verfügung: Geschlecht, Alter und Body-Mass-Index (BMI).
>
> 1. Empfiehl mir geeignete statistische Methoden zur Beantwortung der Forschungsfrage und skizziere die grundlegende Idee der Methode.
> 2. Diskutiere die Vor- und Nachteile der vorgeschlagenen Methoden.
> 3. Nenne jeweils die Voraussetzungen für deren korrekten Anwendung und zeige auf, wie ich diese Voraussetzungen möglichst adäquat prüfen kann.
> 4. Gib abschließend eine konkrete Empfehlung ab, unter welchen Umständen welche Methode für dieses Untersuchungsdesign am besten geeignet ist.
>
> **Vorgaben**
>
> - Stelle die Vor- und Nachteile der vorgeschlagenen Methoden tabellarisch dar.
> - Erstelle für die Empfehlung ein Ranking der Methoden, inklusive Begründung für die jeweilige Platzierung.
> - Die Sprache soll klar, didaktisch und studierendenfreundlich sein – Ziel ist es, dass Studierende die Empfehlungen nicht nur anwenden, sondern auch verstehen können.
> - Die Vorschläge sollen sich an gängiger statistischer Praxis in empirischen Abschlussarbeiten orientieren.

Im Prompt werden zunächst das Ziel der Analyse, der fachliche Hintergrund sowie die zugrunde liegenden Daten beschrieben. Alternativ zur textlichen Beschreibung kann auch eine strukturierte Darstellung der Daten als Anhang dem Prompt beigefügt werden. In manchen Fällen ist es zudem sinnvoll, die konkreten Rohdaten als Anhang bereitzustellen, um der KI eine fundierte Analysegrundlage zu bieten.

Ziel der KI-Unterstützung sollte nicht sein, eine einzelne Methode vorzugeben, sondern verschiedene geeignete Verfahren mit ihren jeweiligen Vor- und Nachteilen darzustellen. Dies fördert die eigenständige Entscheidungsfindung der Studierenden und stärkt die wissenschaftliche Reflexionskompetenz. Die Verantwortung für die methodische Auswahl verbleibt so beim Menschen, wodurch sichergestellt wird, dass der Forschungsprozess aktiv und bewusst gestaltet wird.

Ein zentrales Element eines solchen Prompts ist die Angabe der Voraussetzungen für die Anwendung bestimmter Methoden. Dies ermöglicht es, eigenständig zu prüfen, ob die vorliegenden Daten den methodischen Anforderungen genügen. Insbesondere bei statistischen Verfahren sind formale Annahmen – wie etwa das Skalenniveau, die Normalverteilung oder Varianzhomogenität – entscheidend für die Gültigkeit der Ergebnisse. Entsprechend sollte die KI auch Verfahren zur Prüfung dieser Voraussetzungen erläutern, etwa geeignete Tests oder diagnostische Grafiken. Auch bei qualitativen Forschungsmethoden spielen formale Gütekriterien eine Rolle für die Transparenz und Nachvollziehbarkeit der Auswertungsschritte. So kann etwa die Interrater-Reliabilität zur Beurteilung der Übereinstimmung zwischen verschiedenen Kodierungen herangezogen werden, während die Dokumentation des Kodierprozesses, die theoretische Fundierung der Kategorien sowie die Reflexion der eigenen Forscherrolle weitere zentrale Qualitätskriterien darstellen (Olmos-Vega et al., 2022).

Ein besonderer Vorteil ergibt sich durch das dialogorientierte Format von KI-Assistenten: Bei Verständnisproblemen können gezielte Rückfragen gestellt und unklare Aspekte näher erläutert werden. Zwar besteht auch hier grundsätzlich die Gefahr von Halluzinationen, dennoch zeigen die bisherigen Erfahrungen, dass die Qualität der methodischen Vorschläge häufig das Niveau typischer Methodenkenntnisse von Studierenden übersteigt, insbesondere bei jenen, die sich mit der Materie schwertun. Dennoch ist es unerlässlich, die Ausgaben der KI stets kritisch zu prüfen und anhand wissenschaftlicher Quellen zu validieren. Dies hat den zusätzlichen Vorteil, dass im Zuge dieser Überprüfung unmittelbar zitierfähige Literatur identifiziert und in der eigenen Arbeit verwendet werden kann.

8.3 Daten auswerten, verstehen und interpretieren

Nachdem eine geeignete Methode ausgewählt wurde, besteht der nächste Schritt darin, diese korrekt anzuwenden und die gewonnenen Ergebnisse sachgerecht zu interpretieren. Die KI kann in diesem Prozess eine unterstützende Rolle übernehmen, indem sie nicht nur bei der Auswahl der Methode hilft, sondern auch eine schrittweise Anleitung zur praktischen Umsetzung bietet. Dabei kann sie typische Vorgehensweisen erläutern, auf mögliche Fallstricke hinweisen und bei Bedarf Hintergrundwissen zu einzelnen methodischen Schritten bereitstellen.

Prompt 8.2 veranschaulicht diesen Ansatz exemplarisch am Beispiel einer qualitativen Forschungsmethode und zeigt, wie die KI dazu eingesetzt werden kann, Studierende durch den methodischen Prozess zu begleiten – von der Vorbereitung über die Durchführung bis zur Interpretation der Ergebnisse.

Prompt 8.2: Methodenanleitung
Kontext
Du bist ein erfahrener Forscher, der bereits zahlreiche Studien mithilfe der qualitativen Inhaltsanalyse durchgeführt hat. Ziel ist es, Studierende bei der korrekten Anwendung dieser Methode zu unterstützen.
Instruktion
Ich plane, meine transkribierten Interviews mittels der qualitativen Inhaltsanalyse nach Mayring auszuwerten. Bitte stelle mir Folgendes zur Verfügung:

1. Eine Auflistung der Qualitätskriterien, die ich grundsätzlich beachten muss
2. Eine Liste an wissenschaftlicher Literatur, die die Methodik erklärt
3. Eine aus der Literatur destillierte Schritt-für-Schritt-Anleitung mit Quellenangaben
4. Hinweise zu Risiken und Fallstricken bei der Anwendung der Methode
5. Mindestens drei exemplarische Prompts, wie ich meinen Analyseprozess mithilfe von KI qualitätssichern kann

Vorgaben

- Verwende ausschließlich wissenschaftliche Quellen, die für eine wissenschaftliche Arbeit zitierfähig sind.
- Die Schritt-für-Schritt-Anleitung soll klar strukturiert und nachvollziehbar sein, idealerweise mit konkreten Beispielen.
- Die Hinweise zu Risiken und Fallstricken sollen praxisnah sein und typische Fehlerquellen aufzeigen.
- Die KI-Prompts sollen so formuliert sein, dass sie direkt in gängigen KI-Chats eingesetzt werden können.

Bevor die KI eine konkrete Schritt-für-Schritt-Anleitung zur Anwendung einer Methode liefert, sollte im Prompt zunächst ausdrücklich auf die grundlegenden Qualitätskriterien wissenschaftlicher Forschung hingewiesen werden. Diese dienen nicht nur der Sicherung der methodischen Integrität, sondern fördern auch das methodenbewusste Arbeiten und die kritische Reflexion des eigenen Vorgehens.

Gerade bei qualitativen Methoden ist es besonders wichtig, dass sich Studierende intensiv mit der entsprechenden Fachliteratur auseinandersetzen. Diese Verfahren sind stark durch individuelle Interpretationen, theoretische Perspektiven und die aktive Rolle der Forschenden in der Auswertung geprägt. Deshalb reicht es bei der Leistungsstärke aktueller Modelle nicht aus, sich allein auf eine automatisierte Anleitung durch ein KI-System zu verlassen. Künstliche Intelligenz kann zwar unterstützend eingesetzt werden – etwa durch strukturierte Darstellungen des methodischen Vorgehens oder Hinweise auf typische Fehlerquellen –, sie ersetzt jedoch keinesfalls das eigenständige Verständnis methodischer Grundlagen und die kritische Reflexion zentraler Gütekriterien.

Im Bereich der quantitativen Forschung, insbesondere in der Statistik, sind die Anforderungen standardisierter und die Risiken von Fehlanwendungen durch KI tendenziell geringer. Dennoch ist es auch hier ratsam, die Ausgaben der KI kritisch zu hinterfragen und mit geeigneter Fachliteratur abzugleichen. Dies betrifft hauptsächlich die Wahl der statistischen Tests, die Interpretation der Ergebnisse und das Verständnis der zugrunde liegenden Voraussetzungen.

Erst wenn ein grundlegendes Verständnis dieser Rahmenbedingungen besteht, sollte der Prompt zur eigentlichen Durchführung der Methode überleiten. An dieser Stelle ist es besonders wichtig, das Ergebnis der KI nicht als finale Lösung zu betrachten. Stattdessen sollten Studierende die Möglichkeit nutzen, gezielte Rückfragen zu stellen, um sich aktiv durch den Analyseprozess führen zu lassen und schrittweise ein tieferes Verständnis der Methoden aufzubauen. Nur so kann gewährleistet werden, dass die methodische Umsetzung nicht blind übernommen, sondern bewusst nachvollzogen und verstanden und somit die eigene Verantwortung wahrgenommen wird.

Ein weiterer kritischer Punkt besteht darin, dass KI-Modelle gelegentlich Inhalte aus nicht überprüfbaren oder unseriösen Quellen übernehmen und diese fälschlich als wissenschaftlich fundiert ausgeben. Regelmäßig werden sogar halluzinierte Fachquellen angegeben, die in dieser Form gar nicht existieren. Daher ist es essenziell, die Ergebnisse durch vertrauenswürdige Literatur abzusichern.

Schließlich werden im Prompt noch zwei zusätzliche Elemente abgefragt: Erstens sollten gezielt Hinweise auf Risiken und typische Fallstricke bei der gewählten Methode genannt werden, um methodische Fehler frühzeitig zu erkennen und bewusst zu vermeiden. Zweitens sollen exemplarische Prompts formuliert werden, mit denen sich der eigene Analyseprozess überprüfen lässt.

Bei quantitativen Methoden entfaltet die KI ihr Potenzial besonders, da statistische Verfahren auf klar definierten, formalisierten Strukturen basieren. Im Bereich der Statistiksoftware lassen sich grundsätzlich zwei Typen unterscheiden: Zum einen gibt es Programme mit grafischer Benutzeroberfläche, wie etwa SPSS oder die Open-Source-Alternative Jamovi, die überwiegend durch die Maus gesteuert werden. Zum anderen existieren skriptbasierte Statistik- bzw. Programmiersprachen wie R oder Python, in denen Analysen durch Code in einer Konsole ausgeführt werden.

Gerade bei diesen skriptbasierten Umgebungen zeigt die KI ihre Stärken: Sie kann statistische Auswertungen in Form von ausführbarem Code präzise generieren und damit eine erhebliche Arbeitserleichterung bieten – etwa durch automatisierte Berechnungen, Modellvergleiche oder Visualisierungen. Auch Programme mit grafischer Oberfläche verfügen in vielen Fällen über integrierte Skriptmodi, wie zum Beispiel die SPSS-Syntax oder den Rj-Editor in Jamovi, mit denen direkt Textbefehle ausgeführt werden können.

Wie ein entsprechender Prompt gestaltet sein kann, um ein vollständiges Code-Snippet zu erzeugen, das eine Reihe statistischer Tests durchführt, wird exemplarisch in Prompt 8.3 dargestellt.

> **Prompt 8.3: Statistikbefehle erstellen**
> **Kontext**
> Du bist ein erfahrener Data Scientist und unterstützt mich bei der statistischen Auswertung meiner empirischen Abschlussarbeit. Ich habe 200 Personen befragt, wie hoch ihre Nutzungsabsicht gegenüber einem KI-Assistenten ist. Zusätzlich wurden ihre Wahrnehmungen der Nützlichkeit und der Leichtigkeit der Benutzung erfasst. Diese Variablen sollen nun mittels einer multiplen linearen Regression ausgewertet werden.

8.3 Daten auswerten, verstehen und interpretieren

Instruktion

Bitte schreibe ein vollständiges R-Skript, das auf Basis folgender Datenstruktur arbeitet:

```
> str(daten)
,data.frame': 324 obs. of 3 variables:
 $ NI: num 0.25 -1.07 0.585 0.25 0.25 ...
 $ WN: num 0.181 -0.883 0.181 -0.522 0.181 ...
 $ WB: num -0.525 -1.834 -0.525 -0.525 -1.4 ...
```

Das Skript soll vier Punkte umsetzen:

1. Deskriptive Auswertung der Variablen: Mittelwert, Median, Standardabweichung, Varianz, Interquartilsabstand, Quartile
2. Grafische Darstellung der Verteilungen: Histogramme für jede Variable und gemeinsamer Boxplot
3. Prüfung der Voraussetzungen der multiplen linearen Regression (Gauss-Markov-Annahmen) inklusive Tests: Linearität (Scatterplots), Unabhängigkeit der Fehler (Durbin-Watson-Test), Homoskedastizität (Breusch-Pagan-Test), Normalverteilung der Residuen (Shapiro-Wilk-Test), Multikollinearität (VIF)
    Bitte schreibe jeweils einen kurzen Kommentar, ab welchem Schwellenwert oder p-Wert die Voraussetzungen als erfüllt gelten.
4. Berechnung der multiplen linearen Regression mit Ausgabe des Modells und der Ergebnisse

Vorgaben

- Der Output soll als kommentiertes R-Code-Snippet in einer Codebox dargestellt werden.
- Kommentare sollen so formuliert sein, dass auch Studierende ohne tiefer gehende Statistikkenntnisse den Code verstehen.
- Die Skriptausgabe soll übersichtlich und modular sein (ein Abschnitt pro Ziel).
- Es sollen nur Basisfunktionen und bekannte R-Pakete verwendet werden.

Das Ergebnis dieses Prompts ist ein vollständiges R-Skript, das den Großteil der Analyse automatisiert durchführt. Durch die der KI bereitgestellte Datenstruktur ist ein solches Skript in der Regel ohne vorherige Anpassung ausführbar – entweder schrittweise oder als Ganzes. Für Programme mit grafischer Benutzeroberfläche wie SPSS oder Jamovi kann die KI alternativ auch eine Schritt-für-Schritt-Anleitung liefern, in der genau beschrieben wird, welche Masken aufzurufen und welche Optionen auszuwählen sind, um manuell zum gewünschten Ergebnis zu gelangen. Dies hilft insbesondere Einsteiger:innen, die Funktionslogik der Software zu verstehen.

Viele KI-Chats sind zudem in der Lage, direkt Python-Code zu erzeugen oder auszuführen. Da Python eine weit verbreitete Sprache im Bereich der Datenanalyse ist, stehen dort nahezu alle für Studierende relevanten statistischen Verfahren zur Verfügung. In einigen Fällen kann die KI auf dieser Grundlage sogar direkt Berechnungen durchführen und Ergebnisse ausgeben. So verlockend dieser Komfort auch erscheinen mag: Ein solches Vorgehen ist aus wissenschaftlicher Perspektive problematisch. Wenn die Berechnungen vollständig durch die KI übernommen und nur noch Ergebnisse präsentiert werden, leidet die Nachvollziehbarkeit. Der Mensch wird in diesem Prozess zunehmend passiv, mit der Folge, dass methodische Verantwortung und kritisches Hinterfragen verloren gehen. Fehlerhafte Ergebnisse könnten unreflektiert übernommen werden, ohne dass deren Zustandekommen verstanden oder überprüft wird. Genau dies gilt es im wissenschaftlichen Arbeiten zu vermeiden. Deshalb ist es essenziell, die eigentlichen Berechnungsschritte selbst aktiv nachzuvollziehen – unabhängig davon, ob sie durch R, Python oder eine grafische Oberfläche durchgeführt werden. Die KI kann dabei unterstützend wirken, aber sie darf den eigenen Analyseprozess nicht vollständig ersetzen.

Nach der Durchführung einer Methode – ob qualitativ oder quantitativ – besteht die nächste Herausforderung für Studierende darin, die Ergebnisse korrekt zu interpretieren. Gerade im Bereich der Statistik zeigt sich dabei häufig Unsicherheit: Die Bedeutungen einzelner Kennzahlen sind nicht immer bekannt oder werden missverstanden, was zu fehlerhaften Schlussfolgerungen führen kann.

An dieser Stelle kann die KI auf zwei Arten hilfreich sein. Erstens kann sie als eine Art methodischer Fact-Checker fungieren: Studierende können ihre eigenen Interpretationen von Ergebnissen in eigenen Worten eingeben und die KI kritisch prüfen lassen, ob diese sachlogisch korrekt sind. Dies schärft das Verständnis und reduziert die Gefahr von Fehlinterpretationen. Zweitens besteht die Möglichkeit, der KI einen Screenshot der Statistiksoftware, etwa von einer Ergebnistabelle aus SPSS, Jamovi oder R, zur Verfügung zu stellen. Die KI kann auf dieser Basis erläutern, was dargestellt ist, welche Kennzahlen wichtig sind und wie diese im jeweiligen Kontext interpretiert werden können. So lassen sich Unsicherheiten gezielt abbauen. Eine solche Erläuterung eines Screenshots ist in Prompt 8.4 gezeigt.

Prompt 8.4: Interpretationshilfe
Kontext
Du bist Statistikdozent mit langjähriger Erfahrung in der Betreuung empirischer Abschlussarbeiten. Ziel ist es, mir als Studierendem eine verständliche, aber fachlich fundierte Interpretation meiner Regressionsanalyse zu ermöglichen, damit ich die Ergebnisse in meiner Arbeit korrekt einordnen und erklären kann.
Instruktion
Ich habe eine multiple lineare Regression durchgeführt, um den Einfluss der wahrgenommenen Nützlichkeit und Benutzerfreundlichkeit auf die

8.3 Daten auswerten, verstehen und interpretieren

> Nutzungsabsicht eines KI-Assistenten zu analysieren. Ich habe die Regressionsausgabe als Screenshot angehängt.
> Bitte erkläre mir verständlich und präzise:
>
> 1. die genaue Bedeutung der p-Werte im Modell: Was sagen sie über die Signifikanz der Variablen aus?
> 2. was das Bestimmtheitsmaß R^2 und das adjustierte R^2 aussagen?
> 3. was die F-Statistik misst und wie sie interpretiert wird?
>
> **Vorgaben**
>
> - Verwende eine klare, studierendenfreundliche Sprache, die wissenschaftlich korrekt, aber nicht unnötig kompliziert ist.
> - Nutze anschauliche Beispiele oder Analogien, um komplexere Konzepte (z. B. R^2 oder p-Wert) greifbarer zu machen.
> - Gib, wo sinnvoll, Interpretationshilfen oder typische Schwellenwerte an (z. B. $p < 0{,}05$ als Signifikanzgrenze), mit Quellenangabe.
> - Vermeide reine Definitionen; der Fokus liegt auf Anwendung und Interpretation der empirischen Studie.

Der dargestellte Prompt lässt sich flexibel erweitern und an das eigene Vorwissen anpassen. Wer sich zunächst einen umfassenden Überblick verschaffen möchte, kann die KI beispielsweise darum bitten, den Screenshot vollständig zu erläutern. Solche grundlegenden Anfragen eignen sich vor allem dann, wenn ein grundlegendes Verständnis für die zentralen Kennzahlen aufgebaut werden soll.

Noch wirkungsvoller ist jedoch die Formulierung gezielter Fragen, wie sie im Beispielprompt enthalten sind. Diese knüpfen direkt an vorhandene Unsicherheiten oder Wissenslücken an und ermöglichen eine fokussierte Auseinandersetzung mit spezifischen Aspekten der Analyse. Dadurch lässt sich das eigene Verständnis schrittweise und strukturiert vertiefen, ohne durch eine Vielzahl irrelevanter Informationen abgelenkt zu werden.

Sobald die relevanten Punkte geklärt sind, empfiehlt es sich, eine Interpretation in eigenen Worten zu verfassen. Im Anschluss kann die KI als eine Art Faktencheck genutzt werden: Indem man ihr die eigene Interpretation vorlegt und um Rückmeldung bittet, lassen sich inhaltliche Fehler, ungenaue Begriffe oder logische Missverständnisse frühzeitig identifizieren und korrigieren.

Darüber hinaus kann die KI auch weiterführende Vorschläge unterbreiten – etwa zur Qualitätssicherung (z. B. Robustheitsanalysen) oder zur Darstellung der Ergebnisse (z. B. Visualisierungen oder Tabellen). Auf diese Weise entwickelt sich ein KI-gestützter Analyseprozess, der die eigenen statistischen Fähigkeiten erweitert und die methodische Basis der eigenen Arbeit stärkt.

8.4 Daten visualisieren

In der wissenschaftlichen Arbeit ist die anschauliche Darstellung von Zusammenhängen ein zentrales Element der Wissensvermittlung. Visualisierungen helfen, komplexe Inhalte zu strukturieren und die Nachvollziehbarkeit wissenschaftlicher Argumentationen zu erhöhen. Traditionell greifen Studierende und Forschende hierbei auf Office-Produkte wie PowerPoint oder Excel zurück. Mit dem Aufkommen Künstlicher Intelligenz eröffnen sich neue Möglichkeiten wie Bildgeneratoren. Der gegenwärtige Entwicklungsstand dieser Technologien reicht jedoch bislang nicht aus, um komplexe wissenschaftliche Ergebnisse in adäquater Form zu visualisieren. Ihre Nutzung beschränkt sich derzeit auf einfache grafische Darstellungen, z. B. in Form von Infografiken, während die fachgerechte Aufbereitung wissenschaftlicher Visualisierungen weiterhin spezialisierte Werkzeuge und fundierte Kenntnisse erfordern.

Von größerer praktischer Relevanz ist die Fähigkeit aktueller KI-Modelle, Quelltext für Visualisierungen zu generieren. Dieser Code kann in speziellen Online-Editoren verarbeitet werden, die auf einer textbasierten Beschreibung grafischer Elemente basieren. Zu den prominenten Beispielen zählen Plattformen wie RawGraphs.io, Draw.io und Mermaid.live, die es ermöglichen, Diagramme und Schaubilder auf Grundlage strukturierter Daten oder Quelltexte zu erstellen. Ein beispielhafter Code mit dem sich ergebenden Schaubild ist in Abb. 8.2 gezeigt.

Künstliche Intelligenz kann hierbei wertvolle Unterstützung leisten, indem sie direkt Markup-Code erzeugt. Dadurch wird es möglich, auf Basis von textuellen Beschreibungen und Daten präzise Visualisierungen zu erstellen. Ein praktisches Anwendungsbeispiel findet sich im Prompt 8.5, der den Entwurf eines Prozessdiagramms in der Business Process Model and Notation (BPMN; Object Management Group, 2010) für die Nutzung im Online-Editor Draw.io demonstriert.

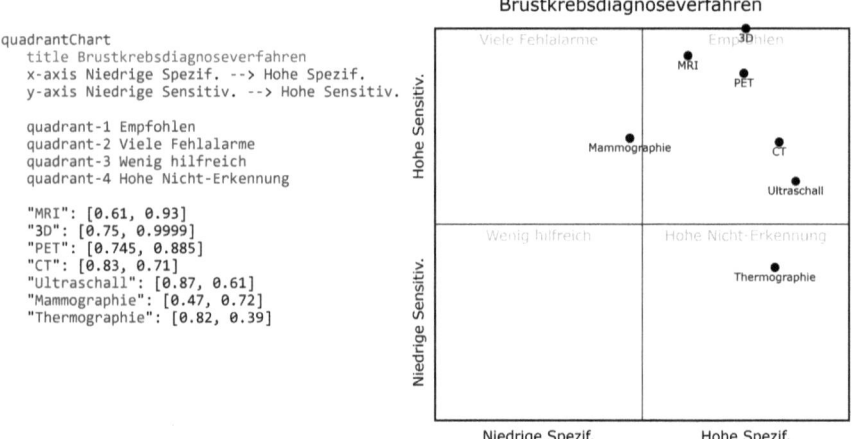

Abb. 8.2 Mermaid-Code und resultierende Abbildung. (Daten aus Lim et al., 2019)

8.4 Daten visualisieren

Prompt 8.5: Diagrammerstellung mit Online-Editor
Kontext
Du bist Wissenschaftler mit fundierter Erfahrung in der Darstellung und Modellierung wissenschaftlicher Prozesse. Ziel ist es, ein Prozessdiagramm (BPMN 2.0) zu erstellen, das einen typischen wissenschaftlichen Erkenntnisprozess abbildet. Das Diagramm soll mit Draw.io (bzw. mxGraph) kompatibel sein und dem Standard wissenschaftlicher Visualisierungen entsprechen.
Instruktion
Erstelle ein BPMN-2.0-Diagramm (Dokumentation des Schemas: https://www.omg.org/spec/BPMN/20100501/BPMN20.xsd) für Draw.io im XML-Format (basierend auf der mxGraph-Dokumentation: https://jgraph.github.io/mxgraph/docs/js-api/files/index-txt.html), das folgenden wissenschaftlichen Prozess abbildet:
Start
1. Hypothese (Startpunkt; führt zu 2)
2. Experiment (führt zu 3)
3. Datensammlung & Analyse / Beurteilung der Hypothese (führt zu 4a oder 4b)
4a. Bestätigung (führt zu 1 und zu 5)
4b. Widerlegung (führt zu 1)
5. Wiederholung & Kommunikation
Ende
Vorgaben

- Gib das Ergebnis als mxGraph-kompatiblen XML-Code aus, eingebettet in einer Codebox.
- Achte auf eine übersichtliche, saubere Anordnung der Elemente im Diagramm (z. B. von oben nach unten), sodass der Prozessablauf klar nachvollziehbar ist.
- Verwende die üblichen Symbole von BPMN 2.0 (Start, End, Tasks, Gateways).
- Benenne alle Prozessschritte exakt und verständlich entsprechend ihrer Funktion.

Im Kontext wird bereits erläutert, dass das Diagramm im mxGraph-Format erstellt werden soll, welches vom Online-Editor Draw.io unterstützt wird. Zusätzlich können im Prompt weiterführende Hintergrundinformationen integriert werden, etwa zur Zielgruppe der Visualisierung (beispielsweise für eine Seminararbeit oder einen Vortrag vor Kommiliton:innen). Solche Angaben helfen, die Anforderungen an die Gestaltung und den Detailgrad des Diagramms besser einzugrenzen.

In der Instruktion werden Links zu den offiziellen Spezifikationen und Dokumentationen der verwendeten Formate, BPMN 2.0 und mxGraph, bereitgestellt. Dies hat den erheblichen Vorteil, dass das Sprachmodell nicht allein auf gespeichertes Modellwissen angewiesen ist, sondern konkrete Vorgaben und Standards nachlesen kann. Im Falle von BPMN, bei dem mehrere Versionen des Standards existieren, macht die Spezifikation die Anweisung eindeutig. Dadurch wird die Wahrscheinlichkeit einer syntaktisch korrekten und inhaltlich präzisen Ausgabe deutlich erhöht, während das Risiko von Halluzinationen im generierten Markup-Code wirksam reduziert wird.

Außerdem kann die Instruktion genutzt werden, um zusätzliche Anforderungen zu spezifizieren, etwa den gewünschten Detailgrad (z. B. ein vereinfachtes BPMN-Diagramm) oder konkrete Vorgaben hinsichtlich des Layouts und Designs (z. B. Farbcodierung), um die Lesbarkeit und fachliche Aussagekraft der Visualisierung weiter zu verbessern.

Ohne Unterstützung von Online-Werkzeugen kommt das Bildformat SVG (Scalable Vector Graphics) aus. SVG basiert – ähnlich wie HTML – auf einem Markup-Code, der jedoch nicht Webseiten, sondern skalierbare Vektorgrafiken beschreibt. SVG-Dateien ermöglichen hochauflösende Darstellungen, die verlustfrei skaliert werden können, und eignen sich somit hervorragend für den Einsatz in wissenschaftlichen Arbeiten. Ein besonderer Vorteil von SVG ist, dass sie in PowerPoint importiert und dort durch Auflösen der Gruppierung in native Formen umgewandelt werden können.

Ein weiterer vielversprechender Ansatz zur Erstellung von Visualisierungen besteht in der Nutzung spezialisierter Webbibliotheken. Da die anschauliche Darstellung von Daten auch im Web eine zentrale Rolle spielt, hat sich eine Vielzahl an JavaScript-Bibliotheken entwickelt, die dynamische und interaktive Diagramme erzeugen können. Obwohl diese Technologien primär für die Darstellung auf interaktiven Webseiten konzipiert wurden, eignen sie sich ebenso für die Einbindung in statische Dokumente, etwa in Seminar- oder Abschlussarbeiten. Tab. 8.1 bietet eine Übersicht ausgewählter JavaScript-Bibliotheken für die Erstellung von Diagrammen.

Diese Bibliotheken ermöglichen nicht nur die Darstellung klassischer Diagrammtypen wie Balken-, Torten- oder Punktdiagramme. Vielmehr unterstützen sie auch komplexere und weniger verbreitete Visualisierungsformen wie Netzwerkdiagramme, Sankey-Diagramme oder Mekko-Diagramme. Solche Darstellungen bieten bei komplexen Datenstrukturen einen erheblichen Mehrwert für die wissenschaftliche Analyse und Präsentation. Abb. 8.3 illustriert exemplarisch verschiedene Visualisierungstypen, die mithilfe dieser Webbibliotheken erstellt wurden.

Um JavaScript-Bibliotheken für die Erstellung von Diagrammen zu nutzen, müssen diese innerhalb eines HTML-Dokuments eingebunden und ausgeführt werden. Die daraus generierten Visualisierungen können anschließend auf verschiedene Weise in wissenschaftliche Arbeiten integriert werden: Einerseits lassen sich Diagramme über Screenshots erfassen, andererseits bieten manche Bibliotheken – wie beispielsweise Highcharts – integrierte Exportfunktionen an, mit denen Grafiken direkt im Bildformat gespeichert werden können.

Im ursprünglichen Anwendungsfall dienen diese Bibliotheken vor allem der Erzeugung interaktiver Visualisierungen im Web. Nutzerinnen und Nutzer können dort Datensichten dynamisch filtern, Details durch Tooltips einblenden oder verschiedene Ebenen der Darstellung aktiv erkunden. Diese Interaktivität lässt sich in

8.4 Daten visualisieren

Tab. 8.1 JavaScript-Bibliotheken für Diagrammerstellung

Bibliothek	Diagrammtypen (Auswahl)	Stärken
Plotly.js	Linien, Balken, Streuung, 3D-Scatter/Surface, Heatmaps, Karten, Boxplots, Violin, Histogramm	Gemacht für wissenschaftliche Plots und hochwertige Exporte (SVG, PDF)
Vega-Lite	Linien, Balken, Fläche, Streuung, Heatmap, Karten, Histogramm, Boxplot, Layer/Facetten	Deklarative Grammatik für reproduzierbare Grafiken
Chart.js	Linien, Balken, Kreis (Pie/Doughnut), Radar, Polar-Area, Blase, Streuung, Fläche	Schnelle Erstellung gängiger Diagrammtypen
Highcharts	Linien, Balken, Kreis, Fläche, Streuung, Blase, Heatmap, Treemap, Gauge, Polar, Funnel, Stockcharts	Einfacher Einstieg, viele Exportoptionen (PNG, JPG, SVG etc.)
ApexCharts	Linien, Balken, Kreis, Fläche, Streuung, Heatmap, BoxPlot, Bubble, Treemap, RadialBar	Ansprechende Optik mit breiter Typenauswahl
ECharts (Apache)	Linien, Balken, Karten, Heatmaps, Sankey, Sunburst, Treemap, Gauge, 3D-Varianten	Kann komplexe und große Datenmengen darstellen
D3.js	Beliebige Diagrammformen via SVG, Canvas oder HTML	Sehr viele Anpassungsmöglichkeiten
Cytoscape.js	Netzwerk-/Graphendiagramme	Detaillierte Visualisierung von Netzwerken

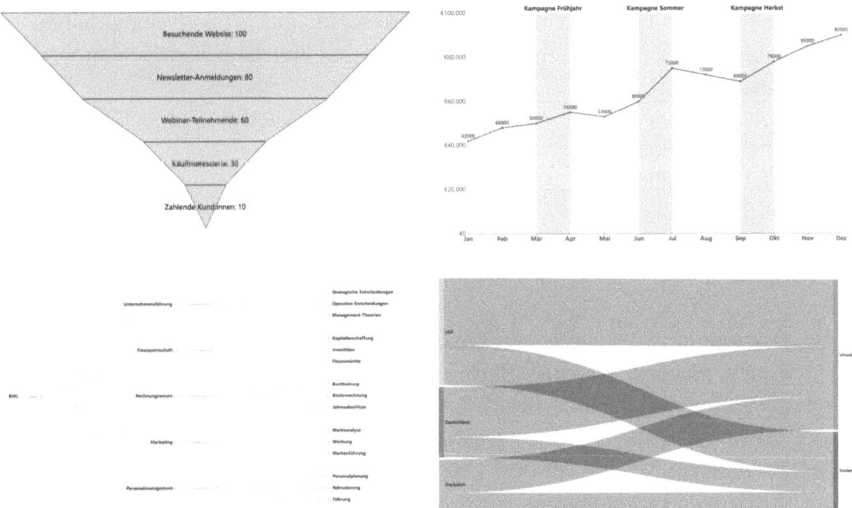

Abb. 8.3 Besondere Diagrammtypen aus JavaScript-Bibliotheken

statischen Formaten, wie sie in Seminar- und Abschlussarbeiten erforderlich sind, naturgemäß nicht vollständig abbilden. Dennoch können interaktive Visualisierungen in der Phase der Datenauswertung helfen, komplexe Zusammenhänge schneller und präziser zu erfassen.

Ein weiterer Vorteil der Nutzung von JavaScript-basierten Diagrammen liegt in der Möglichkeit, spezifische Formatierungen – etwa Schriftarten, Farbpaletten oder Größenverhältnisse – explizit im Quellcode zu definieren. Dadurch fällt es einem leichter, einen konsistenten Darstellungsstil zu erzeugen, was gegenüber der oft mühsamen manuellen Formatierung in klassischen Tabellenkalkulationsprogrammen eine erhebliche Arbeitserleichterung darstellt.

Prompt 8.6 veranschaulicht exemplarisch, wie ein Schaubild mithilfe einer JavaScript-Bibliothek automatisiert erstellt und für die Integration in wissenschaftliche Arbeiten aufbereitet werden kann.

Prompt 8.6: Diagrammerstellung mit JavaScript-Bibliothek

Kontext

Du bist Datenvisualisierungsexperte mit Erfahrung in der Erstellung wissenschaftlicher Diagramme. Ziel ist es, für ein Handout einer Seminararbeit eine Heatmap zu erstellen, die die Nutzung unterschiedlicher Vertriebskanäle (Online-Shop, Filiale, Telefon) durch verschiedene Altersgruppen übersichtlich und professionell darstellt.

Instruktion

Erstelle eine Heatmap mit vega.js (Dokumentation: https://vega.github.io/vega-lite/docs/), die die folgende Verteilung von Nutzungshäufigkeiten visualisiert:

Schema: Kundengruppe | Online-Shop, Filiale, Telefon
unter 18 | 30, 15, 5
18-49 | 80, 50, 10
49-65 | 35, 40, 20
über 65 | 10, 25, 18

Vorgaben

- Darstellung als Heatmap mit Layer-Text; Zahlenwerte sollen mittig in den Zellen platziert werden (Beispiel: https://vega.github.io/vega-lite/examples/layer_text_heatmap.html)
- Seitenverhältnis 16:9
- Farbgebung im Stil der New York Times (dezente, kontrastreiche, nicht überladene Farbpalette)
- Ausgabe-Format: HTML mit integriertem Vega.js-JavaScript

8.4 Daten visualisieren

In diesem Prompt ist der Zweck klar definiert: Es soll ein Schaubild erstellt werden, das sich als Handout eignet. Die benötigten Daten werden entweder direkt im Prompt übergeben oder – insbesondere bei umfangreicheren Datensätzen – alternativ über eine Excel- oder als CSV-Datei (Comma-Separated Values) angehängt. In diesem Fall entfällt die Notwendigkeit, die Daten explizit im Prompttext anzugeben. Bezüglich der grafischen Darstellung werden keine strikten Vorgaben zum Layout oder zur Farbgebung gemacht. Stattdessen wird ein allgemeiner Stilwunsch formuliert, nämlich eine Orientierung am Design der New York Times. Das Sprachmodell interpretiert diese Anforderung eigenständig und setzt sie im Rahmen seiner Möglichkeiten um. Das Ergebnis des Prompts ist eine HTML-Datei, die im Webbrowser geöffnet und dort direkt betrachtet werden kann. Viele KI-Chats erlauben zudem, HTML direkt im Chat als Vorschau anzuzeigen. So kann bei etwa Vega.js auch ein JSON (JavaScript Object Notation) erstellt und in den Online-Editor von Vega-Lite importiert werden. Dieser ist vergleichbar mit den oben vorgestellten Tools wie *Mermaid.live* oder *RawGraphs.io*. Das Ergebnis des Prompts ist in Abb. 8.4 dargestellt.

Ein entscheidender Vorteil dieser Vorgehensweise liegt in der Flexibilität bei der Anpassung von Datenstrukturen. So kann die KI auf Basis der bestehenden Daten problemlos beauftragt werden, ein alternatives Diagramm zu erstellen – etwa ein Tortendiagramm zur Darstellung der relativen Anteile der Kundengruppen. Solche Operationen lassen sich dann automatisiert durchführen, ohne dass man den Datensatz manuell in einer Tabellenkalkulationssoftware bearbeiten muss. Langfristig empfiehlt es sich, grundlegende Kenntnisse der jeweiligen Bibliothekssyntax zu erwerben. Dies ermöglicht es, kleinere Anpassungen eigenständig und effizient vorzunehmen, ohne für jede Änderung auf die KI zurückgreifen zu müssen, was zu Zeitersparnissen führen kann.

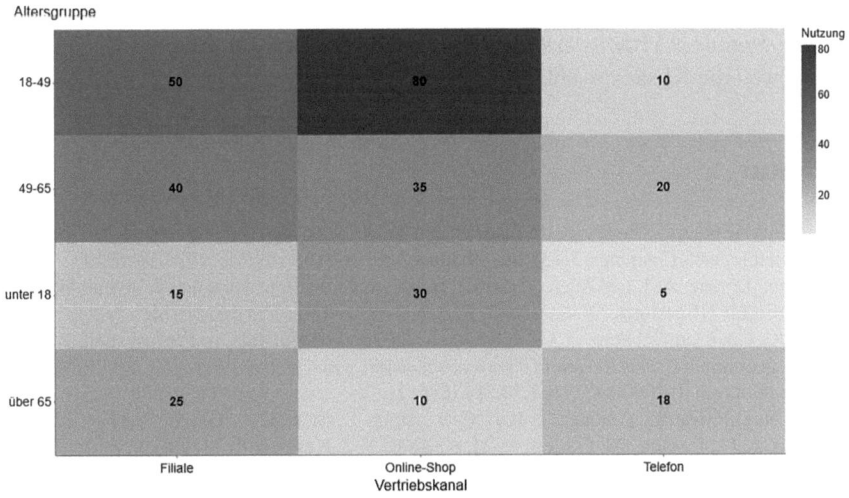

Abb. 8.4 Heatmap als Ergebnis von Prompt 8.6

8.5 Do's and Don'ts

Do's

1. *Methodische Verantwortung*: Triff die endgültigen Entscheidungen selbst und verankere sie in anerkannter Methodenliteratur; KI bleibt nur Assistenz.
2. *Voraussetzungs-Check*: Untersuche statistische Annahmen oder qualitative Gütekriterien, bevor Ergebnisse interpretiert oder berichtet werden.
3. *Quellenvalidierung*: Vergleiche von der KI genannte Literatur oder Kennzahlen stets mit verlässlichen Originalquellen, um Halluzinationen auszuschließen.
4. *Iterativer Dialog*: Nutze Rückfragen, um Unklarheiten zu klären, Detailtiefe anzupassen und Verständnis systematisch zu vertiefen.
5. *Standardkonformität*: Die Orientierung an etablierten Verfahren der eigenen Disziplin trägt dazu bei, Akzeptanz bei Betreuenden und Gutachter:innen zu erhöhen
6. *Visualisierungsklarheit*: Erstelle Grafiken, die die Kernaussage sauber, barrierearm und formatkonform transportieren; verzichte auf überladene Effekte.
7. *Datenschutz & Ethik*: Prüfe, ob sensible Daten vor dem KI-Upload anonymisiert wurden und ob der KI-Einsatz den Richtlinien der Institution entspricht.

Don'ts

1. *Black-Box-Akzeptanz*: Verweise nicht nur auf „die KI"; erläutere stets, wie ein Ergebnis zustande kam.
2. *Halluzinationen ignorieren*: Nutze keine Quellen, Methoden oder Kennzahlen, die nicht eindeutig verifiziert sind.
3. *Automatisierte Vollanalyse*: Lasse nicht die komplette Statistik oder Interpretation von der KI erledigen, ohne selbst mitzudenken bzw. mitzurechnen.
4. *Unangepasste Temperatur*: Vermeide kreative Einstellungen (hohe Temperatur) bei methodischen Faktenprompts; sie erhöhen Fehlerrisiken.
5. *Überkomplexe Visualisierungen*: Verwende keine schwer lesbaren Diagramme, nur weil die KI sie vorschlägt.

Literatur

Conde, J., Martínez, G., Reviriego, P., Gao, Z., Liu, S., & Lombardi, F. (2025). Can ChatGPT learn to count letters? *Computer, 58*(3), 96–99. https://doi.org/10.1109/MC.2024.3488313

Karras, O., Lorenz, A.-L., & Auer, S. (2024). Präzisere Antworten: Sprachmodelle und Wissensgraphen für KI-gestützte Wissenschaft. *Forschung & Lehre*, (9/24), 672–674.

Kolasa, K., Goettsch, W., Petrova, G., & Berler, A. (2020). Without data, you're just another person with an opinion. *Expert Review of Pharmacoeconomics & Outcomes Research, 20*(2), 147–154. https://doi.org/10.1080/14737167.2020.1751612

Lim, C. N.-H., Mra, A., Suliong, C., Rao, C. V., Aung, T., Sieman, J., Tin, W., Beshay, M. F. S., Payus, A. O., Lansing, M. G., Jeffree, M. S., Kadir, F. & Hayati, F. b. M. (2019). Recent advances in breast cancer diagnosis entering an era of precision medicine. *Borneo Journal of Medical Sciences (BJMS), 13*(1), 3–9. https://doi.org/10.51200/bjms.v13i1.1178

Object Management Group. (2010). *Business Process Model and Notation (BPMN) 2.0* (Nr. 2.0).

Olmos-Vega, F. M., Stalmeijer, R. E., Varpio, L., & Kahlke, R. (2022). A practical guide to reflexivity in qualitative research: AMEE Guide No. 149. *Medical Teacher*, 1–11. https://doi.org/1 0.1080/0142159X.2022.2057287

Perkins, M., & Roe, J. (2024). *Generative AI Tools in academic research: Applications and implications for qualitative and quantitative research methodologies*. https://arxiv.org/abs/2408.06872v1

Ray, P. P. (2023). ChatGPT: A comprehensive review on background, applications, key challenges, bias, ethics, limitations and future scope. *Internet of Things and Cyber-Physical Systems, 3*, 121–154. https://doi.org/10.1016/j.iotcps.2023.04.003

Schwarz, J. (2025). *Methodenberatung der Universität Zürich (UZH)..* https://www.methodenberatung.uzh.ch/

Watson, S., Brezovec, E., & Romic, J. (2025). The role of generative AI in academic and scientific authorship: An autopoietic perspective. *AI & SOCIETY, 40*(5), 3225–3235. https://doi.org/10.1007/s00146-024-02174-w

9 Feinschliff: KI bei der Schlussredaktion

> **Zusammenfassung**
>
> Das Kapitel behandelt den gezielten Einsatz von Künstlicher Intelligenz (KI) bei der Schlussredaktion, dem Feinschliff wissenschaftlicher Arbeiten. Das Kapitel zeigt praxisnah, wie verschiedene KI-Anwendungen zur Qualitätssteigerung beitragen: Sie erleichtern die Erkennung und Korrektur formaler Fehler, fördern einen klaren Ausdruck und helfen, kohärente sowie nachvollziehbare Argumentationslinien zu entwickeln. Ergänzend werden Strategien zur systematischen Literaturkritik und zur Prüfung der formalen Konsistenz von Literaturverzeichnissen erläutert. Darüber hinaus wird die Rolle der KI bei der abschließenden Durchsicht und Überarbeitung hervorgehoben – mit konkreten Prompts für unterschiedliche Szenarien. Das Kapitel bietet somit einen strukturierten Leitfaden für den effektiven Einsatz von KI-Tools im Rahmen der wissenschaftlichen Schlussredaktion und macht deren Potenziale wie auch deren Grenzen für Studierende und Lehrende transparent.

„Es gibt kein gutes Schreiben, nur gutes Überarbeiten."
– Louis Brandeis (zitiert nach Guberman, 2015)

9.1 Softwareunterstützung auf der Zielgeraden

Die Schlussphase einer wissenschaftlichen Arbeit ist für viele Studierende mit besonderem Druck verbunden. Während die inhaltliche Ausarbeitung oft im Vordergrund steht, wird die sprachliche Überarbeitung – der Feinschliff – häufig aufgeschoben. Kurz vor der Abgabe bleibt oft nur wenig Zeit, um den Text stilistisch und formal zu optimieren. Gerade in dieser Phase zeigt sich, wie hilfreich digitale Unterstützungswerkzeuge sein können.

Schon lange vor generativen KI-Modellen kamen Programme zur Rechtschreib- und Grammatikprüfung zum Einsatz. Auch wenn solche Hilfsmittel unterschiedlich leistungsfähig sind, tragen sie wesentlich zur sprachlichen Korrektheit bei und leisten einen Beitrag zur Einhaltung akademischer Standards und zur Herstellung kohärenter wissenschaftlicher Texte (Nurhayati, 2022).

Mit dem Aufkommen großer Sprachmodelle hat sich die Leistungsfähigkeit solcher Tools erheblich verbessert. Diese Systeme erkennen nicht nur formale Fehler wie Rechtschreib- oder Zeichensetzungsfehler in hoher Präzision, sondern bieten zusätzlich stilistische Verbesserungsvorschläge. Dadurch lassen sich wissenschaftliche Texte sprachlich abrunden und an die geforderten Konventionen anpassen. Zwar ist die Fehlererkennung nicht vollständig – auch LLM übersehen gelegentlich grammatikalische oder orthografische Fehler (Wu et al., 2023) – doch der erzielte Qualitätsgewinn ist in vielen Fällen beachtlich.

In einer Studie von Kim et al. (2025), in der Studierende Aufsätze mit KI-Unterstützung verfassen mussten, wurde der Einsatz von LLMs durch die befragten Studierenden durchweg positiv für das wissenschaftliche Schreiben bewertet. Dabei wurde insbesondere der sprachliche Feinschliff einstimmig als klarer Vorteil von KI wahrgenommen. Hinzu kommt, dass KI-Werkzeuge jederzeit verfügbar sind, sowie der Umstand, dass im Gegensatz zum menschlichen Korrekturlesen kein zusätzlicher Koordinationsaufwand erforderlich ist.

Wie in Abb. 9.1 dargestellt, gliedert sich dieses Kapitel in drei thematische Schwerpunkte. Zunächst wird erläutert, wie KI bei der sprachlichen Überarbeitung wissenschaftlicher Arbeiten unterstützen kann. Dabei geht es nicht nur um die Korrektur formaler Aspekte wie Rechtschreibung, Grammatik und Zeichensetzung, sondern auch um stilistische Feinheiten, die zu einem klareren, präziseren Ausdruck beitragen. Im zweiten Abschnitt folgt eine Auseinandersetzung mit der Literaturbasis. Hierbei wird gezeigt, wie KI sowohl formale Aspekte – etwa Zitierstil und Formatierung – als auch inhaltliche Kriterien wie die Zitierfähigkeit und Relevanz der verwendeten Quellen prüfen kann. Den Abschluss des Kapitels bildet ein Abschnitt zur argumentativen Überarbeitung. Beispielhaft wird veranschaulicht, wie KI helfen kann, die Kohärenz, Stringenz und Nachvollziehbarkeit wissenschaftlicher Argumentationen zu verbessern. Ein Prompt zum Schlusslektorat schließt das Kapitel ab und bietet eine praktische Anleitung für die letzte Phase der Textüberarbeitung.

Abb. 9.1 KI für die finale Überarbeitung

9.2 Sprachliche Korrektur & Stil

Spätestens am Ende einer wissenschaftlichen Arbeit ist eine sorgfältige sprachliche Überarbeitung unerlässlich. Um den Aufwand überschaubar zu halten, ist es sinnvoll, bereits während des Schreibprozesses regelmäßig einzelne Textabschnitte zu überarbeiten. So lassen sich sprachliche Schwächen frühzeitig erkennen und gezielt korrigieren, anstatt unter hohem Zeitdruck das gesamte Manuskript überarbeiten zu müssen (Oehlrich, 2014).

Im Rahmen des sogenannten Korrektorats werden vor allem Rechtschreib-, Grammatik- und Zeichensetzungsfehler identifiziert und behoben. Dieser Schritt dient nicht nur dem sprachlichen Feinschliff, sondern trägt maßgeblich zur professionellen Wirkung der Arbeit bei. Ein formal einwandfreier Text signalisiert Sorgfalt, Kompetenz und Respekt gegenüber wissenschaftlichen Standards. Zur Unterstützung dieses Arbeitsschritts stehen heute zahlreiche digitale Werkzeuge zur Verfügung, von denen viele auf Künstlicher Intelligenz basieren. Spezialisierte Anwendungen wie Grammarly, LanguageTool oder sogar der Korrekturmodus von Microsoft Word bieten bereits auf hohem Niveau automatisierte Hilfestellungen. Sie erkennen zuverlässig typische Fehlerquellen und schlagen kontextbezogene Verbesserungen vor. Auch allgemeine KI-Chats wie ChatGPT können zur sprachlichen Überarbeitung herangezogen werden. Allerdings ist deren Qualität nicht immer so konsistent und spezifisch wie bei eigens auf Textkorrektur ausgelegte Anwendungen.

Bei KI-Chats ist – aufgrund der Begrenzungen in der Ausgabelänge und der besseren Bearbeitbarkeit bei kürzeren Eingaben – das Ergebnis besser, wenn nicht die gesamte Arbeit auf einmal überprüft, sondern abschnittsweise vorgegangen wird. In Prompt 9.1 wird demonstriert, wie ein LLM einen konkreten Abschnitt einer Seminar- oder Abschlussarbeit auf sprachliche Korrektheit hin überprüft. So lassen sich sprachliche Fehler systematisch identifizieren und beheben, ohne die Übersicht zu verlieren oder die Leistungsgrenzen des KI-Systems zu überschreiten.

Prompt 9.1: Korrektorat
Kontext
Du bist ein erfahrener Lektor für wissenschaftliche Texte. Dein Ziel ist es, einen Text sorgfältig auf sprachliche Korrektheit und Konsistenz zu prüfen, ohne den Stil des Autors unnötig zu verändern. Der Fokus liegt auf formalen Aspekten, die die Verständlichkeit oder sprachliche Qualität beeinträchtigen könnten.
Instruktion
Bitte überprüfe den folgenden Textabschnitt gründlich und achte insbesondere auf Folgendes:

1. Rechtschreibfehler – z. B. falsche Schreibweisen wie „Resourcen" statt „Ressourcen"
2. Zeichensetzungsfehler – z. B. fehlende Kommata

> 3. Inkonsistente Schreibweisen – z. B. abwechselnd „E-Mail" und „Email"
> 4. Grammatikalische Ungenauigkeiten – z. B. fehlerhafte Subjekt-Verb-Kongruenz wie „Die Daten zeigt"
> 5. Stilistische Unstimmigkeiten (nur, wenn das Textverständnis beeinträchtigt ist) – z. B. umständliche oder missverständliche Formulierungen
>
> **Vorgaben**
>
> - Gib den vollständigen Originaltext wieder.
> - Markiere alle Stellen mit Korrekturbedarf durch Endnoten in eckigen Klammern (z. B. [1], [2], …).
> - Erstelle im Anschluss eine kommentierte Liste der Endnoten, bestehend aus einer kurzen Beschreibung des Problems sowie einem Korrekturvorschlag oder einer klaren Alternativformulierung.
> - Achte darauf, den ursprünglichen Schreibstil grundsätzlich zu wahren – Änderungen sollen nur erfolgen, wenn sie sprachlich zwingend sind oder das Verständnis verbessern.

Der Prompt beginnt mit der klar definierten Rolle des Assistenten als Lektor. Als Instruktion erhält die KI eine Aufgabenliste mit Fokus auf typische Fehlerquellen (Rechtschreibung, Grammatik, uneinheitliche Schreibweisen und stilistische Schwächen), die jeweils als Beispiel zur Illustration für die KI dienen. Da KI-Chats keine direkte Textmarkierung wie Textverarbeitungsprogramme bieten, empfiehlt sich ein strukturiertes Vorgehen in zwei Schritten. Zuerst wird der Originaltext vollständig angezeigt, um den Ort des Fehlers in der eigenen Arbeit besser nachvollziehen zu können. Anschließend listet die KI nummerierte Fehlerstellen samt Erläuterung und Verbesserungsvorschlag auf. So kann der Text leicht überprüft und überarbeitet werden.

Auch wenn Programme zur Rechtschreibprüfung und KI-basierte Tools viele Fehler zuverlässig erkennen, ersetzen sie die menschliche Kontrolle nicht vollständig. Besonders unvollständige Sätze, fehlende Wörter oder stilistische Unstimmigkeiten werden von automatisierten Systemen häufig übersehen. Eine abschließende Durchsicht durch eine Person bleibt daher unerlässlich, um sprachliche Korrektheit, inhaltliche Stimmigkeit und einen guten Lesefluss sicherzustellen. Typischerweise fragt man hierzu Freunde oder Familie und lässt ein „Friends Review" durchführen (Swoboda, 2023).

Klassische Rechtschreib- und Grammatikprogramme leisten bei der Erkennung formaler Fehler bereits gute Arbeit. Neben der sprachlichen Korrektheit ist bei wissenschaftlichen Arbeiten jedoch auch ein präziser, sachlicher und gut strukturierter Stil wichtig. Wissenschaftliches Schreiben bedeutet, komplexe Inhalte klar und nachvollziehbar darzustellen – ohne unnötige Fachbegriffe, sprachliche Ausschweifungen oder komplizierte Satzkonstruktionen. (Franck, 2024). Die eigentliche stilistische Überarbeitung – etwa die Vereinfachung komplexer Satzstrukturen, die Vermeidung redundanter Formulierungen oder die Verbesserung der sprachlichen Kohärenz – wird durch KI-gestützte Werkzeuge, insbesondere Sprachmodelle, erheblich erleichtert.

Sprachmodelle können den Text nicht nur im inhaltlichen Zusammenhang analysieren, sondern dabei auch typische Eigenheiten bestimmter Rollen und Perspektiven – wie die einer prüfenden Person – nachahmen. Diese Fähigkeit zur Perspektivenübernahme ist besonders hilfreich, um den Stil einer Arbeit gezielt an wissenschaftliche Konventionen anzupassen.

Ein Beispiel dafür, wie eine stilistische Prüfung durch ein LLM konkret angestoßen werden kann, findet sich in Prompt 9.2. Auch hier gilt, dass die Überarbeitung abschnittsweise erfolgen sollte, denn aufgrund der Begrenzungen des Ein- und Ausgabetexts kann eine zu umfangreiche Texteingabe dazu führen, dass relevante Hinweise übersprungen werden. Eine kleinteilige, systematische Bearbeitung sorgt dagegen für eine qualitativ hochwertige stilistische Optimierung.

Prompt 9.2: Stilprüfung

Kontext
Du bist ein erfahrener wissenschaftlicher Schreibcoach mit Schwerpunkt auf akademischem Stil und Sprachklarheit im Fach [Studienfach]. Ziel Deiner Unterstützung ist es, einen Text so zu überarbeiten, dass er stilistisch rund wirkt, sprachlich abwechslungsreich ist und zugleich wissenschaftlich präzise bleibt. Besonderes Augenmerk liegt auf einem angemessenen und durchgängig konsistenten Stil, der zu einer Seminararbeit im Fach [Studienfach] passt. Die Zielgruppe sind Professor:innen, die die Arbeit bewerten.

Instruktion
Bitte analysiere den folgenden Textabschnitt im Hinblick auf seinen Stil, die sprachliche Angemessenheit und den Lesefluss. Achte dabei insbesondere auf folgende Aspekte:

1. Satzlänge und Lesefluss: Gibt es zu lange, verschachtelte oder schwer verständliche Sätze?
2. Klarheit und Prägnanz der Ausdrucksweise: Gibt es übermäßig abstrakte oder unnötig komplizierte Formulierungen, die den Zugang zum Text erschweren?
3. Angemessenheit der formellen Sprache für die Zielgruppe: Ist die Sprache fachlich korrekt und im Ton dem akademischen Kontext entsprechend? Werden unnötige Alltagssprache oder Stilbrüche vermieden?

Vorgaben

- Gib konkrete Verbesserungsvorschläge an den entsprechenden Stellen, z. B. durch alternative Formulierungen, kürzere Satzstrukturen oder präzisere Begriffe.
- Die Verbesserungsvorschläge sollen den Stil der Seminararbeit stärken, aber nicht grundlegend verändern.
- Zeige in der Überarbeitung sprachliche Variation (Synonyme, Umstellungen, Übergänge), ohne die inhaltliche Aussagekraft oder Genauigkeit zu verlieren.
- Stelle die Überarbeitung in Kommentaren zu einzelnen Sätzen dar.

Im Prompt wird nicht nur die Rolle eines Schreibcoaches definiert, sondern auch der jeweilige Fachbereich präzisiert. Dies trägt dem Umstand Rechnung, dass unterschiedliche wissenschaftliche Disziplinen spezifische Anforderungen an Stil, Struktur und Ausdrucksweise stellen. Während in den Geisteswissenschaften eine ausführlichere Argumentation und stilistische Nuancierung üblich sind, dominiert in Formalwissenschaften wie der Mathematik eine knappe, prägnante und hochgradig präzise Sprache.

Zugleich wird im Promptkontext deutlich gemacht, dass wissenschaftliche Arbeiten von Professorinnen und Professoren gelesen und bewertet werden. Dieser Hinweis dient dazu, die Zielgruppe des Textes klar zu definieren und den sprachlichen Anspruch entsprechend auszurichten. Die stilistische Überarbeitung durch ein LLM zielt dabei insbesondere auf drei Aspekte: einen flüssigen Lesefluss, eine klare und formell angemessene Ausdrucksweise sowie eine Zielgruppenadäquanz in Sprache und Struktur.

Das Ergebnis ist keine vollständige Neufassung des Textes, sondern eine gezielte Optimierung des bestehenden Stils. Die KI generiert konkrete Verbesserungsvorschläge auf Satz- und Wortebene, die den Originaltext respektieren und dessen Struktur beibehalten. So bleibt der individuelle Ausdruck erhalten, wird jedoch sprachlich und stilistisch auf das wissenschaftliche Niveau der jeweiligen Disziplin angehoben.

9.3 Literatur & wissenschaftliche Standards

Insbesondere bei studentischen Arbeiten, in denen die Darstellung des aktuellen Forschungsstands eine zentrale Rolle spielt, kommt der Auswahl, Einordnung und genauen Verwendung wissenschaftlicher Literatur große Bedeutung zu. Es reicht nicht aus, nur einzelne Quellen zu nennen – vielmehr sollte deutlich werden, welche Positionen in der Wissenschaft vertreten werden, wie sich verschiedene theoretische Ansätze unterscheiden und welche Perspektiven für das Thema besonders relevant sind. Auch gegensätzliche Meinungen oder unterschiedliche disziplinäre Zugänge sollten erkennbar gemacht werden.

KI kann in diesem Zusammenhang unterstützen, indem sie Hinweise gibt, wenn bestimmte Sichtweisen oder wichtige Ansätze im Text fehlen oder unterrepräsentiert sind. Durch die Analyse des Themas und der inhaltlichen Schwerpunkte lassen sich so Anregungen gewinnen, wie der Forschungsstand umfassender und ausgewogener dargestellt werden kann. Solche Hinweise helfen besonders dann weiter, wenn die eigene Literaturarbeit kritisch überprüft und gezielt ergänzt werden soll. Dabei ist jedoch Vorsicht geboten: KI-Systeme haben keinen vollständigen Zugang zu allen wissenschaftlichen Veröffentlichungen, etwa aufgrund von Bezahlschranken, und können daher den aktuellen Diskussionsstand nicht immer vollständig oder zuverlässig abbilden. Ein exemplarischer Prompt für eine solche Literaturkritik ist in Prompt 9.3 verfasst.

9.3 Literatur & wissenschaftliche Standards

Prompt 9.3: Literaturkritik
Kontext
Du bist ein erfahrener Wissenschaftler mit umfassender Expertise im wissenschaftlichen Arbeiten und in der Literaturarbeit. Ziel Deiner Unterstützung ist es, eine Literaturliste so weiterzuentwickeln, dass sie inhaltlich ausgewogen, wissenschaftlich fundiert und anschlussfähig an den aktuellen Stand der Forschung ist – insbesondere im Hinblick auf Abschlussarbeiten oder Veröffentlichungen.
Instruktion
Bitte analysiere die vorliegende Literaturliste anhand der folgenden drei Kriterien:

1. Vielseitigkeit: Deckt die Literaturliste unterschiedliche Perspektiven ab? Sind z. B. verschiedene theoretische Ansätze vertreten?
2. Vollständigkeit: Fehlen zentrale Sichtweisen, Denkschulen oder aktuelle Entwicklungen im Forschungsfeld? Gibt es offensichtliche Lücken in Bezug auf den Stand der Forschung?
3. Qualität: Handelt es sich bei den Quellen um wissenschaftlich belastbare Literatur (z. B. peer-reviewed Journals, Fachverlage, anerkannte Autor:innen)? Gibt es Quellen, deren wissenschaftlicher Wert zweifelhaft ist?

Auf dieser Grundlage bewerte die Qualität der Literaturliste und benenne konkret, an welchen Stellen Handlungsbedarf besteht.

Vorgaben

- Gib eine strukturierte Einschätzung zu jedem der drei genannten Kriterien (Vielseitigkeit, Vollständigkeit, Qualität).
- Mache konkrete Verbesserungsvorschläge, wie z. B. Ergänzung aktueller Literatur oder relevanter Perspektiven, Reduktion oder Austausch einseitiger, veralteter oder nicht belastbarer Quellen.
- Die Sprache soll sachlich, konstruktiv und studierendenfreundlich formuliert sein.

Der Prompt soll dabei unterstützen, den Umgang mit wissenschaftlicher Literatur gezielt zu verbessern. Im Mittelpunkt steht nicht die bloße Erweiterung einer Literaturliste, sondern ihre kritische Reflexion und systematische Bewertung – eine grundlegende Fähigkeit für alle, die wissenschaftlich arbeiten. Dazu werden drei zentrale Bewertungskriterien eingeführt: Vielseitigkeit, Vollständigkeit und Qualität. Diese ermöglichen es, die Auswahl der Literatur strukturiert zu analysieren und inhaltliche Stärken ebenso wie mögliche Lücken zu erkennen. Ergänzend fordert der Prompt die KI auf, konkrete Verbesserungsvorschläge zu formulieren und diese nachvollziehbar zu begründen. Ziel ist es, nicht nur auf Defizite hinzuweisen, sondern fundierte Anregungen zur gezielten Erweiterung und inhaltlichen Schärfung der Literaturbasis zu geben.

Neben der inhaltlichen Bewertung eines Literaturverzeichnisses stellt dessen formale Gestaltung eine weitere, oft zeitaufwendige Aufgabe dar. Die korrekte Formatierung erfordert viel Aufmerksamkeit und kleinteilige Nacharbeit – trotz des Einsatzes von Literaturverwaltungsprogrammen wie Citavi, Mendeley oder Zotero. Diese Tools können zwar den Großteil der technischen Formatierung automatisiert übernehmen, arbeiten jedoch nicht fehlerfrei, denn die bibliografischen Daten werden meist uneinheitlich oder sogar fehlerhaft erfasst (Childress, 2011). So kann es vorkommen, dass Titel unterschiedlich großgeschrieben sind – etwa bei englischsprachigen Veröffentlichungen, bei denen manche Einträge durchgängig in Großschreibung formatiert sind (Title Case), während andere nur den ersten Buchstaben groß führen (Sentence Case). Ein anderes Beispiel ist eine inkonsistente Schreibweise von Autor:innennamen wie z. B. dass Vornamen teilweise ausgeschrieben und teilweise nur als Initialen verwendet werden. Auch bei Angaben wie DOI (Digital Object Identifier) oder Seitenzahlen innerhalb von Zeitschriftenaufsätzen zeigen sich häufig Inkonsistenzen, indem sie bei manchen Quellen enthalten sind und bei manchen fehlen. Aus diesem Grund ist eine manuelle Endkontrolle des Literaturverzeichnisses unverzichtbar. Es gilt, auf Einheitlichkeit, Vollständigkeit und die exakte Einhaltung des geforderten Zitierstils zu achten. Wie Künstliche Intelligenz dabei gezielt unterstützen kann, etwa indem sie auf Inkonsistenzen hinweist oder Formatierungsfehler erkennt, wird exemplarisch in Prompt 9.4 demonstriert.

Prompt 9.4: Korrektur des Literaturverzeichnisses

Kontext

Du bist ein erfahrener wissenschaftlicher Lektor mit fundierten Kenntnissen im APA-Stil (7. Auflage). Ziel Deiner Aufgabe ist es, ein Literaturverzeichnis systematisch auf formale, konsistente und inhaltliche Richtigkeit zu prüfen, damit es den Anforderungen einer wissenschaftlichen Abschlussarbeit entspricht. Grundlage für die Bewertung ist der offizielle APA-Referenzstandard (vgl. https://apastyle.apa.org/instructional-aids/reference-examples.pdf).

Instruktion

Bitte überprüfe das vorliegende Literaturverzeichnis sorgfältig auf die folgenden drei Aspekte:

1. Formale APA-Konformität: Ist jede Quelle korrekt nach den APA-Richtlinien formatiert?
2. Konsistenz: Ist die Darstellung der Literatur konsistent (z. B. werden Vornamen entweder durchgängig ausgeschrieben oder abgekürzt)?
3. Vollständigkeit: Fehlen Angaben wie Erscheinungsjahr, Herausgeber:in, Verlag oder DOI? Stimmen Textverweise und Literaturverzeichnis überein (jede Quelle im Text = im Verzeichnis und umgekehrt)?

> **Vorgaben**
>
> - Liste nur die Quellen auf, bei denen Korrekturen notwendig sind.
> - Gib zu jeder dieser Quellen sowohl den Originaleintrag als auch den korrigierten Vorschlag an.
> - Kennzeichne bei jeder Korrektur, ob es sich um einen formalen Fehler, einen Konsistenzfehler oder eine inhaltliche Lücke handelt.

In diesem Prompt wird der KI nicht nur eine Rolle und ein fachlicher Kontext zugewiesen, sondern auch ein konkreter Zitierstil definiert, nämlich der APA-Stil. Dieser Zitierstil wird regelmäßig von der American Psychological Association (APA) überarbeitet und gehört zu den international am weitesten verbreiteten Standards. Damit die KI nicht auf veraltete oder vermischte Zitierstile zurückgreift, wird ihr zusätzlich ein Online-PDF mit offiziellen Referenzbeispielen bereitgestellt. Auf diese Weise ist sichergestellt, dass die Überprüfung auf Basis der jeweils aktuellen Version der Zitierregeln erfolgt.

Nach Klärung dieses Kontexts überprüft die KI das Literaturverzeichnis auf formale, inhaltliche und konsistenzbezogene Fehler. Besonders hilfreich ist dabei der automatisierte Abgleich zwischen dem Literaturverzeichnis und den Quellenangaben im Haupttext. In der Praxis kann es vorkommen, dass durch Kopieren und Einfügen aus verschiedenen Dokumenten die Quellverknüpfungen verloren gehen. Was ursprünglich eine automatisch verknüpfte Quelle war, erscheint dann nur noch als unformatierter Text und wird von der Literaturverwaltungssoftware nicht mehr aktualisiert. Daher empfiehlt es sich, notwendige Korrekturen zunächst in der Literaturverwaltungssoftware vorzunehmen, damit die bibliografischen Daten korrigiert und somit auch in zukünftigen Arbeiten wiederverwendet werden können.

Die abschließende Kontrolle des Literaturverzeichnisses sollte erst ganz am Ende des Schreibprozesses erfolgen. Denn nachträgliche Änderungen durch das automatische Aktualisieren – etwa beim Hinzufügen neuer Quellen – würden zuvor vorgenommene manuelle Korrekturen sonst wieder überschreiben. Diese letzte Überprüfung dient vor allem dazu, kleinere Unstimmigkeiten und typische Formatierungsfehler der Literaturverwaltungsprogramme zu bereinigen.

9.4 Inhaltliche Kohärenz & Schlusslektorat

Wenn die Abgabe der Arbeit näher rückt, ist es sinnvoll, sich noch einmal gezielt mit der Struktur, der Verständlichkeit und der Klarheit der Argumentation auseinanderzusetzen. Auch eine fachlich gute und methodisch sauber durchgeführte Arbeit kann nur dann überzeugen, wenn sie nachvollziehbar ist. Denn wissenschaftliche Qualität zeigt sich nicht nur im Inhalt, sondern auch darin, wie klar und schlüssig dieser vermittelt wird.

Für diesen Zweck wird in Prompt 9.5 ein KI-gestützter Schreibcoach eingesetzt. Dieser unterstützt dabei, den Text auf logische Kohärenz, eine sinnvolle Struktur und klare Formulierungen zu überprüfen. Der KI-Coach achtet außerdem darauf, ob bestimmte Annahmen im Text unausgesprochen bleiben und besser explizit gemacht werden sollten. So hilft der KI-Coach dabei, die Argumentation zu schärfen und die Arbeit insgesamt verständlicher und überzeugender zu machen, ohne dabei den eigenen Stil zu verändern.

Prompt 9.5: Inhaltliche Kohärenz
Kontext
Du bist ein erfahrener Schreibcoach mit Fokus auf wissenschaftlichem Schreiben und argumentativer Klarheit. Dein Ziel ist es, mir zu helfen, einen Textabschnitt zu analysieren und gezielt zu verbessern.
Instruktion
Bitte analysiere den folgenden Textabschnitt kritisch im Hinblick auf seine argumentative und strukturelle Qualität. Achte insbesondere auf drei Aspekte:

1. Argumentative Kohärenz: Beurteile, ob die Argumentation stringent aufgebaut ist. Identifiziere mögliche Brüche oder logische Sprünge im Gedankengang.
2. Struktur und Klarheit: Mache Vorschläge zur besseren Gliederung und Darstellung des Textes, um den Gedankengang für Leser:innen klarer nachvollziehbar zu machen.
3. Implizite Annahmen: Untersuche, ob der Text auf nicht ausgesprochenen Prämissen oder Hintergrundannahmen basiert. Benenne diese und erläutere, ob bzw. wie sie explizit gemacht werden sollten.

Vorgaben

- Gib Deine Analyse strukturiert wieder – z. B. als Stichpunkte oder kurze Absätze, gegliedert nach den drei Analysebereichen.
- Erstelle zusätzlich eine überarbeitungsorientierte To-Do-Liste, wobei die Aufgaben in die Kategorien Muss, Soll und Kann unterteilt sind.
- Verwende eine sachliche, konstruktive Sprache, die auf Verbesserung zielt und nicht auf bloße Kritik.
- Vermeide Pauschalurteile – begründe alle Hinweise konkret anhand des Textes.

Alternativ zum Schreibcoach lässt sich auch die Perspektive einer bewertenden Professorin oder eines Professors mit besonders prüfender, kritischer Lesart einnehmen. Diese Perspektive kann helfen, typische Erwartungen an wissenschaftliche Arbeiten gezielt zu erkennen und mögliche Schwächen aufzudecken, die sich negativ auf die Bewertung auswirken könnten. Der Schreibcoach hingegen bietet den Vorteil, stärker auf unterstützende Weise zu agieren und somit den Fokus nicht allein auf Kritik, sondern auf konstruktive Hinweise zu geben.

Um differenzierte und gezielte Verbesserungsvorschläge zu erhalten, empfiehlt es sich, die Arbeit in einzelne Abschnitte zu unterteilen und diese schrittweise durch die KI prüfen zu lassen. Auf diese Weise lässt sich die inhaltliche Kohärenz kapitelweise reflektieren und gezielt verbessern, ohne dass wichtige Hinweise durch eine zu umfangreiche Eingabe verloren gehen.

Dabei ist zu beachten, dass die KI lediglich unterstützende Vorschläge liefert. Die Verantwortung für die Auswahl und Umsetzung dieser Hinweise bleibt bei der Autorin oder dem Autor. Es gilt sorgfältig abzuwägen, welche Empfehlungen tatsächlich zur Verbesserung der eigenen Arbeit beitragen, wie gut sie in den inhaltlichen und argumentativen Gesamtkontext passen und ob sie den individuellen Schreibstil sowie die fachlichen Anforderungen sinnvoll ergänzen.

Zum Abschluss des Schreibprozesses wird die Arbeit häufig noch einmal einer Person aus dem Freundes- oder Familienkreis zum Korrektur- oder Gegenlesen übergeben. Durch den gezielten Einsatz von KI-Werkzeugen lässt sich der Großteil sprachlicher Fehler – etwa in Rechtschreibung, Grammatik oder Zeichensetzung – bereits im Vorfeld identifizieren und beheben. Das klassische Korrekturlesen tritt damit zunehmend in den Hintergrund, da formale Fehler seltener den Gesamteindruck der Arbeit beeinträchtigen. Von größerem Wert ist in dieser Phase das Gegenlesen im Hinblick auf die Verständlichkeit, die logische Stringenz der Argumentation und den Gesamteindruck der Arbeit.

Auch das abschließende Lektorat kann sinnvoll durch den Einsatz von KI vorbereitet werden, bevor die Arbeit einer dritten Person zum Gegenlesen übergeben wird. Die KI übernimmt dabei eine erste umfassende Durchsicht, was nicht nur die nachfolgende manuelle Prüfung erleichtert, sondern bereits im Vorfeld die sprachliche und strukturelle Qualität der Endfassung deutlich verbessern kann.

In der Praxis zeigt sich zudem häufig, dass Pufferzeiten knapp bemessen sind und gegen Ende des Schreibprozesses keine Gelegenheit mehr bleibt, die Arbeit extern gegenlesen zu lassen. In solchen Fällen kann die KI die Funktion eines Schlusslektors oder einer Schlusslektorin übernehmen und helfen, verbleibende Unklarheiten, stilistische Schwächen oder strukturelle Brüche zu identifizieren. Wie ein passender Prompt für ein solches Schlusslektorat gestaltet werden kann, wird exemplarisch in Prompt 9.6 gezeigt.

Prompt 9.6: KI-Lektor
Kontext
Du bist eine erfahrene Lektorin, die wissenschaftliche Arbeiten mit einem klaren, kritischen Blick prüft. Du formulierst Deine Rückmeldung direkt, ehrlich und ohne Beschönigungen – mit dem Ziel, die Qualität zu fördern. Deine Bewertung ist nicht diplomatisch, sondern fachlich scharf und präzise.

Instruktion

Bewerte die vorliegende wissenschaftliche Arbeit kritisch und ohne Zurückhaltung anhand der folgenden Leitfragen. Ziel ist es, ehrliches, hartes, aber konstruktives Feedback zu geben, das Studierenden hilft, sich substanziell zu verbessern.

1. Inhaltliche Qualität: Ist die Forschungsfrage klar formuliert und wird sie durchgängig bearbeitet? Sind die Argumente logisch aufgebaut und gut nachvollziehbar – oder springt der Text? Wird die Literatur sinnvoll, kritisch und fundiert eingebunden – oder bloß zitiert? Ist eine eigene Leistung erkennbar – z. B. durch Reflexion, Bewertung oder eigenständige Schlussfolgerungen?
2. Struktur & Aufbau: Ist die Gliederung logisch und fachlich sinnvoll? Sind die Kapitel klar voneinander abgegrenzt, funktional gestaltet und vollständig? Leitet die Einleitung präzise in das Thema ein – oder bleibt sie vage? Fasst das Fazit die zentralen Erkenntnisse klar zusammen oder wiederholt es nur Vorheriges? Gibt es sinnvolle Übergänge oder ist der Text ein Flickenteppich?
3. Wissenschaftliche Arbeitsweise & kritische Reflexion: Wird zwischen eigener Meinung und wissenschaftlicher Erkenntnis sauber unterschieden? Sind Zitate korrekt belegt, Quellen transparent angegeben? Ist die methodische Vorgehensweise nachvollziehbar und korrekt? Geht die Arbeit über reines Referieren hinaus – oder bleibt sie auf dem Niveau einer Zusammenfassung?

Vorgaben

- Antworte direkt, kritisch und ohne Weichspüler – keine Beschönigungen.
- Verwende eine klare, prägnante Sprache. Mache deutlich, wo es hapert – und warum.
- Benenne konkrete Schwächen und, wenn nötig, harte Urteile („nicht ausreichend", „zu vage", „keine Argumentation erkennbar").
- Gib gegebenfalls kurze Verbesserungshinweise, aber ohne pädagogischen Tonfall – die Aufgabe ist Bewertung, nicht Betreuung.

Bei diesem Prompt handelt es sich um ein bewusst scharf formuliertes Korrekturwerkzeug, das gezielt als Gegengewicht zu milderen Überarbeitungsansätzen (etwa dem KI-Schreibcoach aus Prompt 9.5 oder stilistisch orientierten Feinschliff-Prompts) konzipiert ist. Die wissenschaftliche Arbeit wird hier aus der Perspektive einer sehr kritischen Fachlektorin betrachtet. Ziel ist es nicht, motivierendes oder diplomatisches Feedback zu geben, sondern substanzielle Schwächen klar, direkt und ohne Beschönigung zu benennen. Die KI übernimmt dabei eine professionelle, distanzierte Rolle und wendet strenge Maßstäbe wissenschaftlicher Qualität an.

Studierende können auf diese Weise gezielt Schwachstellen identifizieren und ihre Arbeiten vor der Abgabe entlang dreier zentraler Dimensionen – inhaltliche Qualität, Aufbau und Struktur sowie wissenschaftliche Arbeitsweise und Reflexion – weiterentwickeln. Der Prompt simuliert damit realistische Bewertungssituationen, in denen auch harte Urteile ausgesprochen werden können. Diese Härte ist kein Nachteil, sondern ein spezifischer Vorteil der KI: Während Feedback aus dem persönlichen Umfeld häufig aus Rücksicht abgeschwächt und von den Autorinnen und Autoren mitunter defensiv aufgenommen wird, entfällt bei der KI der soziale Kontext. Dies erleichtert es, Kritik sachlich aufzunehmen und kritisch zu reflektieren.

Gleichzeitig erfordert der Einsatz des Prompts genau diese aktive Rolle der Studierenden: Die Fähigkeit, relevantes und hilfreiches Feedback von weniger treffenden Rückmeldungen zu unterscheiden und konstruktiv umzusetzen, ist entscheidend für die Weiterentwicklung der eigenen Arbeit. Wer diesen Prozess meistert, stärkt nicht nur die Qualität des eigenen Textes, sondern auch die eigene wissenschaftliche Urteilskraft.

9.5 Do's and Don'ts

Do's
1. *Iteratives Abschnittslektorat*: Lange Arbeiten in handliche Abschnitte zerlegen und Schritt für Schritt mit KI-Prompts (Korrektur, Stil, Argumentation) durchgehen; zu lange Eingaben können das Modell überlasten.
2. *Spezialisierte Tools vor Allzweck-LLMs*: Für Orthografie/Grammatik Korrekturprogramme, für Referenzen Literaturverwaltungsprogramme nutzen; KI-Chats ergänzend einsetzen.
3. *Konsistenzkontrolle Literatur*: Mit KI gezielt nach fehlenden Angaben, gemischten Zitierstilen oder Dubletten suchen und anschließend manuell im Literaturverwaltungsprogramm nachbessern.
4. *Zusatzdokumente mitgeben*: Dokumente wie offizieller Zitierstand verlinken oder hochladen und KI dies „lernen" lassen.
5. *Argumentative Kohärenzprüfung*: KI als Schreibcoach nutzen, um Logikbrüche, implizite Annahmen und schwache Übergänge aufzudecken.
6. *Stilbewahrung*: Prompt-Vorgaben so formulieren, dass der individuelle Ton gewahrt bleibt und nur zwingende Änderungen vorgenommen werden.

Don'ts
1. *Last-Minute-Änderungen ohne Folgeprüfung*: Jede späte Textänderung kann Querverweise, Abbildungsverzeichnisse oder Literaturangaben aus dem Takt bringen.
2. *Stilistische Glättung bis zur Unkenntlichkeit*: Zu aggressive Umschreibungen können die eigene Stimme und argumentative Schärfe verwässern.
3. *Allein auf Grammatik achten*: Rechtschreibung mag stimmen, inhaltliche Präzision, Terminologie oder fachlicher Kontext nicht zwangsläufig.

Literatur

Childress, D. (2011). Citation tools in academic libraries. *Reference & User Services Quarterly, 51*(2), 143–152. https://doi.org/10.5860/rusq.51n2.143

Franck, N. (2024). *Schreiben im Studium: Wie Hausarbeiten und andere Texte gelingen. Kompakte Antworten auf die 22 wichtigsten Fragen*. Springer VS. https://doi.org/10.1007/978-3-658-45377-0

Guberman, R. (2015). *Point taken: How to write like the world's best judges*. Oxford University Press.

Kim, J., Yu, S., Detrick, R., & Li, N. (2025). Exploring students' perspectives on Generative AI-assisted academic writing. *Education and Information Technologies, 30*(1), 1265–1300. https://doi.org/10.1007/s10639-024-12878-7

Nurhayati, D. A. W. (2022). The relevance of adopting proofreading tools to maintain academic writing integrity and coherence text. *Indonesian Journal of EFL and Linguistics, 7*(2), 373. https://doi.org/10.21462/ijefl.v7i2.547

Oehlrich, M. (2014). *Wissenschaftliches Arbeiten und Schreiben: Schritt für Schritt zur Bachelor- und Master-Thesis in den Wirtschaftswissenschaften*. Springer. https://doi.org/10.1007/978-3-662-44099-5

Swoboda, M. (2023). *Wissenschaftlich schreiben leicht gemacht: Ein Leitfaden für Architektur- und Designstudiengänge*. Springer Vieweg. https://doi.org/10.1007/978-3-658-42166-3

Wu, H., Wang, W., Wan, Y., Jiao, W., & Lyu, M. (2023). *ChatGPT or grammarly? Evaluating ChatGPT on grammatical error correction benchmark*. https://arxiv.org/abs/2303.13648v1

10 Schluss: Abschließender Ausblick und Fazit

> **Zusammenfassung**
>
> Das Kapitel analysiert die Rolle Künstlicher Intelligenz (KI) im wissenschaftlichen Arbeiten und verortet sie in der historischen Entwicklung digitaler Technologien. Es beschreibt, wie KI und insbesondere große Sprachmodelle zunehmend Aufgaben in Forschung und Lehre übernimmt, etwa bei der Textanalyse, Literaturstrukturierung oder Methodenauswahl. Diese Systeme ermöglichen Automatisierung repetitiver Arbeitsschritte und schaffen Freiräume für konzeptionelles Denken. Gleichzeitig benennt das Kapitel zentrale Herausforderungen, etwa fehlende Transparenz, potenzielle Verzerrungen sowie die Gefahr einer Homogenisierung wissenschaftlicher Ausdrucksformen. Es betont die Bedeutung wissenschaftlicher Integrität, methodischer Sorgfalt und der kritischen Reflexion im Umgang mit KI-gestützten Werkzeugen. Die Verantwortung für wissenschaftliche Inhalte verbleibt uneingeschränkt bei den Forschenden. Das Kapitel skizziert zudem künftige Einsatzszenarien und leitet daraus neue Kompetenzanforderungen ab, da der souveräne Umgang mit KI zur Schlüsselqualifikation im akademischen Kontext wird.

„Ein Computer kann niemals zur Rechenschaft gezogen werden, daher darf ein Computer niemals Management-Entscheidungen treffen."
– Aus einem IBM-Schulungshandbuch aus dem Jahr 1979 (zitiert nach Bonderud, 2025).

10.1 Standortbestimmung von KI

Künstliche Intelligenz, insbesondere in Form großer Sprachmodelle, markiert einen tiefgreifenden Wandel im wissenschaftlichen Arbeiten. Anders als vielfach befürchtet, bedeutet dieser Wandel nicht zwangsläufig einen Verlust wissenschaftlicher Standards oder eine Aushöhlung akademischer Integrität. Vielmehr eröffnet der technologische Fortschritt neue Chancen: für mehr Effizienz, besseren Zugang zu Wissen und eine individuellere Förderung wissenschaftlicher Kompetenzen.

Ein Rückblick auf vergangene Entwicklungen macht deutlich, dass technologische Innovationen das Studium schon immer geprägt und verändert haben. Noch in den 1990er-Jahren war ein Studium stark an die physische Präsenz in Bibliotheken gebunden. Computer standen Studierenden, wenn überhaupt, als stationäre Geräte zur Verfügung. Der Zugang zum Internet war beschränkt und außerhalb der Hochschulen eine Seltenheit. Wissenschaftliches Arbeiten bedeutete daher, sich durch Regale und Archivräume zu arbeiten, Zeitschriftenbände auszuleihen und an Fotokopierern anzustehen, um relevante Passagen zu vervielfältigen. Die Digitalisierung der Literaturbestände und der flächendeckende Ausbau von Internetzugängen haben diese Bedingungen grundlegend verändert. Texte wurden durchsuchbar, Bibliothekskataloge digitalisiert und Artikel per Fernzugriff verfügbar. Bibliotheken entwickelten sich somit von reinen Aufbewahrungsorten zu multifunktionalen Lern- und Servicezentren (Arms, 2012; Suri, 2013).

Mit diesen Veränderungen einher ging die Einführung digitaler Werkzeuge zur Unterstützung wissenschaftlichen Arbeitens. Literaturverwaltungsprogramme ermöglichen es etwa seither, Quellen systematisch zu erfassen, sie thematisch zu ordnen, Zitate korrekt zu formatieren oder Exzerpte zu erstellen. Diese Anwendungen gelten heute als selbstverständlicher Bestandteil des wissenschaftlichen Arbeitens und haben sich als hilfreiche Ergänzung etabliert.

Trotz dieser weitreichenden Fortschritte, die die überwältigende Mehrheit der Studierenden und Lehrenden nicht mehr missen möchte, sind kritische Stimmen nie ganz verstummt. Insbesondere im Zuge der Digitalisierung des wissenschaftlichen Arbeitens wurde immer wieder davor gewarnt, dass der vereinfachte Zugang zu Wissen mit einer Abnahme an Tiefe einhergehen könnte. Kritiker bemängelten eine zunehmende Oberflächlichkeit im Umgang mit Texten, ein nachlassendes Textverständnis sowie eine geringere Lesetiefe (vgl. z. B. Degele, 1999; Carr, 2010; Dakakni & Safa, 2023).

Künstliche Intelligenz markiert die nächste große Revolution im wissenschaftlichen Arbeiten, und der durch sie ausgelöste Wandel dürfte in seiner Tragweite noch weitreichender sein. Schon heute kommt KI in zahlreichen Phasen des Forschungsprozesses – sei es im Studium oder in der Wissenschaft – zum Einsatz, oftmals in einer Weise, wie sie in diesem Buch exemplarisch dargestellt wird: Sprachmodelle werden genutzt, um Textentwürfe zu überarbeiten, relevante Literatur zu identifizieren und zu strukturieren oder um Vorschläge für geeignete Forschungsfragen, methodische Designs und argumentative Gliederungen zu generieren. Besonders deutlich zeigt sich das Potenzial dort, wo KI repetitive, zeitaufwendige Aufgaben übernehmen kann. Dazu zählen auch die Extraktion strukturierter Informationen aus unübersichtlichen Textmengen, die automatisierte Klassifikation von Daten oder die formale Vereinheitlichung von Zitierstilen und Textlayouts (Burger et al., 2023; Grimaldi & Ehrler, 2023).

Künstliche Intelligenz eröffnet die Möglichkeit, kleinteilige, zeitintensive Arbeiten zu automatisieren und dadurch den Fokus auf die inhaltlich-konzeptionellen Kernaufgaben zu lenken. Durch den Einsatz geeigneter Systeme werden Tätigkeiten konsistenter und mit geringerem Fehlerrisiko bewältigt. Darüber hinaus kann

KI dabei helfen, Objektivität und zusätzliche Qualitätssicherung in das wissenschaftliche Arbeiten einzubringen. In der sprachlichen Gestaltung wissenschaftlicher Texte können selbst Autorinnen und Autoren, die sich nicht als besonders sprachgewandt verstehen, mithilfe KI-basierter Schreibassistenz ihre Texte klar, strukturiert und stilistisch ansprechend formulieren (Grimaldi & Ehrler, 2023; van Noorden & Perkel, 2023).

Trotz der vielfältigen Potenziale des KI-Einsatzes im wissenschaftlichen Arbeiten mehren sich auch kritische Stimmen, die auf grundlegende Herausforderungen und Risiken hinweisen. Ein zentraler Kritikpunkt betrifft die Intransparenz vieler KI-Systeme. Die genauen Funktionsweisen großer Sprachmodelle, ihre Trainingsdaten und algorithmischen Entscheidungsprozesse sind häufig nicht offen zugänglich oder nachvollziehbar. Dies erschwert die Reproduzierbarkeit von Ergebnissen – ein zentrales Gütekriterium wissenschaftlicher Forschung (Ball, 2023). In einer Wissenschaftskultur, die auf Nachvollziehbarkeit und Prüfbarkeit basiert, stellt diese fehlende Transparenz ein strukturelles Problem dar.

Zudem bergen KI-Systeme die Gefahr, bestehende Verzerrungen nicht nur zu übernehmen, sondern durch ihre systematische Anwendung sogar zu verstärken. Vorurteile, die in den Trainingsdaten enthalten sind, können sich unbemerkt in wissenschaftliche Texte, Analysen oder Argumentationsstrukturen einschleichen und so zur Reproduktion gesellschaftlicher Schieflagen beitragen. Zudem kann der Einsatz von KI-Tools zu einer zunehmenden Homogenisierung wissenschaftlicher Texte führen. Individuelle Schreibstile, disziplinspezifische Ausdrucksformen und kulturell geprägte Kommunikationsweisen treten dabei in den Hintergrund (Grimaldi & Ehrler, 2023). Dies widerspricht dem Prinzip des Pluralismus in der Wissenschaft. Nicht zuletzt wird befürchtet, dass zentrale wissenschaftliche Kompetenzen, etwa das systematische Formulieren von Forschungsfragen, das methodische Vorgehen oder die kritische Textarbeit, durch den KI-Einsatz ins Hintertreffen geraten könnten. Wenn sich Studierende und Forschende zu sehr auf automatisierte Vorschläge und Bewertungen verlassen, droht ein Verlust an methodischer Eigenständigkeit und Urteilskraft (Burger et al., 2023). Diese Problematik wird durch die Tatsache verschärft, dass viele Nutzerinnen und Nutzer bislang nicht über eine fundierte Ausbildung im Umgang mit KI-gestützten Verfahren verfügen (van Noorden & Perkel, 2023).

Im Bereich der Publikationsfoschung sind sogenannte Paper Mills, also Institutionen, die massenhaft Artikel erstellen, ein Problem. KI macht es möglich, massenhaft scheinbar plausible, aber inhaltlich wertlose Aufsätze zu erzeugen. Ähnlich erleichtert KI auch für Studierende das Erstellen von Plagiaten und gefälschten wissenschaftlichen Texten. Zwar stellen solche Praktiken einen klaren Verstoß gegen die wissenschaftliche Integrität dar, aber es existierten auch schon zuvor Möglichkeiten bewusster Täuschung. Doch die durch KI geschaffene Niedrigschwelligkeit senkt die Hürden für unredliches Verhalten erheblich. Gerade weil sich wissenschaftlich anmutende Texte nun mühelos erzeugen lassen, besteht bei vielen noch Skepsis gegenüber dem Einsatz der neuen Technologien (Grimaldi & Ehrler, 2023; van Noorden & Perkel, 2023).

Für die Zukunft ist davon auszugehen, dass KI nicht nur ein etablierter, sondern ein integraler Bestandteil des wissenschaftlichen Arbeitens sein wird. Bereits heute erwartet die große Mehrheit der Forschenden, dass KI in den kommenden Jahren eine zentrale bis sogar essenzielle Rolle in ihren Disziplinen einnehmen wird (van Noorden & Perkel, 2023). Dabei ist zu erwarten, dass die gegenwärtigen Einsatzmöglichkeiten von KI nicht das Ende, sondern vielmehr den Ausgangspunkt weiterer Entwicklungen markieren. Insbesondere große Sprachmodelle eröffnen neue Perspektiven für die Datenerhebung. So lassen sich durch KI Simulationen menschlicher Teilnehmender in Umfragen, Interviews oder Verhaltensexperimenten realisieren. Diese virtuellen Probanden ermöglichen es, erste Hypothesen zu testen, Stichproben zu variieren oder methodische Designs vorab zu erproben, ohne den organisatorischen Aufwand einer realen Rekrutierung. Gerade in der methodischen Ausbildung von Studierenden kann dies hilfreich sein, um empirische Techniken zu vermitteln. Ferner eröffnet dieses Vorgehen die Möglichkeit, Interventionen zunächst in risikofreien KI-Simulationen zu testen, bevor sie an realen Personen angewendet werden – ein Aspekt, der vor allem bei sensiblen Forschungsfragen von Relevanz ist (Grossmann et al., 2023).

Auch im Bereich der Qualitätssicherung zeichnen sich neue Potenziale ab. KI kann in Zukunft helfen, wissenschaftliche Unregelmäßigkeiten wie Plagiate, fingierte Ergebnisse oder methodische Mängel frühzeitig zu erkennen und so die Verlässlichkeit wissenschaftlicher Arbeiten zu verbessern (Gibney, 2025). Denkbar ist zudem, dass KI den Bewertungsprozess von Arbeiten künftig systematisch unterstützt und Fehlerquellen sowie methodische Schwächen automatisch erkennen kann (Thelwall, 2025). Studierende könnten somit automatisierte Vorabprüfungen nutzen, um Hinweise auf inhaltliche Schwächen oder formale Fehler zu erhalten. Gleichwohl bleibt die Bewertung wissenschaftlicher Leistungen eine genuin menschliche Aufgabe. Dies ist nicht nur eine Frage ethischer Verantwortung, sondern auch eine Notwendigkeit mit Blick auf jene Fähigkeiten, die derzeit keiner Maschine zugänglich sind: die Fähigkeit zur nuancierten Einordnung, zur wertenden Kontextualisierung und zum kritischen Denken. Nur der Mensch kann all diese Dimensionen im Gesamtzusammenhang erfassen und verantwortungsvoll bewerten (Ebadi et al., 2025).

Die Grundwerte der Wissenschaft bleiben auch in einer KI-gestützten Forschungslandschaft unverändert und essenziell. Die Art und Weise, wie wir forschen, verändert sich durch KI jedoch tiefgreifend. Es gilt dabei die Potenziale von KI zu nutzen, ohne die wissenschaftliche Qualität zu gefährden. Oder, wie Grimaldi und Ehrler (2023, S. 879), es in ihrem Schlusssatz pointiert formulieren: „Wie unsere Vorfahren, die in den Wäldern lebten und das Feuer entdeckten, müssen wir die unerwünschten Folgen unserer aufregenden Fortschritte bedenken, damit wir ihre Vorteile nutzen können, ohne unsere Häuser in Brand zu setzen."

10.2 Fazit für den Einsatz von KI

Abschließend kann festgehalten werden, dass Künstliche Intelligenz in Form großer Sprachmodelle – trotz ihrer beeindruckenden Leistungsfähigkeit – weiterhin zur schwachen KI zählt. Solche Systeme erzeugen Texte auf Grundlage statistischer Wahrscheinlichkeiten, ohne über ein eigenes Bewusstsein, eine Intention oder ein

10.2 Fazit für den Einsatz von KI

inhaltliches Verständnis zu verfügen. Sie imitieren die Sprache, aber sie verstehen nicht, was sie schreiben. Entsprechend verbleibt die Verantwortung für inhaltliche Korrektheit, argumentative Schlüssigkeit und wissenschaftliche Redlichkeit uneingeschränkt bei den Verfasser:innen wissenschaftlicher Arbeiten. KI kann bei der Arbeit unterstützen, aber niemals ersetzen, was wissenschaftliches Arbeiten im Kern ausmacht: ein eigenständiger Erkenntnisprozess, getragen von kritischer Reflexion, methodischer Strenge und akademischer Verantwortung.

Um KI dennoch produktiv in den wissenschaftlichen Arbeitsprozess zu integrieren, ist ein grundlegendes Verständnis ihrer Funktionsweise und Grenzen erforderlich – wie in Kap. 2 ausführlich erläutert. Nur wer die Prinzipien der statistischen Modellierung und die technischen Begrenzungen versteht, kann die resultierenden Ergebnisse richtig einordnen. Die Fähigkeit zur kritischen Bewertung von KI-generierten Inhalten wird damit zu einer neuen Form wissenschaftlicher Kompetenz.

Zentrale Voraussetzung für den Einsatz von KI im wissenschaftlichen Kontext bleibt die Wahrung wissenschaftlicher Integrität. Dazu gehört, die Endverantwortung für die Resultate selbst zu tragen, die durch KI unterstützten Prozesse kritisch zu begleiten und fachlich zu kontrollieren. Wissenschaftliches Arbeiten darf nicht in ein rein technisches Bedienen übergehen, sondern muss stets auf inhaltlicher Urteilskraft, methodischer Sorgfalt und ethischer Reflexion basieren. KI darf Vorschläge liefern, über deren Relevanz, Richtigkeit und Angemessenheit entscheidet jedoch stets der Mensch.

Ein weiterer elementarer Grundsatz betrifft die Transparenz. Der Einsatz von KI muss dokumentiert und offengelegt werden, jedoch nicht aus Misstrauen gegenüber den Verfassenden, sondern aus dem Prinzip der Nachvollziehbarkeit wissenschaftlicher Methoden heraus. Wer im wissenschaftlichen Prozess auf technische Hilfsmittel zurückgreift, muss dies – analog zur Offenlegung von anderen Unterstützungen und Quellen – kenntlich machen. Nur so bleibt wissenschaftliches Arbeiten überprüfbar und reproduzierbar.

Der verantwortungsvolle Umgang mit KI ist zudem an ethische, rechtliche und soziale Maßstäbe gebunden. Der Einsatz darf weder zur systematischen Benachteiligung einzelner Gruppen führen noch zum Verlust von Vielfalt, Kreativität oder Pluralität im wissenschaftlichen Diskurs. Schließlich darf der technische Fortschritt nicht auf Kosten jener Werte gehen, die Wissenschaft als offene, gesellschaftlich verantwortliche Praxis auszeichnen.

Im Verlauf dieses Buches wurden vielfältige Einsatzmöglichkeiten Künstlicher Intelligenz im wissenschaftlichen Schreiben und Denken aufgezeigt, von der Themenfindung und Strukturierung über Literaturrecherche, Datenanalyse und Methodenauswahl bis hin zum sprachlichen Feinschliff.

Wie sich gezeigt hat, kann KI über den gesamten wissenschaftlichen Arbeitsprozess hinweg – unter den oben genannten Voraussetzungen – eine wertvolle Unterstützung bieten. Doch das wissenschaftliche Denken, Urteilen und Schreiben bleibt eine menschliche Aufgabe. Es ist daher unerlässlich, dass sich Studierende die notwendigen Kompetenzen im Umgang mit KI aneignen, nicht nur für den Studienerfolg, sondern auch als Vorbereitung auf eine Arbeitswelt, in der der souveräne Einsatz von KI zur Schlüsselqualifikation wird.

10.3 Schlusswort

Wie aus den zahlreichen Beispielen in diesem Buch deutlich wird, verändert KI bereits heute die Art und Weise, wie wissenschaftlich gearbeitet wird – sowohl im Studium als auch in der Publikationsforschung. Diese Veränderung bleibt nicht folgenlos, denn sie verschiebt die Anforderungen an wissenschaftliche Kompetenz. Während früher etwa Aspekte wie sprachliche Korrektheit, stilistische Ausdrucksfähigkeit und formale Sorgfalt relevante Bewertungskriterien waren, treten nun stärker inhaltliche Klarheit, konzeptionelle Stringenz und methodische Eigenständigkeit in den Vordergrund. Was vormals positiv hervorstach, wie eine fehlerfreie Orthografie oder saubere Interpunktion, gilt heute durch KI-Unterstützung als Selbstverständlichkeit.

Die Veränderung betrifft nicht nur die Form, sondern auch die inhaltliche Tiefe wissenschaftlicher Arbeiten. Bei der Literaturarbeit ist etwa durch KI das Identifizieren von Quellen grundlegend einfacher geworden und Zusammenfassungen lassen sich automatisiert erstellen. Gerade deshalb steigen auch die Anforderungen an die Tiefe der Analyse. Gefordert ist nicht mehr das bloße Wiedergeben von Inhalten, sondern deren strukturierte, kritische Synthese. Studierende müssen Literatur nicht nur abarbeiten, sondern noch stärker in einen argumentativen Zusammenhang bringen, Forschungslücken erkennen und begründet Position beziehen.

Dieses Muster ist nicht neu: Ähnliche Entwicklungen ließen sich bereits mit der Digitalisierung von Literatur oder der Einführung von Taschenrechnern oder Statistiksoftware beobachten. Die Hilfsmittel wurden leistungsfähiger und mit ihnen wuchsen die Erwartungen an das wissenschaftliche Ergebnis. Auch die KI führt nicht zum Herabsetzen wissenschaftlicher Standards, sondern zu deren Weiterentwicklung, denn die technische Erleichterung geht mit einem gesteigerten Anspruch an inhaltliche Tiefe und methodische Sorgfalt einher.

Noch sind diese höheren Anforderungen vielerorts nicht flächendeckend angekommen – nicht zuletzt, weil auch Lehrende sich in der Praxis oft noch mit den neuen Technologien vertraut machen müssen. Doch mittelfristig wird sich die wissenschaftliche Ausbildung spürbar transformieren, hin zu einem höheren Anspruchsniveau, das die technologischen Möglichkeiten nicht nur nutzt, sondern weiterdenkt.

Die Qualität wissenschaftlicher Leistungen wird sich zunehmend daran messen, wie kompetent technologische Unterstützung in den Erkenntnisprozess eingebunden wird – ohne dabei die Verantwortung für Inhalt, Methode und Ethik aus den Augen zu verlieren. KI ist somit kein Ersatz für wissenschaftliches Denken, sondern ein Instrument, um es auf ein neues Niveau zu heben. Entscheidend bleibt, dass KI klug, transparent und verantwortungsvoll genutzt wird. Denn nicht die Technologie entscheidet über wissenschaftliche Qualität, sondern der Mensch, der sie zu nutzen versteht.

Literatur

Arms, W. Y. (2012). The 1990s: The formative years of digital libraries. *Library Hi Tech, 30*(4), 579–591. https://doi.org/10.1108/07378831211285068

Ball, P. (2023). Is AI leading to a reproducibility crisis in science? *Nature, 624*(7990), 22–25. https://doi.org/10.1038/d41586-023-03817-6

Bonderud, D. (2025, 20. Juni). *AI decision-making: Where do businesses draw the line?* IBM. https://www.ibm.com/think/insights/ai-decision-making-where-do-businesses-draw-the-line

Burger, B., Kanbach, D. K., Kraus, S., Breier, M., & Corvello, V. (2023). On the use of AI-based tools like ChatGPT to support management research. *European Journal of Innovation Management, 26*(7), 233–241. https://doi.org/10.1108/EJIM-02-2023-0156

Carr, N. G. (2010). *The shallows: What the internet is doing to our brains* (1. Aufl.). Norton.

Dakakni, D., & Safa, N. (2023). Reading patterns, scanning, and the "Control F"/search icon: How students really (don't) read. *International Research in Education, 11*(1), 128. https://doi.org/10.5296/ire.v11i1.20943

Degele, N. (1999). „Doing Knowledge": Vom gebildeten zum informierten Wissen. In C. Honegger, S. Hradil, & F. Traxler (Hrsg.), *Grenzenlose Gesellschaft?* (S. 459–470). VS Verlag für Sozialwissenschaften. https://doi.org/10.1007/978-3-322-93332-4_41

Ebadi, S., Nejadghanbar, H., Salman, A. R., & Khosravi, H. (2025). Exploring the impact of generative AI on peer review: Insights from journal reviewers. *Journal of Academic Ethics*. Vorab-Onlinepublikation. https://doi.org/10.1007/s10805-025-09604-4

Gibney, E. (2025). AI tools are spotting errors in research papers: Inside a growing movement. *Nature*. Vorab-Onlinepublikation https://doi.org/10.1038/d41586-025-00648-5

Grimaldi, G., & Ehrler, B. (2023). AI et al.: Machines are about to change scientific publishing forever. *ACS Energy Letters, 8*(1), 878–880. https://doi.org/10.1021/acsenergylett.2c02828

Grossmann, I., Feinberg, M., Parker, D. C., Christakis, N. A., Tetlock, P. E., & Cunningham, W. A. (2023). AI and the transformation of social science research. *Science (New York, N.Y.), 380*(6650), 1108–1109. https://doi.org/10.1126/science.adi1778

Suri, R. E. (2013). Bibliotheken im digitalen Zeitalter: Digitalisierung bietet neue Chancen und Herausforderungen. *Vorab-Onlinepublikation*. https://doi.org/10.3929/ETHZ-A-009935854

Thelwall, M. (2025). Evaluating research quality with Large Language Models: An analysis of ChatGPT's effectiveness with different settings and inputs. *Journal of Data and Information Science, 10*(1), 7–25. https://doi.org/10.2478/jdis-2025-0011

van Noorden, R., & Perkel, J. M. (2023). AI and science: What 1,600 researchers think. *Nature, 621*(7980), 672–675. https://doi.org/10.1038/d41586-023-02980-0111

Stichwortverzeichnis

A
Advocatus Diaboli 144
Agentenbasierter Ablauf 52, *siehe Tools*
Agentic Workflow 52, *siehe Tools*
AI Cards 75, *siehe Dokumentation*
Akzeptanz 3
Ängste 87
Arbeitsplan 104
Arbeitsschritte 104, *siehe Arbeitsplan*
Architektur
    Retrieval-Augmented Generation (RAG) 41
    Transformer 13
Artificial General Intelligence (AGI) 10, *siehe starke KI*
Attention 18
Aufbau des Buches 4
Aufmerksamkeit 18, *siehe Attention*
Auswahlparadoxon 86
Autorenschaft 66, *siehe KI*

B
Benutzerdefinierte Anweisungen 48
Betreuungsperson 98
Bias 23, 69, 148, 183
Bilderstellung 68
Black Box 148
Brainstorming 84

C
Chain-of-Note (CoN) 42, *siehe Prompting*
Chain-of-Thought (CoT) 35, *siehe Prompting*
Chain-of-Verification (CoVe) 43, *siehe Prompting*
CRAFT-Schema 55

D
Datenerhebung 184
Datenschutz 63, *siehe Recht*
Deep Learning 9
Deep Research 53, *siehe Tools*
Dekodierung 19
Diagrammbibliotheken 160
Digitalisierung 182
Dokumentation
    AI Cards 75
    arbeitsphasenorientiert 74
    holistisch 71
    reflexionsorientiert 77
    Überblick 71
    werkzeugorientiert 73
Dos and Don'ts
    Datenanalyse 164
    Dokumentation 78
    Feinschliff 179
    Literatur 129
    Planung 110
    Prompt Engineering 55
    Schreiben 145
    Wissenschaftliche Integrität 78

E
Ehrlichkeit 60
Einbettung 16, *siehe Embedding*
Eingrenzung 89

Embedding 16
Ethische Grundsätze 185
Ethische Grundsätze 62
EU AI Act 63, *siehe Recht*
Exposé 107
Exzerpieren 126

F
Fine Tuning 28
FINER-Kriterien 92
Flow 140, *siehe Schreibfluss*
Forschungsdesign 84
Forschungsfrage 94
Forschungskontext 124
Forschungsthema 82, 83

G
Gantt-Diagramm 106
Generative Pre-trained Transformer 14, *siehe GPT*
Gliederung 100, 135
GPT 14
Grammatik 169, *siehe Korrektur*

H
Halluzination 22, 41, 70
Hofstadter'sche Gesetz 104

I
Internetsuche 51, *siehe Tools*

J
Jamovi 154, 156
JavaScript-Diagramm 160

K
Kennzeichnung 61
KI
   Abgrenzung 9
   Autorenschaft 66
   Definition 7
   in der Hochschulbildung 2
   Funktionsweise 12
   Kompetenz 2
   schöpferische 69
   Schuldgefühl 3
   schwache 9
   starke 10
   unterstützende 69
Knowledge Cutoff 22
Kohärenz 176
Kontextfenster 15
Korrektur 177
Kritischer Pfad 106

L
Large Language Model (LLM) 8
Large Reasoning Model (LRM) 36
Lektorat 177
Literaturkritik 172
Literatursuche
   Qualitätskriterien 122
   Relevanz 120
   Rückwärtssuche 115
   Schlagworte 115
   Schlagwortsuche 115
   Vorwärtssuche 115
   Zitierfähigkeit 120
   Zitierwürdigkeit 120
Literaturverwaltung 174, 182
Literaturverzeichnis 174

M
Machine Learning 9
Makrostruktur 135, *siehe Gliederung*
Markup-Code 158
maschinelle Lernen 9, *siehe Machine Learning*
Maximale Länge 50
Menschliche Autonomie 63
Mermaid 158
Metaprompting 54, *siehe Prompting*
Methodenwahl 96, 150, 152
Mikrostruktur 137
Modellparameter 49
Motivation 84

N
Nucleus Sampling 20, *siehe Top-p Sampling*

O
One-Hot-Vektor 16
Originalität 22
Output 32

P

Paper Mills 183
Paradox of Choice 86, *siehe Auswahlparadoxon*
Persona 48, 49
Pfadabhängigkeiten 104
Plagiat 63, 184
Planning Fallacy 105, *siehe Planungsirrtum*
Planungsirrtum 105
Pretraining 14
Programmcode 51, *siehe Tools*)
Prompt
   Anatomie 29
   Definition 28
   Engineering 29
   Instruktion 30
   Kontext 30
   Techniken 33, *siehe Prompting*
   Tuning 28
   Vorgaben 32
Prompting
   Chain-of-Note (CoN) 42
   Chain-of-Thought (CoT) 35
   Chain-of-Verification (CoVe) 43
   Few-Shot 34
   Metaprompting 54
   One-Shot 34
   Prompting for Prompts 54
   Rephrase and Respond (RaR) 45
   Retrieval-Augmented Generation (RAG) 41
   Self-Ask 47
   Self-Consistency (CoT-SC) 37
   Shot 33
   Step-Back-Prompting 46
   Tree-of-Thoughts (ToT) 38
   Zero-Shot 34
Prompting for Prompts 54, *siehe Prompting*
Pufferzeiten 104
Python 148, 154, 156

Q

Qualitative Methoden 152
Quantitative Methoden 154, *siehe Statistik*

R

R 154, 156
Rechenschaftspflicht 61, *siehe Wissenschaftliche Integrität*
Recht
   Datenschutz 63
   EU AI Act 63
   Urheberrecht 63
   Vorgaben 63
Recht
   Urheberrecht 68
Rechtschreibung 169, *siehe Korrektur*
Rephrase and Respond (RaR) 45, *siehe Prompting*
Reproduzierbarkeit 183
Respekt 60
Ressourcen 84, 104
Retrieval-Augmented Generation (RAG) 41, *siehe Architektur o. Prompting*
Rückwärtssuche 115, *siehe Literatursuche*

S

Sachkundige Steuerung 62
Sampling 20
Schlagwortsuche 115, *siehe Literatursuche*
Schlüsselkompetenz 2, *siehe KI-Kompetenz*
Schlüsselqualifikation 185
Schreibblockade 140
Schreibcoach 171, 176
Schreibfluss 140
Self-Ask 47, *siehe Prompting*
Self-Consistency (CoT-SC) 37, *siehe Prompting*
Shot Prompting 33, *siehe Prompting*
Softmax 19
Sprachliche Überarbeitung 169
SPSS 154, 156
Statistik 154
Step-Back-Prompting 46, *siehe Prompting*
Stilistische Prüfung 171
Subway-Modell 83
Super-KI 10
SVG 160

T

Temperatur 21, 50, 150
Themenwahl 83
Token-ID 15
Tokenisierung 15
Tokenizer 14, *siehe Tokenisierung*

Tools 51
    Agentenbasierter Ablauf 52
    Deep Research 53
    Internetsuche 51
    Programmcode 51
Top-k Sampling 20
Top-p Sampling 20, 50
Transformer 13, *siehe Architektur*
Transparenz 61, 69, 97, 185
Tree-of-Thoughts (ToT) 38, *siehe Prompting*
Trends 88

U

Urheberrecht 63, *siehe Recht*

V

Verantwortung 61
Verlag 66
Verlässlichkeit 60
Verständnis 22
Verzerrung 23, *siehe Bias*

Visualisierung 158
Vorwärtssuche 115, *siehe Literatursuche*

W

Wissenschaftliche Integrität
    Ehrlichkeit 60
    Rechenschaftspflicht 61
    Respekt 60
    Verantwortung 70, 185
    Verlässlichkeit 60
    Verstoß 183
Wissenschaftlicher Schreibstil 138
Wissenschaftsverlag 66, *siehe Verlag*

Z

Zeichensetzung 169, *siehe Korrektur*
Zeitplan 104, *siehe Arbeitsplan*
Zitierfähigkeit 120, *siehe Literatursuche*
Zitierstil 174
Zitierwürdigkeit 120, *siehe Literatursuche*
Zukunft 183

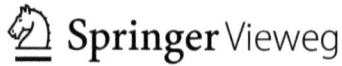 Springer Vieweg springer-vieweg.de

Fabian Lang

Einführung in das Metaverse

Technologien, Anwendungen und Zukunft

Springer Vieweg

Jetzt bestellen:
link.springer.com/978-3-658-46272-7

MIX
Papier aus verantwortungsvollen Quellen
Paper from responsible sources
FSC® C105338

If you have any concerns about our products,
you can contact us on
ProductSafety@springernature.com

In case Publisher is established outside the EU,
the EU authorized representative is:
**Springer Nature Customer Service Center GmbH
Europaplatz 3, 69115 Heidelberg, Germany**

Printed by Libri Plureos GmbH
in Hamburg, Germany